航天科技图书出版基金资助出版

连续小推力悬浮轨道非线性动力学与控制

徐　明　潘　晓　和星吉　著

中国宇航出版社
·北京·

图书在版编目（CIP）数据

连续小推力悬浮轨道非线性动力学与控制 / 徐明，潘晓，和星吉著. -- 北京：中国宇航出版社，2021.9

ISBN 978-7-5159-1971-3

Ⅰ.①连… Ⅱ.①徐… ②潘… ③和… Ⅲ.①航天器轨道—研究 Ⅳ.①V412.4

中国版本图书馆 CIP 数据核字(2021)第 187129 号

责任编辑　彭晨光　朱琳琳　　**封面设计**　宇星文化

出　版
发　行　中国宇航出版社

社　址　北京市阜成路 8 号　**邮　编**　100830
(010)60286808　　(010)68768548

网　址　www.caphbook.com

经　销　新华书店

发行部　(010)60286888　　(010)68371900
(010)60286887　　(010)60286804(传真)

零售店　读者服务部　　(010)68371105

承　印　天津画中画印刷有限公司

版　次　2021 年 9 月第 1 版
2021 年 9 月第 1 次印刷

规　格　787×1092

开　本　1/16

印　张　11.75　　**彩　插**　24 面

字　数　286 千字

书　号　ISBN 978-7-5159-1971-3

定　价　98.00 元

本书如有印装质量问题，可与发行部联系调换

航天科技图书出版基金简介

航天科技图书出版基金是由中国航天科技集团公司于2007年设立的，旨在鼓励航天科技人员著书立说，不断积累和传承航天科技知识，为航天事业提供知识储备和技术支持，繁荣航天科技图书出版工作，促进航天事业又好又快地发展。基金资助项目由航天科技图书出版基金评审委员会审定，由中国宇航出版社出版。

申请出版基金资助的项目包括航天基础理论著作，航天工程技术著作，航天科技工具书，航天型号管理经验与管理思想集萃，世界航天各学科前沿技术发展译著以及有代表性的科研生产、经营管理译著，向社会公众普及航天知识、宣传航天文化的优秀读物等。出版基金每年评审1～2次，资助20～30项。

欢迎广大作者积极申请航天科技图书出版基金。可以登录中国宇航出版社网站，点击“出版基金”专栏查询详情并下载基金申请表；也可以通过电话、信函索取申报指南和基金申请表。

网址：http：//www.caphbook.com

电话：(010) 68767205，68768904

前 言

依靠新型推进系统提供的外部动力，航天器能够偏离自然轨迹生成非开普勒轨道，特别地，依靠连续小推力，航天器可驻留在中心天体上方，生成轨道平面偏置于引力源的悬浮轨道。凭借优异的空间环境及特殊的空间位置，悬浮轨道可实现对目标区域的高质量长时间连续观测，成为太阳、极区以及未来小行星探测的理想平台。目前随着电推技术的不断发展，连续小推力悬浮轨道越来越具备可实现性。本书作为非开普勒悬浮轨道领域的专著，主要阐述了悬浮轨道的设计方法、动力学模型、控制策略、解析表达以及应用场景等。

全书共分为8章，内容的具体安排如下：第1章介绍了连续小推力技术，悬浮轨道动力学与控制的国内外研究现状，为后续设计方法提供参考。第2章介绍了限制性二体问题下的不同自由度连续小推力悬浮轨道动力学基础。第3章和第4章针对不同方向的连续小推力，分别讨论了基于垂直推力和倾斜推力的悬浮轨道非线性动力学行为。第5章是悬浮轨道的维持控制，介绍了弱保哈密顿结构控制器，并讨论了其影响轨道稳定性的动力学机理。第6章介绍了小推力悬浮轨道的密切根数一阶解析解。最后两章介绍了悬浮轨道相对运动和编队飞行，其中第7章给出了基于解析解的线性相对运动和控制策略，第8章讨论了基于数值解的悬浮轨道非线性相对运动，通过数值筛选匹配克服线性化模型在编队构型长期维持上的困难。

本书是作者结合近十年来的研究成果编写而成的，感谢清华大学李俊峰教授、航天东方红卫星有限公司傅丹膺总师为本书稿提出了指导性建议，感谢北京航空航天大学宇航学院何艳超、林名培、罗通、姚闯等为本书提出了细致的修改意见。

本书可供从事航天器总体设计、航天器动力学与控制以及太阳帆航天器设计等工作的相关人员参考使用。

由于作者水平有限，书中难免有错误和疏漏之处，敬请读者批评指正。

目 录

第1章　绪　论

1.1　选题依据

1.1.1　研究背景

近年来，为了满足更多复杂轨道任务的需求，以连续小推力为代表的一些新型推进方式应运而生。非开普勒轨道[1]就是航天器在新型推进系统提供的外部动力作用下，偏离自然轨迹形成的轨道。特别地，当外部动力连续时，航天器可生成轨道平面不包含引力源的非开普勒悬浮轨道，主要包括日心悬浮轨道[2-4]与地心悬浮轨道[5-6]。日心悬浮轨道，顾名思义，位于太阳上方区域，凭借此特殊的空间位置，成为太阳物理研究、空间天气监测、深空通信中继等深空探测任务[7-8]的理想平台。大部分关于非开普勒悬浮轨道的研究原都集中在深空方面，但随着全球气候变暖，北极冰盖的融化速度加快，在今后“北冰洋夏季无冰”将可能成为现实，由于“冰上丝绸之路”北极航道的开通和南极空间环境探测任务的增多，研究长期驻留地球极区上空的地心悬浮轨道变得日益迫切[5]。

地球极地指纬度 66 度 34 分以上的南北极地区。由于纬度高，不在地球同步轨道的覆盖范围之内，当前主要利用太阳同步轨道来提供观测与通信导航服务。2019 年 9 月 12 日，中国首颗极地观测遥感小卫星京师一号发射升空，卫星顺利进入预定轨道。京师一号卫星运行于轨道高度为 739 km 的太阳同步轨道，能够在 5 天内完全覆盖南极和北极，并对海冰漂移和冰架崩解进行监测。该任务弥补了中国极地观测数据的不足，极大提高了我国的极地遥感能力，减少了对他国的技术依赖。然而，京师一号卫星还是一颗“探路”星，观测的间隔时间依然较长，难以获得时间分辨率令人满意的遥感数据。未来发射位于小推力地心悬浮轨道的遥感卫星可实现对极区快速变化过程的长时间连续、全覆盖观测，是实施极地观测的理想轨道平台。

此外，着眼我国的航天技术发展，随着 2019 年 12 月，长征五号遥三运载火箭发射任务取得圆满成功，中国载人航天工程正式迈入空间站阶段，航天任务一直保持高密度发射态势。2020 年 12 月嫦娥五号返回器携带月球样品安全着陆，我国探月工程“绕、落、回”三步走规划顺利完成。月球之外，2021 年 5 月，中国祝融号火星车成功着陆火星，开展火星复杂地形地貌的科学探测任务，中国成为继苏联、美国后第三个成功着陆火星的国家。未来，中国航天还将不断续写行星探测的新高度，2025 年前后，我国将实施近地小行星取样返回和主带彗星环绕探测任务，实现近地小行星绕飞探测、附着和取样返回；2030 年前后，实施火星取样返回任务；还将实施木星系环绕探测和行星穿越探测任务。此外，太阳系边际探测、地外生命探测等一系列任务也在深化论证。随着我国综合国力、科技水平不断提升，深空探测的深度和广度将不断拓展，非开普勒悬浮轨道凭借其独特的空间位置，有望在太阳、小行星等深空探测任务中发挥重要作用。

传统的航天器是用化学物质作为推进剂来产生推动力的。化学推进技术具有可靠性高、安全性高等优点，可以提供完成空间任务所需要的动力。但该推进技术还存在着比冲低、能量密度低等缺陷，在空间推进的过程中，需要消耗大量的推进剂，极大地制约了航天器的使用寿命，也使得长期的深空探测任务变得十分困难。连续小推进技术包括电推进技术、太阳帆推进技术、核推进技术等，其中电推进技术发展较为成熟。电推力器[9]的工作原理是利用电能将推进工质电离成等离子体，借助等离子体自身能量或外加电磁场将等离子体加速喷出形成推力。随着电推进技术的不断发展，连续变化推力、超高比冲以及推力可控等优势使得许多由电推进系统支撑的卫星投入使用，如 GP - B（NASA，发射于 2004 - 04 - 20）、GOCE（ESA，发射于 2009 - 03 - 17），SMART - 1（ESA，发射于 2003 - 09 - 27）、Hayabusa（JAXA，发射于 2003 - 05 - 09）和 Akatsuli（JAXA，发射于 2010 - 05 - 21）等。电推进技术的日益成熟使得连续小推力非开普勒悬浮轨道成为可能。

1.1.2 研究意义与目的

地球的南北两极蕴藏着无数的科学之谜和信息，是全球变化的驱动器，与全球气候变化、经济可持续发展、人类的生存和命运休戚相关。连续小推力地心悬浮轨道通过对极区快速变化过程的长时间连续、全覆盖观测，不仅利于解开全球气候变化的成因之谜，还能为拓展北极航运路线提供助力，更有助于探明地球极地蕴藏的油气资源。

理论上，针对连续小推力悬浮轨道的动力学与控制研究，提出了一类非线性动力学问题，丰富了非线性动力学领域的研究内容，扩展了轨道动力学的研究范畴。同时系统地建立了连续推力非开普勒轨道设计相关问题的研究理论和方法，为未来我国大规模开展非开普勒轨道近地及深空探测任务提供轨道设计的动力学理论、计算依据和关键技术支撑。

本书以连续小推力悬浮轨道为研究对象，集中研究小推力悬浮轨道的非线性动力学与控制、悬浮轨道的解析解，以及悬浮轨道编队飞行中的相对运动。其中，推力方向变化以及速度反馈控制对悬浮轨道动力学行为（稳定性与穿越性）有着显著影响；基于推力俯仰角或弱保哈密顿结构控制的悬浮轨道稳定性与穿越性分析，可作为轨道机动基础以主动规避不稳定运动区域，是一种有效避免卫星逃逸的镇定策略。小推力悬浮轨道密切根数的一阶解析推导属于本领域国际上尚未解决的难题，其成果可用于提供悬浮轨道的变化特征，指导揭示动力学背景下相关问题的非线性本质与内在联系。在此基础上，问题研究还可进一步拓展到悬浮轨道高阶摄动、第三体摄动等，有利于推动非开普勒轨道理论与应用技术的发展。悬浮轨道相对运动的线性解析推导与控制维持策略，可保证任意初始条件下的相对轨道有界，其成果可应用于高分辨率地球表面成像和中继通信等对地静止轨道任务；通过轨道偏置开辟了多条对地静止轨道，解决了地球静止轨道的拥堵问题，具有广阔的应用前景。从动力学角度提出的基于数值方法的非线性悬浮轨道编队飞行相对轨道设计，可应用于大尺寸、长周期的遥感成像和中继通信等任务。

1.2 国内外研究现状

1.2.1 连续小推力技术国内外发展和应用概况

传统的航天器依靠化学推进剂推进。化学推进系统发展较早，技术更为成熟，但缺点是比冲低，完成任务需要携带巨量推进剂，导致航天器规模极大，超出了目前运载火箭的能力极限。连续小推力是相对常规化学推力器所能产生的脉冲式推力而言的，不同于脉冲机动对轨道的松散控制，连续小推力推进可以实施全过程、高精度的轨控。此外与传统的化学推力器相比，连续小推力推进具有诸多显著优点，主要包括：

1）高比冲，消耗工质少，有效载荷比高，可有效延长航天器寿命；

2）提供连续变化的推力；

3）小体积，且多台推力器组合发力，有利于实现推力矢量控制；

4）小振动，工作期间对卫星干扰较小；

5）小推力精确可控，方便实现高精度姿态和轨道保持控制。

根据工作原理不同，连续小推力可以划分为四类：电推进、太阳帆推进、束能推进和微推进[10-12]。其中电推进系统，又称电火箭发动机系统，是利用电能加热或电离推进剂加速喷射而产生推力，将电能转化成化学能的一类推进系统[13]。太阳帆推进是利用太阳光子撞击太阳帆产生推力[14]。相比于还处于试验研究阶段的束能推进和微推进方式，电推进和太阳帆推进是目前比较成熟和应用最多的连续小推力推进方式。因此本书主要介绍连续小推力推进系统中的电推进系统以及太阳帆推进系统。

1.2.1.1 电推进系统

电推力器的工程研究始于20世纪50年代末[15]。1962年，苏联Morozov A. 教授等发明了静态等离子体推力器（SPT）[16]，它属于霍尔推力器的一种，其中以SPT－70和SPT－100在卫星中的应用最为广泛。从该推力器首次应用到2001年间，大约有68台SPT－70和48台SPT－100用于气象卫星、通信卫星和资源卫星的位置保持或轨道转移[17]。这种推力器由于结构简单、可靠性高以及比冲高等优点在航天器中大受欢迎，成为迄今在空间用得最多的电推力器之一。

根据功率不同，电推进可粗略地分为功率小于1 kW的小功率电推进，功率在1～10 kW之间的中等功率电推进，以及功率高于10 kW的大功率电推进。

1）由于微小卫星在军事和民用领域的广泛应用，电推进系统研究也往低功耗、高性能、集成化的方向发展。2007年，诺斯罗普·格鲁曼公司（Northrup Grumman）和Busek公司宣布其研制的功率为200 W的BHT－200霍尔推力器成功应用于美国空军实验室（AFRL）的Tac Sat－2卫星[18]，开始在轨运行与服务。普惠公司正在研制低功率T－40霍尔推力器，功率为150～360 W，并已完成推力器的性能测试和300 h的持续工作[19]。德国吉森大学研制的小功率射频离子推力器RIT系列，其功率只有十几瓦，可以提供毫牛级甚至微牛级的推力，可满足如空间望远镜阵列DARWIN、XEUS[20]，欧空局的 SMART-2[21] 和多星干涉仪重力探测器 LISA[22] 等基础物理任务的微牛级推力要求。日本研制了小微波离子推力器，单级功率 19.9 W、推力 379 μN、比冲 1 410 s。

2）以离子、霍尔为代表的中等功率电推进技术目前已经发展成熟，在地球静止轨道（GEO）卫星位置保持、高轨遥感卫星、高轨通信卫星以及中小型深空探测器主推进等任务中有着重要的应用，并逐步发展成为国际上主要 GEO 卫星平台的标准配置[13]。典型地，在编队飞行任务中，电推进技术的控制精度决定多星编队任务指标能否实现。例如，在 TanDEM-X 双星编队计划[23]中，TanDEM-X 主要用于地面高程测量和地面运动目标指示，而前一项测量任务要求相对高程测量误差为 1 m。如此高精度的要求对编队控制技术提出了相当大的挑战。由于航天器在轨运行的受力情况非常复杂，特别是低轨卫星，仅考虑大气阻力摄动难以精确建模，因此低轨卫星编队很难按照设计好的相对轨迹运行。而且，由于航天器所受摄动力是连续的，必须依靠电推进系统产生的连续推力对上述摄动力进行持续补偿，才能实现高精度相对位置的长期保持。

3）随着空间操作日益复杂以及深空探测技术的发展，目前航天技术已从谋求更高物理性能转变到复杂空间操作技术[24]，在此背景下，开展大功率电推进系统研究势在必行。近年来，美国提出的一系列新型空间平台，如“轨道快车”“F6 模块化航天器”“XSS 实验卫星计划”“Mi Tex 微卫星验证计划”等[25-26]，都说明了空间平台地位的上升，而且更加强调面向任务的能力。可以想象，未来的空间平台的质量要远大于现有的卫星平台[27]，必须依靠大功率电推进系统来满足其寿命需求。大功率电推进系统的优点包括推力大、比冲高、寿命长等，且其推力与比冲均可在较宽的范围内调节，不仅可以大幅减少推进剂的消耗，减小运载难度，还能实现卫星服务“按需”提供模式。例如，美国艾德·阿斯特拉火箭公司正在制造一种新型等离子电推进系统——“可变比冲磁等离子火箭”（VASIMR），VASIMR 兼具化学火箭发动机和等离子发动机的特点，能在大推力、小比冲与小推力、大比冲之间自由转换、调整参数，未来有望应用于国际空间站任务。

电推进系统在航天任务中比较典型的应用有美国的深空探测航天器 Deep Space-1、黎明号（Dawn）[28]，日本的隼鸟号（Hayabusa）小行星探测器[29]，欧空局的 SMART-1 月球探测器以及地球重力场和海洋环流探测卫星（GOCE）[30]，以色列的 Venus 卫星。Deep Space-1 于 1998 年发射，是电推进系统首次作为主推进系统在深空探测中的应用。Hayabusa 于 2003 年 5 月 9 日发射，在两年多的飞行期间，一直使用氙离子发动机航行，接近小行星时该离子发动机已经累计工作了 25 800 h，产生了 1 400 m/s 的速度增量。Dawn 于 2007 年 9 月 27 日发射，配备了先进的等离子推进系统，旨在访问小行星带最大的两颗小行星——Vesta 和 Ceres。GOCE 于 2009 年 3 月 17 日发射，启用了先进的氙离子推进系统，是第一颗使用电离子推力器持续抵消大气阻力的卫星。电离子推进系统由两个冗余的推力器单元组成，可以产生 1～20 mN 稳定的平滑推力。GOCE 超灵敏重力测量的成功取决于对卫星轨道和速度的细微控制，常规喷气发动机不能抵偿在 GOCE 轨道高度由气压产生的微小阻力，但电离子推进系统可以。

我国的电推进技术最早始于 1967 年，由中国科学院牵头研究。1970 年，针对同步卫星姿态控制及东西位置保持的需求，中国科学院开始研制脉冲等离子推力器（PPT），其中研制出的两台 MDT－2A 推力器于 1981 年进行了首次高弹道空间飞行试验并获得成功。随后由于各种原因，研究断断续续，进展缓慢。接着在国家一系列高科技计划的大力支持下，中国科学院，航天院所，高等院校如清华大学、西北工业大学、哈尔滨工业大学等针对电推进系统展开了研究工作[31]，并于 2014 年开始有了重大进展。目前我国中等功率霍尔电推进技术已处于成熟阶段，正式投入工程应用。其中，40 mN 霍尔推力器已经通过空间飞行验证并在国际上首次完成 2 500 h 的地面 1∶1 长寿命试验验证[32]；截至 2016 年 7 月，80 mN 霍尔推力器地面 1∶1 长寿命试验已经超过 8 000 h；为其配套的发射电流 2.5 A 的空心阴极，成功通过 28 000 h/15 000 次地面长寿命试验验证[32]，已具备在轨可靠稳定运行 15 年以上的能力，达到国际先进水平；2016 年 12 月，北京控制工程研究所研制的“磁聚焦霍尔电推进系统”在实践十七号卫星上完成了全部在轨飞行验证工作，这是世界上第一套完成在轨飞行验证的磁聚焦霍尔电推进系统。在大功率霍尔电推进技术研究方面，针对未来载人空间任务动力需求，我国已成功掌握关键技术，率先取得突破。2017 年 10 月，上海空间推进研究所通过国际合作，完成了 10 kW 级大功率霍尔推力器的研制，测试推力达到 511.5 mN，比冲 2 625 s，效率 63.6%，并通过 500 h 有限寿命试验预估，预估寿命超过 10 000 h[32]。2020 年 1 月，我国第一款 20 kW 大功率霍尔推力器已成功完成点火试验，点火时间累计达 8 h，点火次数超过 30 次，总计在轨点火时间长达 50 h。在试验过程中，这款霍尔推力器点火可靠，运行平稳，工作参数稳定，实测推力 1 N，比冲 3 068 s，效率大于 70%，性能指标达到国际先进水平，推力从小功率的“毫牛级”成功迈进了“牛级”时代。目前 100 kW 级的霍尔推力器也已经得到验证，霍尔推力器投入使用指日可待。

1.2.1.2 太阳帆推进系统

太阳帆是一种利用太阳光子与大尺寸薄膜帆面的交互作用、通过反射光压产生推动力实现加速航行的新型航天器[14,33]。其优点包括质量小、收展比大、发射成本低、功耗低、无需推进剂、能获得持续小推力和航程长等。虽然太阳光压力的量级较小，仅为 mN 量级，但连续的无能耗的光压加速使其非常适用于太阳极地探测、小行星探测、地磁暴检测、平动点探测、星际航行等航天任务。

20 世纪 20 年代，苏联科学家 Tsiolkovs 首次提出太阳光照射帆面，对帆面可以产生光压力，这种光压力可以作为航天器的推动力[14]。可惜的是，他们提出的新概念没有引起人们太多的重视，直到 1958 年，Richard Garwin[34] 发表了世界上首篇研究太阳帆的文献。1960 年，美国国家航空航天局（NASA）发射了回声 1 号（Echo－1）探测气球，首次对太阳光产生的压力进行测量[35]。之后美国和俄罗斯对太阳帆项目展开了研究，但或因太阳帆理论基础还显不足，太阳帆薄膜材料的性能不确定，研究项目资金缺乏等一系列外在因素使计划搁浅，或因帆面展开试验失败而终止任务。直到 2010 年 5 月 21 日，日本宇宙航空研究开发机构（JAXA）成功发射了世界上第一个太阳帆航天器 IKAROS，并首次完成了太阳帆的在轨展开、在轨光压加速航行以及加速飞掠金星[36]。图 1－1 所示为

IKAROS的在轨实物图。帆面展开后的规格约为 14 m×14 m，厚度仅为 7.5 μm，在轨获得了 1.12 mN 的光压力。IKAROS 的成功极大地推动了太阳帆在深空探测领域的工程应用，也进一步掀起了太阳帆的研究热潮。

图 1-1　太阳帆航天器 IKAROS

2010 年 11 月 19 日由 NASA 研制的小型太阳帆 NanoSail-D[37] 成功发射，并在随后的阶段顺利地完成地球轨道任务。图 1-2 所示为 NanoSail-D 的概念图，它是一种很小的新型概念的纳米帆，展开面积不到 10 m^2，总质量大约为 4 kg。类似地，Cubesail[38] 也是一种纳米帆，展开面积约为 25 m^2，但是帆体的总质量却减小到 3 kg，可以投放到轨道半径为700～800 km 的太阳同步轨道上。由欧盟出资资助的 DeorbitSail[39] 旨在演示验证使用低成本超轻太阳帆作为拖曳帆使卫星离轨再入大气层。在展开前被打包封装在 11 cm×11 cm×34 cm 的立方体平台里面，展开后通过三轴姿态控制实现稳定。2015 年 7 月 10 日，DeorbitSail 顺利发射并成功入轨，但入轨后卫星发生故障，任务失败。2015 年 5 月 20 日，由美国行星协会资助的 LightSail-1 发射成功并在太空成功展开[40]。

太阳帆无质损、无限比冲的本质特征使其成为深空探测领域，尤其是非开普勒轨道任务领域的研究焦点。除了太阳帆以外，2004 年，芬兰研究员 Janhunen 提出了另一种具有无限比冲的推进方式——电动太阳风帆（Electric Solar Wind Sail，E-sail）[41] 推进，通过利用与太阳风中高速运动的带电粒子动量交换产生推力，从而推动航天飞行器完成空间飞行任务。不同于太阳帆，电动太阳风帆在结构上并不存在真正的“帆”结构，只是由处于同一平面的带电金属细链形成概念上的帆面，而金属细链的在轨展开比起超大面积柔性结构要易于实现得多。另外，目前万平米级的高性能太阳帆在距太阳 1AU 处所能产生的光压力仅在 0.1 N 量级，而 E-sail 则能产生接近 1N 的连续推力，进一步拓

图 1-2 NanoSail-D 的概念图

展了有望实现的高能非开普勒轨道（Highly Non-Keplerian Orbit）任务类型。自概念提出以来，多位研究学者对其可能的任务应用进行了深入的探讨。Quarta 和 Mengali 教授等研究了 E-sail 在近地小行星采样返回任务、火星探测任务、太阳同步轨道任务中的应用[42-44]，并采用优化算法对不同 E-sail 的探测轨迹进行优化。Niccolai 等针对非开普勒日心悬浮轨道保持展开研究，用以探测日心极地活动[45]。霍明英等人将 E-sail 应用于日心悬浮轨道的转移和控制中[46]。以上研究说明了 E-sail 作为一种新兴推进形式具有广阔的应用前景。

1.2.2 悬浮轨道动力学与控制研究现状

二体问题是天体力学中最基本的问题，研究由大质量的中心天体和相对于中心天体质量可忽略的小天体（航天器）组成的动力学系统中，小天体（航天器）在大天体引力作用下的运动规律。二体问题可运用牛顿运动定律彻底求解，推导出开普勒轨道运动方程，即小天体（航天器）在大天体引力势能作用下自然运动形成开普勒轨道，该轨道为数学上严格定义的椭圆，满足开普勒定律。事实上，受到中心天体质量分布不均匀、大气阻力、太阳光压力以及其他天体引力等因素的影响，航天器轨道会产生摄动，偏离自然轨迹，因此不存在严格意义上的开普勒轨道。在很多情况下，航天器所受的其他外力相比于中心天体的引力可忽略不计，则在对轨道进行初步设计和分析时，可以将其视为开普勒轨道（Kepler Orbit），这种轨道称之为弱非开普勒轨道；而当作用在航天器上的其他外力在轨道设计阶段不可忽略时，该轨道称之为强非开普勒轨道。因而在实际工程设计中，我们将前者视为开普勒轨道，而后者才是我们关心的非开普勒轨道（Non-Keplerian Orbit，NKO）。

根据上述定义可知，存在两种典型的非开普勒轨道[1]。第一种情况是不存在中心天体，即航天器的轨道不在任何一个天体的影响球内，目前研究较多的是限制性三体（或多体）问题，需要同时考虑两个或更多天体的引力作用。第二种情况是有中心天体，但航天器除受中心天体的引力外还受到其他的作用力，本书主要讨论第二种情况下的非开普勒轨道。除中心天体引力外，航天器依托连续的推进动力，形成轨道平面不通过中心天体，而是悬浮于其上方或下方，且始终保持相对稳定状态的非开普勒悬浮轨道。

最早在 19 世纪 60 年代，Dusek[47] 提出了利用推进力平衡引力可实现航天器的悬浮，生成轨道面不包含中心天体的周期轨道，这就是最早时期的悬浮轨道概念。70 年代末，NASA 开展利用太阳帆探测哈雷彗星的任务研究[48]，太阳帆迅速进入航天界的视野。Forward[49] 提出太阳帆在太阳光辐射压力的作用下可悬浮于黄道平面的上方或下方，围绕太阳做周期性运动，该轨道被称之为日心悬浮轨道。之后，Forward 提出了“Statite”这一新概念航天器[50]，他在研究中发现，Statite 的运动轨道并不是一种常规的弹道轨道，航天器在这种新型的轨道上，靠近地球却不占用拥挤的赤道同步轨道空间，通过平衡太阳光压力和地球引力的作用，可长期观测地球的南北两极区域。因此地心悬浮轨道也逐渐被学者重视，用来研究磁尾以及其与太阳风的相互作用，还可与地球同步轨道共同作用，实现对地球表面的实时三维成像。悬浮轨道还可应用于火星、木星以及小行星，执行行星科学任务。

McInnes 针对非开普勒悬浮轨道做了大量基础性的理论研究[2-6,51-53]，包括建立了连续小推力航天器日心悬浮轨道动力学方程，指出日心圆形悬浮轨道本质上是轨道动力学方程的平衡点；依据轨道运动的角速度，首次对日心悬浮轨道进行了系统又全面的分类，并分析了不同类型悬浮轨道的存在性、稳定性及可控性；提出了被动控制的概念，研究了非开普勒悬浮轨道与开普勒轨道的拼接方法；探讨了悬浮轨道在空间天气监测、月球远端通信和太阳物理观测中的应用等。Bookless 等[54] 研究了具有常值加速度的太阳帆悬浮轨道动力学问题，他在二体、三体系统轨道动力学模型下分析了太阳辐射加速度对动力系统的影响，发现太阳帆推进模式下系统存在人工拉格朗日平衡点，且适当的轨道控制可以产生周期性悬浮轨道族。McKay 等[7] 针对一种特殊的高能非开普勒轨道发表了非常完整和详尽的综述，该轨道的特征为航天器所受的推力加速度大小与重力加速度大小近似相等，在中继通信、地球监测以及行星科学探索任务中有广泛的应用。Waters 等[55] 研究了太阳帆限制性三体问题下的周期轨道，利用 Lindstedt－Poincare 方法构造了非线性运动周期解的 n 阶近似，且将该解应用于对极地的持续监测与通信。Simo 等[56] 研究了地月系统平衡点附近的周期性悬浮轨道的状态控制方案，他通过引入一阶近似的方法得到周期轨道的线性解的解析式。Ceriotti 和 McInnes[57] 在圆型限制性三体问题下研究了地球最优极地轨道，并提出使用混合推进模式，即太阳帆太阳光压推进和电推进模式来维持极地轨道。这种轨道不同于以往大倾角的极地轨道，可在极地上空保持悬浮静止，覆盖面很广，可以不间断地监测极地区域，且通过优化方法，可调整太阳光压辐射加速度以减少轨道维持所需的电推进推进剂消耗。Heiligers[6] 同样使用混合推力器设计平面内和平面外的地心悬浮轨道，保证航天器悬浮于黄道面之上，且对地保持静止。

国内以清华大学李俊峰与宝音贺西为代表的许多高校学者也对非开普勒悬浮轨道进行了大量的基础性研究，完成了不同任务下的悬浮轨道的动力学分析与设计。李俊峰[1]讨论了非开普勒轨道与传统开普勒轨道的异同点，并通过分析非开普勒轨道的特点，从设计的角度出发，给出了非开普勒轨道的定义。宝音贺西[58]研究了在日地系统圆型限制性三体问题上新类型的太阳帆轨道，他指出这种类型的轨道是一种周期性轨道，和人工拉格朗日点有关系，并可以悬浮在黄道面之上，但是这种悬浮轨道稳定性极差，需要进行适当的姿态控制。紧接着，清华大学龚胜平等[59-63]对太阳帆悬浮轨道的编队以及悬浮轨道的控制问题展开了一系列研究，并取得不错的成果。北京航空航天大学徐明等[64]通过设计太阳帆法向方向指向太阳，获得行星上空悬浮轨道，并集中讨论了其非线性动力学特性与控制问题，得到了平衡点附近运动稳定性的充要条件。中国科学院空间科学与应用研究中心钱航等[65-66]主要研究了日心悬浮轨道的保持和稳定控制等问题，他采用特殊形式的系统动力学方程，结合最优控制方法对太阳帆日心悬浮轨道进行主动控制与仿真计算。哈尔滨工业大学齐乃明等[67]考虑了电推进航天器从地球轨道到悬浮轨道的最优转移方案。

在轨道保持方面，将系统非线性动力学方程在标称轨道附近线性化后再进行分析研究是目前设计悬浮轨道保持控制器较为普遍的方法。Simo 和 McInnes[68]针对混合太阳帆的平动点悬浮轨道，采用了反馈线性化的方法实现了轨道保持控制。McInnes[53]基于标称轨道附近的线性化动力学方程提出了轨道保持被动控制策略。Bookless 等[69]提出了围绕拉格朗日点的拟周期轨道的状态控制方法，他发现调节帆面面积、改变太阳帆螺旋角和偏航角可以起到稳定轨道的作用，提前预警地磁风暴。钱航等[66]针对太阳帆日心悬浮轨道线性动力学模型，采用线性二次型调节器方法设计了相应的轨道保持控制律。Waters 等[55,70]基于最优控制理论构造出太阳帆平动点及其周期轨道（Halo 和 Lyapunov 轨道）的维持策略，并分别给出了各自的控制器收敛域；同时，Waters 基于所构造的控制器实现了不同族周期轨道以及平动点之间的同、异宿转移。徐明[71]注意到非共线型平动点的一维稳定流形、一维不稳定流形和二维中心流形可用于构造保哈密顿结构控制器，不仅改变平衡点的拓扑性质，还在非共线平动点附近生成新型稳定的拟周期轨道族。限于篇幅，其他关于悬浮轨道动力学与控制的有效研究，在此不再赘述，有兴趣的读者可以查阅相关参考文献。

上述学者在悬浮轨道的存在性、稳定性以及镇定策略等方面均取得重要进展。但目前已有的研究文献大多致力于限制性三体问题下太阳帆在日心悬浮轨道中的运动研究，或者零俯仰角小推力悬浮轨道；针对任意推力方向，更普适意义下的小推力悬浮轨道研究还未曾涉及。且由于大范围全局的非线性困难，目前学术界在悬浮轨道各平衡点间的穿越行为方面的研究涉及较少；而穿越现象可用于构造悬浮轨道的进入或离开等转移轨迹，是未来发射转移轨道不可回避的问题。

1.2.3 悬浮轨道的解析解理论

1.2.3.1 受摄轨道运动研究方法

太阳系中各大行星、小行星、卫星（包括自然卫星和人造卫星）的运动，其主要外力源只有一个。其中各大行星和小行星运动的主要力源来自太阳引力，自然卫星运动的主要力源来自其环绕的大行星，环绕型探测器运动的主要力源则是其环绕的目标天体（地球、月球、火星等）。上述各类运动问题中，除主要力源外，其他各种外力作用相对较小，因此一般 $N(N \geqslant 3)$ 体系统都可以处理为一个受到“干扰”的二体系统，相应的数学问题也转化为受摄二体问题。“受摄二体系统”中对应的主要力源天体称为“中心天体”，除主要力源外其他所有的干扰源统称为摄动源。

典型的且研究较多的航天器受摄二体系统就是非中心引力场中航天器轨道运动。由于中心天体并不是一个正球体，可通过在中心天体引力场的基础上叠加一系列球面调和函数，来描述由中心天体形状不规则性和内部质量分布不均匀性所造成的中心引力场的非球形摄动[72-73]。而非中心引力场中航天器轨道运动，一般可通过拉格朗日行星摄动方程（Lagrange Planetary Equations，LPEs）和高斯变分方程（Guassian Variational Equations，GVEs）描述，表示为正则化（Delaunary 变量）或者非正则化（经典轨道根数）的形式。以上时变的常微分方程将描述航天器运动的动力学从位置-速度空间转化到轨道要素空间。而对于非开普勒悬浮轨道而言，额外的连续小推力也可以作为二体系统的摄动源，悬浮轨道的运动就是该受摄二体系统的摄动解。针对轨道摄动解的求解，当前该问题的研究手段一般可分为三方面：解析、数值和半解析方法。

解析方法一般基于各类级数展开原理，应用轨道摄动理论对微分方程进行变换，从而得到航天器运动的闭合解析解。该解表示为时间、初值条件和某些特定参数的显函数关系。因此，代入所有参数条件确定显函数的值即可确定航天器在给定时间的位置与速度状态量。并且解析解针对所有或者至少大部分初值条件都成立，具有通用性，有效地节省了计算时间。但是，解析解的求解需要对原运动方程进行必要的简化（如低阶近似和平均化手段），会牺牲部分求解精度。

数值方法即对包含摄动加速度的动力学方程进行数值积分，由于其计算结果非常准确，数值积分解通常被假定为是真值。但是高精度的结果因为设置的积分步长较小，带来的代价是需要较长的计算时间。且利用数值方法，若动力学方程的初始条件改变，则必须重新重复积分过程以更新结果。

半解析方法综合了数值积分精确和解析公式高效的优点。利用平均化的方法将变化较快的高频、小振幅运动去掉，使得平均后的运动方程只与长周期变化的角度有关，因此可以通过使用大步长积分来求解，在保持精确度的同时大大缩短了积分时间。另外如有需要，可在每步积分中加入平均化方法求得的解析结果，以考虑短周期项的影响。利用广义的平均化手段或者哈密顿正则变换可直接对原摄动方程进行平均化处理。通常平均化方程的推导较为烦琐和耗时，一般需要对摄动函数进行简化，并且针对特定的摄动函数方法也会有所不同。

1.2.3.2　轨道摄动解研究现状

轨道根数是描述航天器开普勒轨道的六个独立参数，可明确地确定航天器的姿态和位置。当航天器受到扰动时，其位置和速度表示的是航天器的瞬时运行状态，对应的轨道根数称为密切轨道根数。而平均轨道根数是消去了周期变化项的密切轨道根数，反映了轨道根数的长期变化，在航天任务分析与设计如卫星编队构形设计、分布式卫星协同控制以及卫星星座设计等工作中起着至关重要的作用。自 20 世纪 50 年代以来，Brouwer 和 Kozai 等多位著名学者就专注于非开普勒摄动对轨道演化的影响，平均轨道根数法被广泛应用于高阶非中心引力场中航天器轨道运动的研究之中。Kozai[74] 针对 J_4 带谐项摄动，提出了基于平近点角定积分的平均轨道根数法，推导了卫星受摄运动方程的幂级数解。Brouwer[75] 使用 Delaunay 变量替换轨道元素，将拉格朗日行星摄动方程转换为 Von - Zeipel 形式，并将摄动项分解为长期项、长周期项和短周期项。Kaula[76] 利用平均轨道要素构造了带谐项和田谐项摄动的二阶解。国内的刘林等[72,77] 利用平均轨道根数法和拟平均轨道根数法，完整地给出了 J_4 带谐项摄动下六个独立轨道要素的长期项、长周期项和短周期项的解析表达形式。杨维廉[78] 采用 Lie 级数变换方法构造 J_4 摄动下的解析解，与 Brouwer 的结果[75] 完全相同。针对地球非球形摄动，由于平均轨道根数消去了密切轨道根数的周期变化项，周期项在一个周期内的积分效果为零[79]，受摄轨道经过处理之后只呈现出长期变化趋势，大大简化了轨道摄动分析。由于平均根数法在处理受摄问题中的独特优势，在非开普勒悬浮轨道的研究中也可以应用该方法来求解悬浮轨道摄动解，并同理可将摄动分解为长期项、长周期项和短周期项。

悬浮轨道受小推力作用悬浮于地球上方，针对开普勒轨道的经典摄动理论不再适用，这使得非开普勒轨道的动力学特性研究、控制与实际应用大多局限于数值分析，无法给出航天器运动轨道的变化规律。虽然小推力项也是非开普勒摄动中的一种，但国际上针对悬浮轨道的解析解研究目前基本还是处于空白阶段。唯一地，Peloni 等[80] 在高能非开普勒轨道和经典轨道元素之间建立了封闭的解析映射关系。但是，他们研究的轨道仅限于圆形周期悬浮轨道，即轨道半径和高度都保持恒定，并没有构造出一般（周期和拟周期）非开普勒悬浮轨道的解析解。

1.2.4　悬浮轨道编队飞行相关技术问题

航天器编队飞行通过利用多个航天器器间通信、分布式协同工作，形成一个功能齐全、规模较大的航天器系统。编队系统可拓展单个航天器无法实现的功能，可实现大尺度干涉测量、多角度、多时段观测，以及复杂空间科学任务的协同工作。并且由于多平台的冗余设计，在航天器发生故障时，可通过对故障模块的补发以及编队构型的重新设计，以避免像传统卫星因某一功能故障无法弥补而造成的任务失败，具备可维护性和高可靠性，降低任务风险和维修成本。因此，航天器编队飞行越来越引起人们的关注，并已广泛应用于立体成像、电子侦察、卫星遥感、导航定位、深空探测等空间任务。目前世界各国已开展了多个编队飞行任务，例如：TechSat - 21 计划[81-83]，TerraSAR/TanDEM - X 项目[84-85]和 GRACE 项目[86-87]等对地观测编队任务；TPF[88]、LISA[89-91]等天文观测编队计划；此外，NASA 和 ESA 等还相继提出了 EO - 1/Landsat - 7[92]、PRISMA[93-94]和 Proba - 3[95]等编队飞行技术试验任务，以对相应的关键技术进行先期验证。

航天器编队飞行作为研究热点，其相关的成果大量涌现，涉及编队技术的各个方面，包括相对动力学建模、稳定构型设计和初始化、构型保持和重构、高精度协同控制等关键问题。但其中大部分的研究都是针对开普勒轨道上飞行的编队，而随着非开普勒轨道的发展，以及南北极的开发，深空探测的需要，悬浮编队飞行也具有重要的研究和应用价值。且由于小推力悬浮编队问题与自然构型下的编队，其动力学模型有诸多相似之处，因此许多针对自然构型编队的研究方法都可以借鉴用于探索小推力相对轨道。

首先在相对运动的描述上，航天器编队飞行的本质是相对运动控制问题，因此相对运动特性分析是构型设计与控制的前提。目前编队飞行的运动描述方法可以分为两大类：一是动力学方法，即以位置、速度作为描述变量，典型的有著名的 CW（Clohessy - Wiltshire）（或 HCW，Hill - Clohessy - Wiltshire）方程和 TH（Tschauner - Hempel）方程[96]；二是运动学方法，即以轨道根数作为描述变量，刻画航天器相对运动状态。在悬浮编队的研究中，龚胜平等[97]利用动力学方法分别研究了行星（地球和火星）悬浮轨道附近的相对运动，他们首先推导了悬浮轨道附近的相对运动方程并将相对运动方程在悬浮轨道附近线性化。针对地球的悬浮轨道，设计了两种半自然编队控制率进行编队控制，其中一种为被动控制，针对火星任务设计了另一种半自然控制率，并分析了每种控制率下的稳定区域。McInnes[98]推导了旋转坐标系下相对运动的解析解，但悬浮轨道是线性化的，且没有考虑诱导推力。利用运动学方法，Wang 等类比开普勒轨道，定义了非开普勒轨道的轨道根数，通过悬浮轨道根数对悬浮编队做了大量的研究[99-101]。他们研究了日心圆形悬浮轨道之间的相对运动，并获得了相对距离范围的半解析近似结果。之后，他们还将理论和方法推广到文献［100］中的椭圆轨道，并通过消除经典轨道元素的奇异性进一步扩展了分析，以避免原方法失效[101]。

显然，以上大多数研究都是建立在线性动力学模型或是获得了近似解。即使这些相对运动是解析性的，但由于动力学的近似，其模型存在对航天器轨道动力学模型精确性过度依赖的问题，它们仍无法在长距离和长期任务中保持编队构型。在对 J_2 不变相对轨道的研究中，也有相同的问题。Koon 等[102]采用庞加莱截面和劳斯变换的技巧分析编队相对动力学，给出了一种 J_2 不变轨道的构造思路：将编队主、从星分别放置于庞加莱截面的不动点及其闭轨，可以将相对构型保持在较长时间内。不过，由庞加莱截面得到的伪圆和伪椭圆轨道具有不同的交点周期和升交点漂移率，因此仅在庞加莱截面上选取编队初始条件并不能保证编队构型的长期稳定。为了克服该方法的缺陷，徐明等[103-105]在发展该方法的基础上，系统地研究了 J_2 不变相对轨道的存在性、生成算法及控制维持等问题。基于简约的 J_2 动力学劳斯形式，从本质上研究了相对动力学；将编队卫星放置在适当的拟圆轨道的中心流形上，构造出任意尺度和永久维持的 J_2 不变轨道，从而证明该轨道的存在性。罗通[106]

继承并推广了 J_2 不变相对轨道条件，基于数值搜索，给出了光摄动圆型限制性三体问题中有界轨道构成编队的充要条件。他利用 Lie 级数简化了哈密顿系统，并建立起quasi－halo 轨道的中心流形与编队条件之间的庞加莱映射，建立起 halo 轨道之间，halo 和 quasi－halo 轨道之间以及 quasi－halo 轨道之间的非线性自然编队和受控编队。同理，J_2 不变相对轨道数值编队的方法还可延拓到悬浮编队上使用，庞加莱截面和劳斯变换的技巧在悬浮轨道上一样适用。因此非线性悬浮编队也可从动力系统理论的角度，利用数值搜索的手段进行探索研究。

1.3 主要研究工作

本书以地球极地探测任务为背景，研究连续小推力非开普勒悬浮轨道非线性动力学特性、控制策略与潜在应用。图 1－3 给出了本书的研究内容框图，各章节安排如下：

第 1 章介绍本书的研究背景、目的和意义，概述我国已实现的和计划中的近地和深空探测任务，阐明开展非开普勒悬浮轨道动力学研究的重要意义，综述连续小推力技术、悬浮轨道动力学与控制及其编队飞行的研究现状，提出本书的研究内容。

第 2 章简单介绍不同轨道动力学模型的动力学方程，揭示各个模型中的内在联系。针对限制性二体问题下的连续小推力悬浮轨道动力学系统，给出任意推力下的动力学方程；再针对推力效率高的平面内推力悬浮轨道模型，分别建立三自由度的完全动力学模型与二自由度的简约动力学模型。推导动力系统平衡点的位置，并揭示轨道可行区域。

第 3 章研究基于垂直推力的太阳帆悬浮轨道动力学。证明太阳帆悬浮轨道存在双曲型和中心型平衡点；证明临界破裂的 KAM 环被 Lyapunov 轨道的（1，1）同宿轨道充满，该同宿轨道由 Lyapunov 轨道的稳定和不稳定流形构成；给出判断太阳帆悬浮轨道稳定的充分必要条件及该判据的二阶近似。

第 4 章研究平面内任意推力方向下，小推力悬浮轨道的动力学特性。已有研究表明：相对于推力方向，推力的大小对动力系统的影响较小，只改变能量和 Hill 区域尺寸，而不改变 Hill 区域形状及其拓扑特性。基于此，本章拟在动力学模型中引入非零推力俯仰角，集中探究推力方向对悬浮轨道稳定性、穿越行为以及轨道机动的影响。具体包括讨论分析 KAM 环破裂前后，双曲型平衡点和椭圆型平衡点附近的有界运动，并分析共振轨道的存在机理；研究 KAM 环破裂原理，讨论不同推力方向下的穿越轨道，并给出轨道穿越判据。

第 5 章通过量化科氏加速度，引入 ω 因子，构造基于科氏加速度和速度反馈的弱保哈密顿结构控制器，并研究其影响轨道稳定性的动力学机理，用以镇定双曲型平衡点附近的运动。在受控悬浮轨道二体模型下，分析 Lyapunov 轨道的空间形态，并用 ω 因子定量表示出稳定和不稳定流形之间的夹角。数值论证不变流形的同宿行为，并从位置空间和位速空间两个角度给出区分穿越和非穿越轨道的判据。由于穿越区域随 ω 因子变化，弱保哈密顿结构控制可实现轨道的镇定与人工轨道的生成，且相比于强保哈密顿结构控制，不需改变平衡点数目与拓扑性质，控制代价更小。

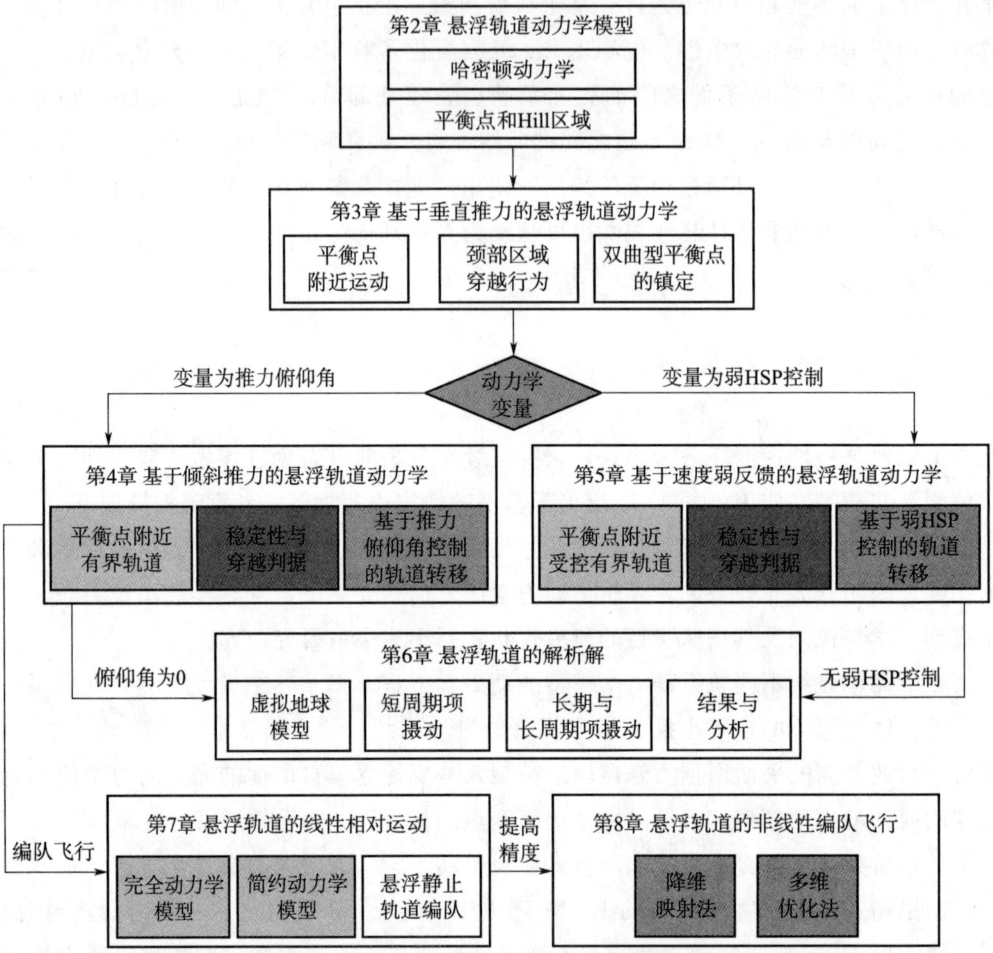

图 1-3　研究内容框架图

第 6 章研究小推力悬浮轨道的密切根数解析解。悬浮轨道受小推力作用悬浮于地球上方，针对开普勒轨道的经典摄动理论不再适用，这使得非开普勒轨道的动力学特性研究、控制与实际应用大多局限于数值分析，无法给出航天器运动轨道的变化规律。因此拟类比开普勒轨道，推导悬浮轨道的密切根数一阶解析解，并数值检验其解析推导的正确性与精确度。此外，由于作用推力大小的取值不同，其摄动的量级有所不同，推力大小对密切根数的影响也具备较强的研究价值。

第 7 章研究悬浮轨道在编队飞行任务中的应用，集中探索基于解析解的线性相对运动和控制策略。分别从惯性坐标系下的全动力学模型和极坐标系下的简约动力学模型两个方面推导线性化的相对运动解析解。根据特征值，区分动力系统在不同悬浮高度下的稳定性、分叉性和不稳定性。利用约当分解，求解出相对运动的六个基础解系，解析推导能生成自然有界相对轨迹的初始条件；对不满足该初始条件的相对轨道，提出两种闭环控制策略以生成任意初值下的受控相对轨道。最后讨论悬浮轨道编队飞行在地球表面成像和中继通信等对地静止轨道任务中的应用。

第 8 章在悬浮编队线性相对运动解析推导的基础上，进一步研究基于数值解的非线性相对运动，以克服线性化方法在编队构型长期维持上的困难，适应大尺寸、长时间的编队飞行任务。通过建立五维动力学参数（动量矩、推力大小、推力方向、能量、拟周期性）到二维相对轨道条件（平均轨道周期、平均角度漂移量）的映射关系，降维处理非线性编队的数值匹配问题。通过继承并推广 J_2 不变相对轨道条件，分类讨论不同绝对轨道下的编队条件、映射匹配算法以及相对轨道。除降维映射法外，考虑到悬浮轨道动力学参数的多样性，本章还提供多维优化法，实例展示特定任务下，优化算法在非线性悬浮编队飞行研究中的可行性与优越性。

第 2 章　连续小推力悬浮轨道动力学模型

2.1　引言

Dusek 于 1966 年首次提出使用连续小推力推进系统来产生人工平衡点，他指出，该平衡点和三体系统中的拉格朗日平衡点之间存在一定距离，且航天器可以保持在人工平衡点上[47]。后来，Austin[107]，Nock[8]，Yashko 和 Hastings[108]等人指出，原则上可以使用垂直于轨道平面的连续推力，生成二体模型下的悬浮轨道。Forward[49]，Baig 和 McInnes[109]和 Heiligers[6]进一步考虑了太阳帆航天器借助光压力生成的对地静止悬浮轨道。目前对悬浮轨道的研究也逐渐拓展到前沿应用[60]，先进的推进技术[45]，以及不规则形状的小行星模型中[110]。

航天器利用太阳帆推进或者电推进产生连续小推力，可生成大量二体非开普勒悬浮轨道族。本章简单介绍几个典型的轨道动力学模型，揭示其动力学方程中的内在联系。针对本书的研究对象——限制性二体问题下的小推力悬浮轨道动力学系统，分别从地心惯性坐标系和地心旋转坐标系中建立三自由度完全动力学模型与二自由度简约动力学模型。推导平衡点的位置，并揭示一般悬浮轨道（周期与拟周期）的可行区域。

2.2　连续小推力悬浮轨道的哈密顿动力学

当作用在航天器上除中心天体引力之外的其他外力不能忽略，无法利用开普勒轨道设计方法来处理时，称该轨道为（强）非开普勒轨道[1]。非开普勒轨道主要包括：连续推力轨道、多体问题轨道、太阳帆轨道以及绳系卫星轨道[1]。上述轨道分类之间彼此也存在交叉，不是严格的并列关系，如图 2-1 所示。

多数典型的非开普勒轨道动力学模型（3 自由度）可以在适当的坐标系下表示为如下形式

$$\begin{cases}\ddot{x}-2\omega\dot{y}=-\Omega_x\\ \ddot{y}+2\omega\dot{x}=-\Omega_y\\ \ddot{z}=-\Omega_z\end{cases} \tag{2-1}$$

式中　Ω ——有效势能；

Ω_x，Ω_y，Ω_z —— Ω 在 x，y 和 z 方向上的偏导数；

ω ——角速度。

在无量纲模型中，不同的 Ω 和 ω，可以定义出不同的轨道动力学模型，例如：

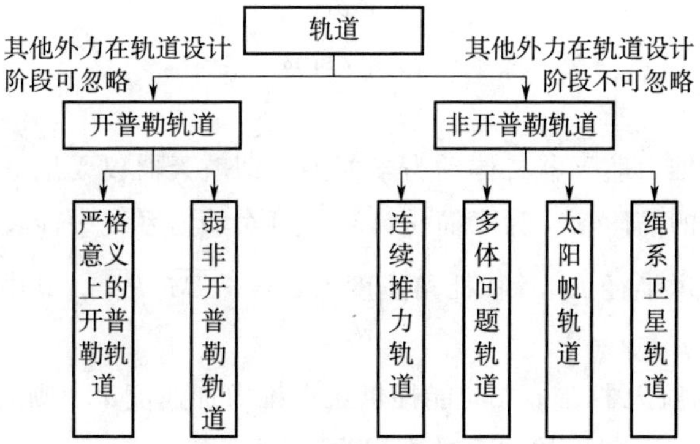

图 2-1　轨道分类框图

圆型限制性三体问题（Circular Restricted Three-body Problem，CR3BP）

$$\omega=1,\Omega=-(x^2+y^2)/2-(1-\mu)/r_1-\mu/r_2 \tag{2-2}$$

Hill 三体问题

$$\omega=1,\Omega=-3x^2/2-\mu/r_2 \tag{2-3}$$

太阳帆三体问题

$$\omega=1,\Omega=-(x^2+y^2)/2-(1-\mu)/r_1-\mu/r_2-a(n_x x+n_y y+n_z z) \tag{2-4}$$

式中　μ ——次天体的质量；

r_1，r_2 ——航天器到主天体和次天体的距离；

a ——太阳光压辐射加速度；

n_x，n_y，n_z ——帆面法向量三轴分量。

本书所研究的连续小推力悬浮轨道是非开普勒轨道中讨论较多的一种，其受力特征为除受到中心天体引力之外，还受到连续常值小推力（特别地，航天器为太阳帆时，太阳光压力的方向受到太阳光方向的限制）作用；其轨道特征是轨道平面不通过中心天体，而是悬浮在引力源的上方或下方。连续小推力非开普勒悬浮轨道看似完全不同于三体问题的平动点轨道，但通过研究发现，在适当的坐标空间中，两者存在十分相似的非线性动力学行为。在限制性二体问题中，连续小推力悬浮轨道的动力学模型也可表示为方程（2-1）的形式，下面给出具体的说明。

首先给出地心赤道惯性坐标系 $I(x, y, z)$ 与地心旋转坐标系 $R(\rho, z, \varphi)$ 的定义。地心赤道惯性坐标系 $I(x, y, z)$ 也称为惯性坐标系，是太阳系中的一种常用坐标系。坐标系原点位于地球的质心处，x 轴是赤道面与黄道面的交线并指向春分点，z 轴垂直于赤道平面指向北极，y 轴定义在赤道面内，与 x 轴、z 轴构成右手坐标系。地心旋转坐标系 $R(\rho, z, \varphi)$ 以一定的角速度相对惯性系旋转。坐标系原点位于地球的质心处，ρ 轴是由地心指向航天器的位置矢量在赤道面的投影，z 轴垂直于赤道平面指向北极，角度 φ 为惯性系中 x 轴与旋转系中 ρ 轴之间的夹角。根据两个坐标系的定义，很容易写出 I 系与 R 系之间的转换关系为

$$\begin{cases} x=\rho\cos\varphi \\ y=\rho\sin\varphi \\ z=z \end{cases} \tag{2-5}$$

本章考虑一般小推力航天器二体动力学模型，即航天器仅受地球引力，与自身连续小推力，忽略重力势能的高阶项。为了简化计算，可对动力系统中涉及的各个单位做归一化处理：特征长度为地球半径 R_e，特征角速度为 $\omega=\sqrt{GM/R_e^3}$，其中 GM 为地球的引力常数，归一化之后记为 μ，$\mu=1$。

假设质量为 m 的航天器在 $\boldsymbol{n}$ 方向能提供正向推力加速度 $\boldsymbol{a}$，则航天器在地心惯性坐标系 I 中位置 $\boldsymbol{r}=(x, y, z)$ 处的动力学方程为

$$\ddot{\boldsymbol{r}}=\boldsymbol{a}-\nabla V \tag{2-6}$$

中心天体的引力势能 V 和推力加速度 $\boldsymbol{a}$ 分别定义为

$$V=-\frac{\mu}{r}, \boldsymbol{a}=\kappa\boldsymbol{n} \tag{2-7}$$

式中 $\boldsymbol{n}$ ——推力加速度的方向；

κ ——无量纲的推力加速度大小。

考虑最一般的情况，航天器的推力加速度方向可由两个角度描述，如图 2-2 所示。$\boldsymbol{n}$ 与由位置矢量和 Z 轴构成的平面 P 之间的夹角为推力锥角，记为 δ；$\boldsymbol{n}$ 在平面 P 中的投影与 z 轴之间的夹角定义为推力俯仰角，记为 α。因此可在地心惯性坐标系表示出推力方向 $\{\boldsymbol{n}\}_I$，即

$$\{\boldsymbol{n}\}_I=[\cos\delta\sin\alpha\cos\varphi+\sin\delta\sin\varphi \quad \cos\delta\sin\alpha\sin\varphi-\sin\delta\cos\varphi \quad \cos\delta\cos\alpha]^{\mathrm{T}} \tag{2-8}$$

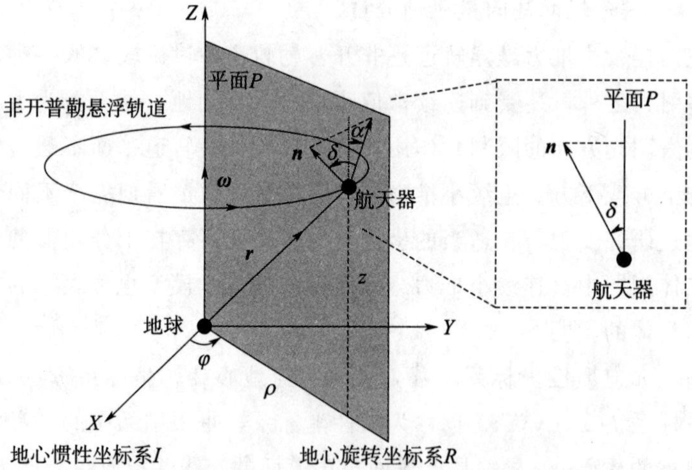

图 2-2 参考系下的非开普勒悬浮轨道

此外，航天器可在地心旋转坐标系 R 的位置 $\boldsymbol{r}$ 处以相对于地心惯性坐标系 I[52] 的角速度 $\boldsymbol{\omega}$ 旋转，因此航天器在地心旋转坐标系 R 中的动力学方程为

$$\ddot{\boldsymbol{r}}+2\boldsymbol{\omega}\times\dot{\boldsymbol{r}}+\boldsymbol{\omega}\times(\boldsymbol{\omega}\times\boldsymbol{r})=\boldsymbol{a}-\nabla V \tag{2-9}$$

其中，推力方向在地心旋转坐标系 R 中的表达式为

$$\{\boldsymbol{n}\}_R=[\cos\delta\sin\alpha \quad \sin\delta \quad \cos\delta\cos\alpha]^{\mathrm{T}} \tag{2-10}$$

综合式（2－6）～式（2－8）以及式（2－9）、式（2－10），分别为航天器在地心惯性坐标系 I 和地心旋转坐标系 R 中的一般推力下的轨道动力学方程。

然而，考虑到小推力的方向问题，平面 P 中的推力可以产生非开普勒悬浮轨道，而平面外的推力会使航天器加速或者减速，使得轨道不稳定。为了提高推力的工作效率，一般令推力的锥角 $\delta=0$，使得推力完全处于平面 P 中。

因此，在地心惯性坐标系 I 下，平面内推力下悬浮轨道动力学方程可由式（2－6）进一步简化为

$$\begin{cases}\ddot{x}=-\dfrac{x}{r^3}+\kappa\sin\alpha\cos\varphi \\ \ddot{y}=-\dfrac{y}{r^3}+\kappa\sin\alpha\sin\varphi \\ \ddot{z}=-\dfrac{z}{r^3}+\kappa\cos\alpha\end{cases} \tag{2-11}$$

式（2－11）中的动力学方程也可表达成式（2－1）的形式，对应的角速度 ω 和有效势能 Ω 可表示为

$$\omega=0,\ \Omega=-\frac{1}{r}-\kappa z\cos\alpha-\kappa\sqrt{x^2+y^2}\sin\alpha \tag{2-12}$$

另外，针对推力方向始终作用在平面 P 中的航天器，也可用极坐标（ρ，z，φ）来描述航天器的二体运动规律。动力系统的哈密顿函数为

$$H=\frac{1}{2}(\dot{z}^2+\dot{\rho}^2+\rho^2\dot{\varphi})-\frac{1}{r}-\kappa z\cos\alpha-\kappa\rho\sin\alpha \tag{2-13}$$

动力学方程可表示为

$$\begin{cases}\ddot{\rho}=h_z^2/\rho^3-\rho/r^3+\kappa\sin\alpha \\ \ddot{z}=-z/r^3+\kappa\cos\alpha \\ \ddot{\varphi}=-2\dot{\rho}\dot{\varphi}/\rho\end{cases} \tag{2-14}$$

式中　ρ ——轨道半径；

z ——平行于太阳光线的悬浮高度；

r ——地球与航天器之间的距离，$r=\sqrt{\rho^2+z^2}$；

h_z ——动量矩，$h_z=\rho^2\omega$，取为常值。

根据式（2－14），变量 φ 对 ρ 和 z 的运动没有影响，式（2－14）可视为两个半自由度（two and a half degree of freedom）的哈密顿系统，因此可以仅研究 ρ 和 z 方向上的运动。极坐标表示的连续小推力悬浮轨道动力学方程也可表达成式（2－1）的 2 自由度形式，即

$$\begin{cases}\ddot{\rho}=-\dfrac{\partial U}{\partial\rho} \\ \ddot{z}=-\dfrac{\partial U}{\partial z}\end{cases} \tag{2-15}$$

式中，U 是有效势能函数，表示为

$$U=\frac{h_z^2}{2\rho^2}-\frac{1}{r}-\kappa\cdot z\cdot\cos\alpha-\kappa\cdot\rho\cdot\sin\alpha \tag{2-16}$$

至此，式（2-11）和式（2-14）建立起平面内推力下非开普勒悬浮轨道的动力学方程。其中，在前一个坐标系中，悬浮动力学是 3 自由度系统，但在后一个坐标系中，它是 2.5 自由度系统。因此，为了区别起见，在（x，y，z）空间建模的悬浮动力学称为完全动力学，而在（ρ，z，φ）空间建模的动力学称为简约动力学。

再进一步对平面内推力下非开普勒悬浮轨道的动力学方程进行划分和简化，如图 2-3 所示。由式（2-11）可知，当推力俯仰角 α 为零时，推力方向与 z 轴平行、与圆轨道面垂直，动力学模型退化为文献［64］中的情况。零俯仰角推力模型在本书中称之为垂直推力下悬浮轨道动力学模型，它也是目前已有的文献中研究得最多的情况；而与之相对的非零俯仰角模型称为倾斜推力下悬浮轨道动力学模型，是本书的主要研究对象。更进一步，当推力加速度大小 κ 为 0 时，推力项消失，动力学方程与开普勒轨道方程一致。因此开普勒轨道以及垂直推力下悬浮轨道的研究内容都可视为是本书的特例。

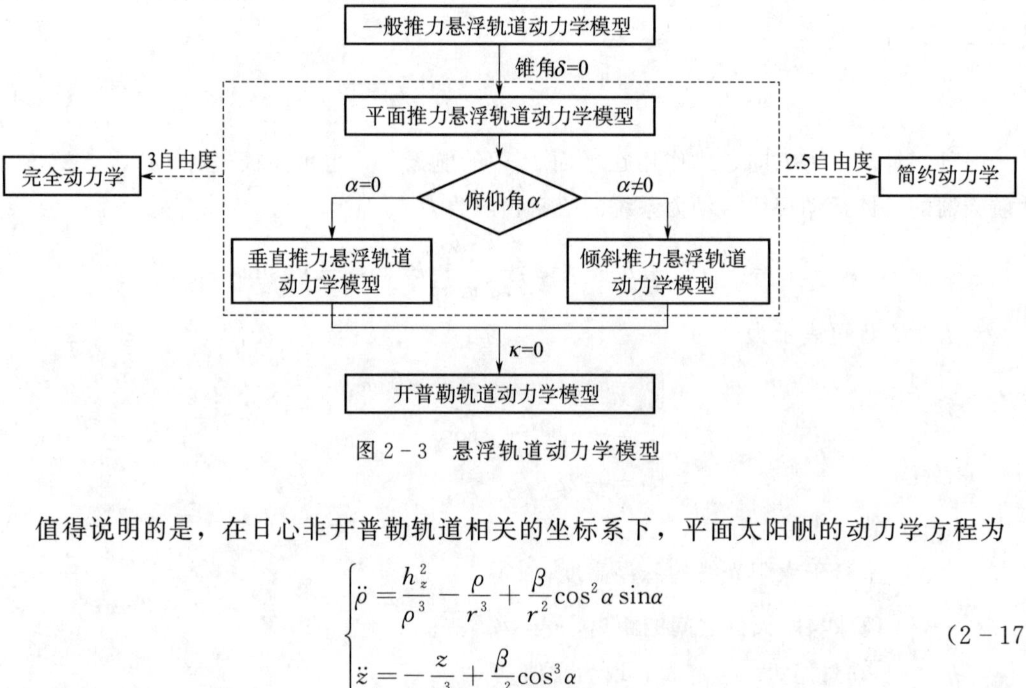

图 2-3　悬浮轨道动力学模型

值得说明的是，在日心非开普勒轨道相关的坐标系下，平面太阳帆的动力学方程为

$$\begin{cases}\ddot{\rho}=\dfrac{h_z^2}{\rho^3}-\dfrac{\rho}{r^3}+\dfrac{\beta}{r^2}\cos^2\alpha\sin\alpha\\[2ex]\ddot{z}=-\dfrac{z}{r^3}+\dfrac{\beta}{r^2}\cos^3\alpha\end{cases} \tag{2-17}$$

式中，β 是太阳帆的面质比。定义 $\tilde{\kappa}=\beta\cos^2\alpha/r^2$，$\tilde{\kappa}$ 为太阳辐射压力加速度。对于日心悬浮轨道中的太阳帆而言，加速度 $\tilde{\kappa}$ 取决于面质比 β、角度 α 以及日-帆距离 r；$\tilde{\kappa}$ 是变化的，对平衡点的分布、系统的动力学特性会有影响，与小推力地心悬浮轨道不尽相同。但是，对特殊的太阳帆或者特殊的日心悬浮轨道，太阳辐射压力加速度 $\tilde{\kappa}$ 可保持固定取值不变。例如，IKAROS，它可调节面质比 β 以适应距离 r 的变化；或者例如日心圆形悬浮轨道，β、α 与 r 均为定值，$\tilde{\kappa}$ 也为定值。在这些情况下，太阳帆的悬浮轨道问题也可由 $\tilde{\kappa}$ 和 α 两

个参数来表征，这和地心旋转坐标系下建立的动力学方程形式一致。因此，连续电推力下非开普勒悬浮轨道的非线性动力学特性也可在一定程度上延伸拓展到太阳帆推进模型。此外，本书所研究的地心悬浮轨道相关问题还可进一步推广到小行星模型之中。

在建立动力学模型之后，根据各单位的归一化处理，本节还给出无量纲化参数与实际单位之间的关系，见表 2 - 1。

表 2 - 1　无量纲化参数与实际单位之间的关系

	地球引力系数	距离	时间	角速度	动量矩	推力加速度
无量纲化参数	μ	ρ, z, r	T	ω	h_z	κ
单位	GM 3.9787×10^{14}	R_e 6 371 393 m	$\sqrt{\dfrac{R_e^3}{GM}}$ 806.3 s	$\sqrt{\dfrac{GM}{R_e^3}}$ 0.001 24 rad/s	$\sqrt{GMR_e}$ 5.035×10^{10}	$\dfrac{GM}{R_e^2}$ 9.82 m/s^2

考虑到目前实际的工程能力，亚千瓦级霍尔电推进系统、千瓦级离子电推进系统均已进入型号应用阶段，现有电推进的推力量级可达到几百毫牛。2020 年由上海空间推进研究所研制的我国首款 20 kW 大功率霍尔推力器成功完成点火试验，已经实现了我国霍尔电推力器推力从毫牛级向牛级的跨越。对于太阳帆而言，太阳帆的太阳光压辐射加速度受帆面质比 β（太阳光压力与太阳引力比值）的影响，当前技术可实现 $0.03\leqslant\beta\leqslant0.30$。太阳帆虽然获得的光压力量级较小，如 IKAROS 太阳帆[36]在轨实际光压力为 1.12 mN，但经过连续长时间光压加速，太阳帆仍可达到较为理想的速度。随着太阳帆材料与结构相关技术的发展，大尺寸帆面在轨展开的成功率也会提升，光压力量级增大，太阳帆可以完成各种探测任务。

2.3　平衡点和 Hill 区域

2.3.1　平衡点的求解

系统（2 - 15）存在平动点，令 $\boldsymbol{q}=[\rho,\ z,\ \dot{\rho},\ \dot{z}]^{\mathrm{T}}$，满足 $\dot{\boldsymbol{q}}=\boldsymbol{0}$ 的平衡条件为

$$\frac{\rho^4}{r^3}=h_z^2+\rho^3\kappa\sin\alpha \tag{2-18}$$

$$\frac{z}{r^3}=\kappa\cos\alpha \tag{2-19}$$

将式（2 - 19）除以式（2 - 18）得到

$$z=\frac{\rho^4\kappa\cos\alpha}{h_z^2+\rho^3\kappa\sin\alpha} \tag{2-20}$$

根据定义 $r=\sqrt{\rho^2+z^2}$，将式（2 - 20）代入式（2 - 18）中推导得到

$$f(\rho)=\frac{\rho^2}{(h_z^2+\rho^3\kappa\sin\alpha)^2}-\left[1+\frac{\rho^6\kappa^2\cos^2\alpha}{(h_z^2+\rho^3\kappa\sin\alpha)^2}\right]^3=0 \tag{2-21}$$

因此，系统（2 - 15）的平衡解可以通过求解函数 f 的零根得到。

需要说明的是：当 $\alpha=90°$ 或者 $-90°$，从式（2 - 19）解得平衡点的 z 坐标为 0。在这

两种情况下，小推力生成的轨道不再悬浮于地球之上，而是退化成地心轨道，因此，本节不讨论 $\alpha=90°$和$-90°$这两种特殊情况。另外，当俯仰角 α 在$[-180°,-90°)\cup(90°,180°]$区间内，从式（2-19）解得平衡点的 z 坐标小于0，小推力生成的轨道悬浮于地球南极上空；当 α 在（$-90°$，$90°$）区间内，轨道悬浮于北极上空。两类悬浮轨道只是方向相反，因此本节只研究地球北极上空的悬浮轨道，即只讨论俯仰角 α 在（$-90°$，$90°$）区间内的情况。

根据平衡点的求解条件，对于给定推力（κ，α），可画出式（2-18）与式（2-19）中的两条等式曲线，如图 2-4 所示。实线曲线为 $\rho^4/r^3-\rho^3\kappa\sin\alpha=h_z^2$，虚线曲线为 $z/r^3=\kappa\cos\alpha$，两条曲线的交点就是动力系统（2-15）的平衡点。由图 2-4 可知，系统（2-15）有两个平衡点，在图中用“★”表示，平衡点的数目还可通过下文的 Hill 区域进一步确认。针对北极上空的悬浮轨道，平衡点的 z 坐标一定为正值，因此式（2-20）中的分母 $h_z^2+\rho^3\kappa\sin\alpha$ 也为正。对于 $\alpha>0$ 的情况，式（2-21）的两个零根可通过非线性目标优化函数数值搜索得到，每次搜索时选取的初值不同。经过多次试验，在本书中两个平衡点的搜索初值分别取为 6 和 20。而对于 $\alpha<0$ 的情况，还需在上述求解过程中加上 $h_z^2+\rho^3\kappa\sin\alpha>0$ 的约束条件。

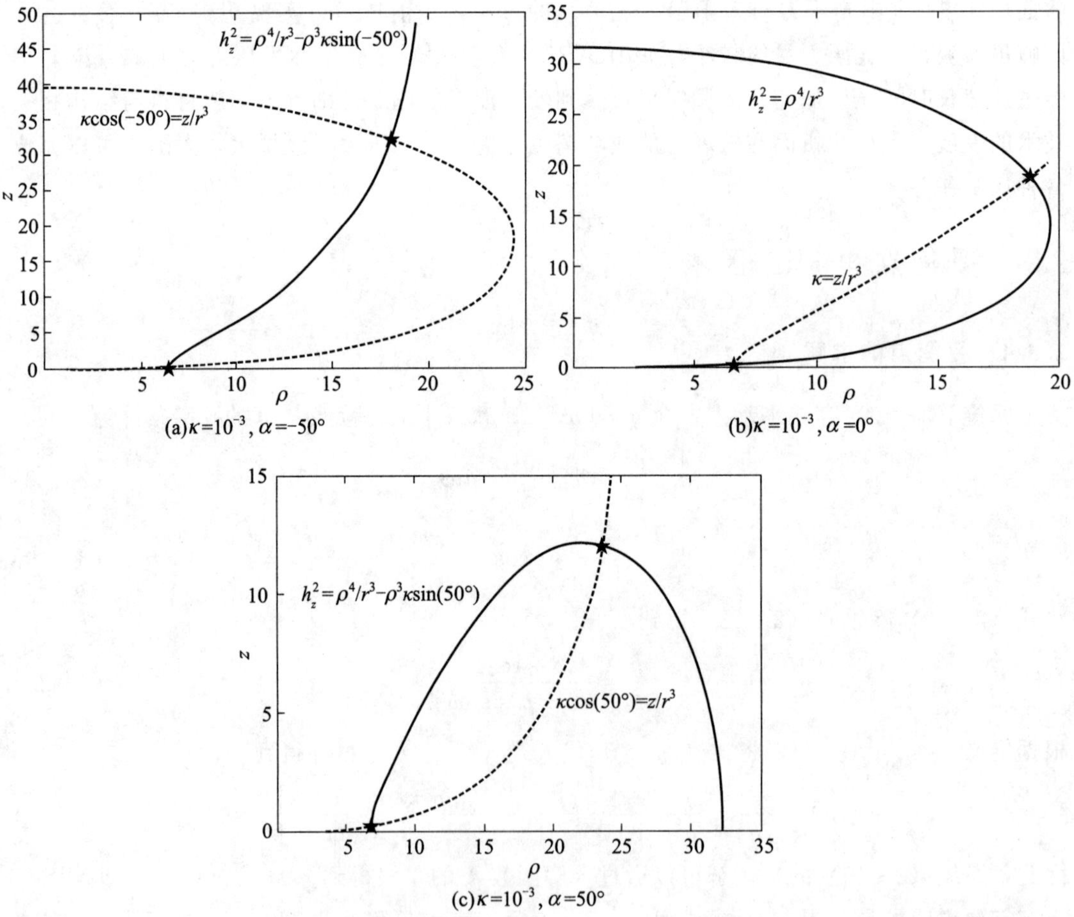

图 2-4 不同推力大小和方向下的平衡点数目

根据文献 [103]，在物理空间（x，y，z）中，平衡点表现为一类圆形非开普勒轨道，称之为静态悬浮轨道（Statical Displaced Orbits）。静态悬浮轨道具有很好的周期特性，但该轨道的存在不具有普遍性。另一类普遍的轨道是动态悬浮轨道，该轨道具有拟周期特性。静态与动态悬浮轨道在物理空间内的表示，如图 2-5 所示，图中黑点表示地球。

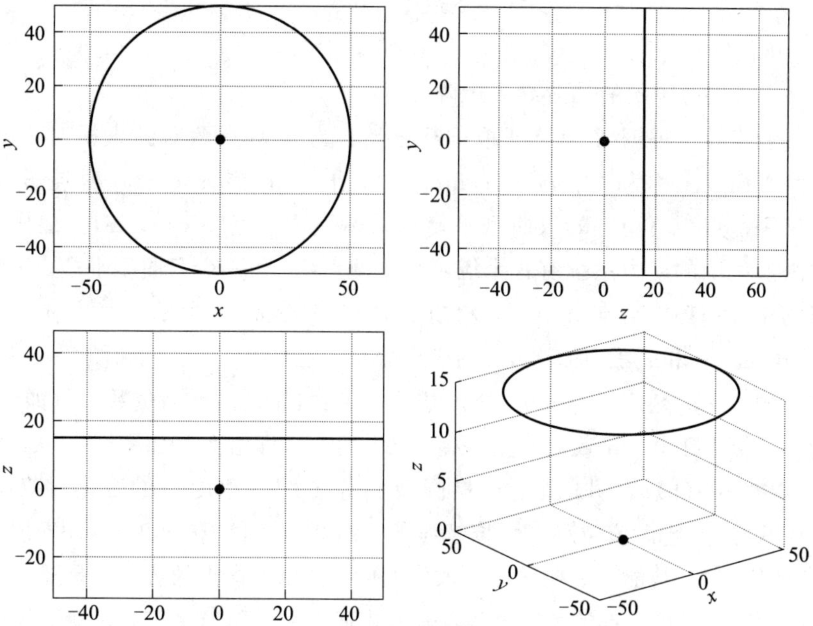

(a)周期轨道

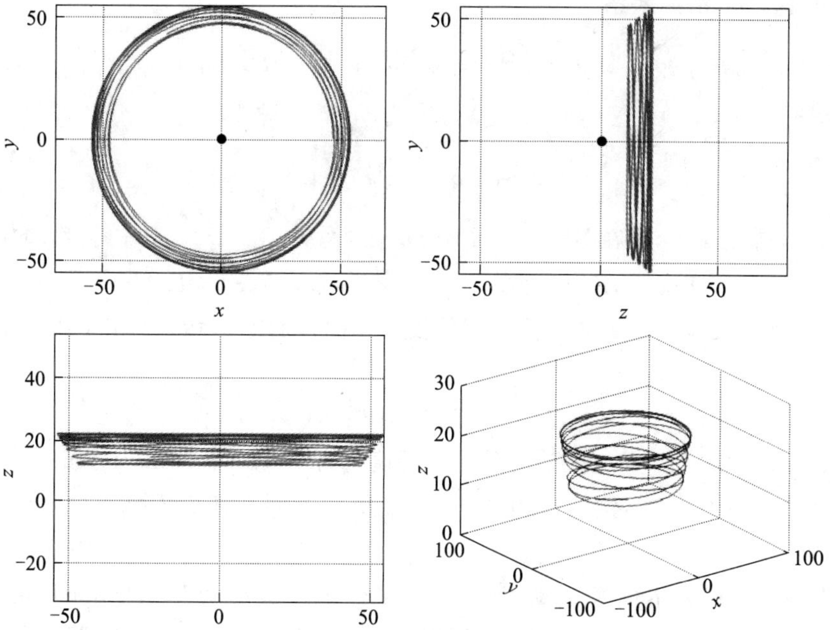

(b)拟周期轨道

图 2-5　三维物理空间内的悬浮轨道

平衡点附近的变分方程为

$$\delta\dot{\boldsymbol{q}} - \boldsymbol{A}\delta\boldsymbol{q} = \boldsymbol{0} \tag{2-22}$$

其中

$$\boldsymbol{A} = \begin{bmatrix} \boldsymbol{0} & \boldsymbol{I} \\ -\boldsymbol{U}_{qq} & \boldsymbol{0} \end{bmatrix}_{4\times4}$$

式中 $\boldsymbol{I}$ ——单位阵；

$\boldsymbol{U}_{qq}$ —— U 相对于 $\boldsymbol{q}$ 的二阶导数矩阵。

平衡点的稳定性可根据 $\boldsymbol{A}$ 的特征根进行分类：当 $\boldsymbol{A}$ 具有两对纯虚根时，该平衡点为稳定的椭圆型平衡点，称为“中心”（center），记作 L^s ；当 $\boldsymbol{A}$ 具有一对纯虚根和一对实特征根时，该平衡点为不稳定的双曲型平衡点，称为“鞍点”（saddle），记作 L^u 。基于此分类，本书所讨论的动力系统有一个椭圆型平衡点 L^s 和一个双曲型平衡点 L^u。

平衡点的位置和势能与推力（κ，α）之间的关系如图 2－6 所示。其中 ρ_s 和 z_s 是平衡点L^s 的坐标分量，ρ_u 和z_u 是平衡点L^u 的坐标分量，在图 2－6（a）和图 2－6（b）中，每条曲线对应不同的κ，角度α 从$-90°$变化至 $90°$。很明显，当α 为负数，例如$-80°$时，式（2－20）的分母接近于 0，导致双曲型平衡点 L^u 的 z 坐标增大，如图 2－6（b）所示。图 2－6（a）和图 2－6（b）表明，相比于椭圆型平衡点 L^s，角度 α 的变化对双曲型平衡点 L^u 位置的影响更大，且 κ 值越小，影响越显著。图 2－6（c）和图 2－6（d）展示了不同κ 和α 下的 L^s 势能与 L^u 势能，表明无论 κ 取值如何，两个平衡点的势能都是随着 α 减小而增大。当 $\alpha > 0$ 时，两个平衡点的势能也随着 κ 减小而增大，而当 $\alpha < 0$ 时情况相对复杂。

2.3.2 Hill 区域及相关术语

能量是系统的首次积分，又可称为 Jacobi 积分，且对一条卫星轨道而言，能量是守恒的，计算公式为

$$E = \frac{1}{2}\dot{\rho}^2 + \frac{1}{2}\dot{z}^2 + U \tag{2-23}$$

取 Jacobi 积分为常值 E_0，则在等能量曲面上研究动力系统（2－15），其中等能量面定义为

$$\Re(\kappa,\alpha,E_0) = \{(\rho,z,\dot{\rho},\dot{z}) \mid E(\rho,z,\dot{\rho},\dot{z}) = E_0\} \tag{2-24}$$

显然，$\Re$ 为三维不变流形。而在位形空间的投影，称为 Hill 区域（Hill's Region）或运动可行区，即

$$\hbar(\kappa,\alpha,E_0) = \{(\rho,z) \mid U(\rho,z) \leqslant E_0\} \tag{2-25}$$

其中，Hill 区域 $\hbar(\kappa, \alpha, E_0)$ 的边界称之为零速度曲线（zero－velocity surface）。对于给定的一组推力（$\kappa=0.002\,64$，$\alpha=40°$），根据能量的不同，Hill 区域存在四种基本构型，如图 2－7 所示。

下文中涉及的相关术语和文献［103］定义一致：“岛屿”（Island）定义为 $E \in [U(L^s), U(L^u)]$ 时位置空间的可行区域；岛屿内侧区域也称为内部区域（Interior Region）；“大陆”（Mainland）定义为与 Γ：$\begin{cases}\rho \to +\infty \\ z \to +\infty\end{cases}$ 相连通的区域；大陆内侧区域称为

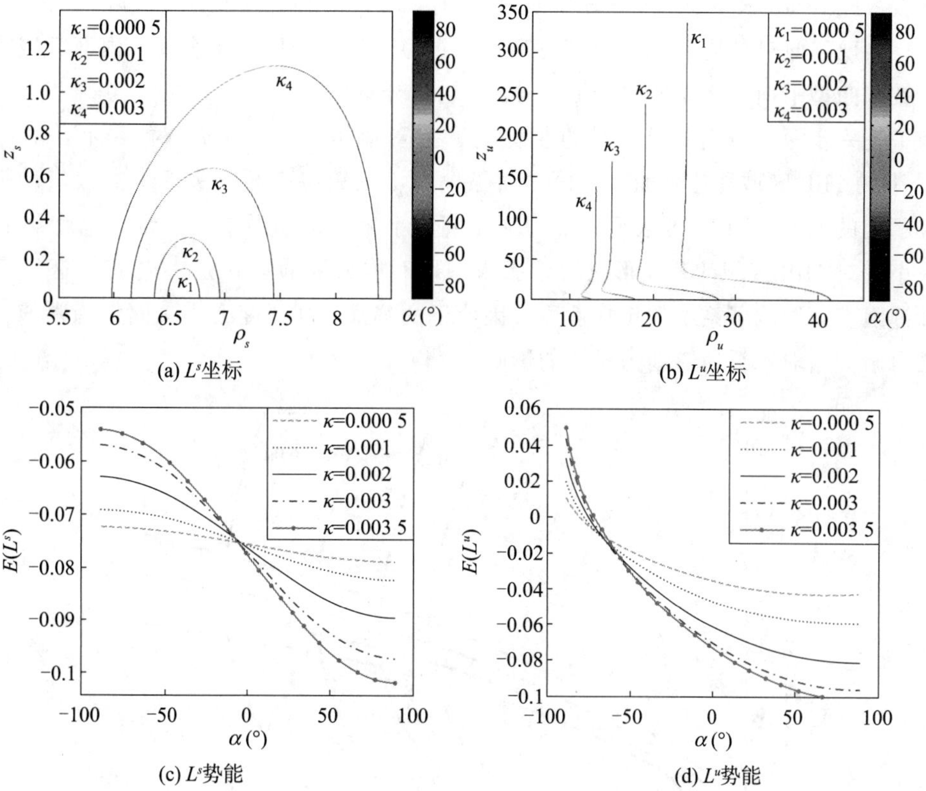

(a) L^s坐标 (b) L^u坐标

(c) L^s势能 (d) L^u势能

图 2-6　平衡点的位置和势能与推力（κ，α）之间的关系（见彩插）

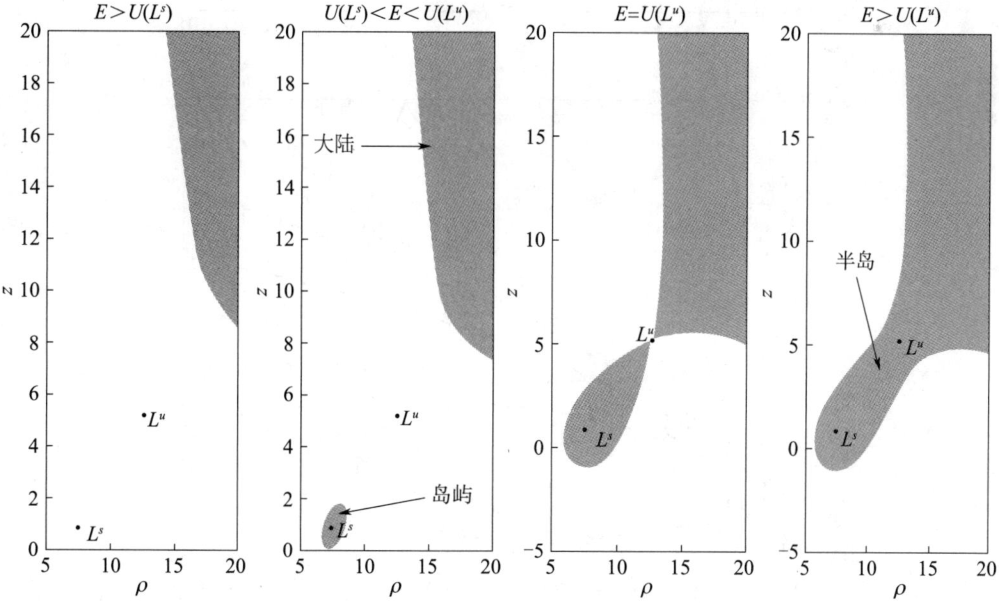

图 2-7　Hill 区域的四种基本构型

外部区域（Exterior Region）。当 $E > U(L^u)$ 时，岛屿将与大陆连接，“颈部区域”（Neck Region）出现，此时岛屿演变为“半岛”（Byland）。随后的研究将表明：内部区域和外部区域将被双曲型平衡点衍生的周期 Lyapunov 轨道分割。

为了进一步深入研究 Hill 区域的性质，图 2-8 画出了 $E = U(L^u)$ 能量下，不同 (κ, α) 组合下的 Hill 区域零速度曲线。图中每条曲线上的第一个数字表示 κ 的取值，第二个数字表示 α 的取值。图 2-8 表明，推力加速度大小 κ 仅影响系统的能量，也就是 Hill 区域的大小，对 Hill 区域的几何形状没什么影响，而推力俯仰角 α 是决定 Hill 区域几何形状的关键因素，影响了系统的拓扑性质。因此下文将推力加速度大小 κ 固定为常值，集中研究推力俯仰角对悬浮轨道动力系统的影响。

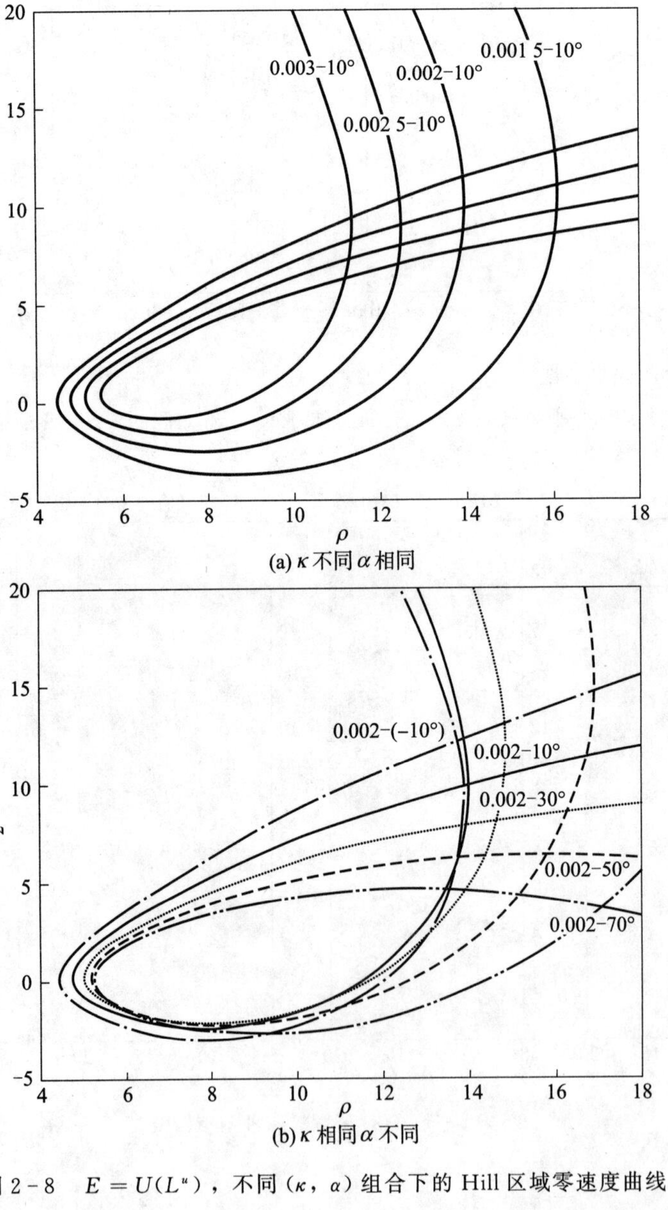

图 2-8　$E = U(L^u)$，不同 (κ, α) 组合下的 Hill 区域零速度曲线

2.4　本章小结

本章系统地介绍了限制性二体问题下，连续小推力悬浮轨道动力学模型。按照一般到特殊的顺序，分别建立了一般推力下、平面内推力下（垂直推力与倾斜推力）、零推力加速度下的悬浮轨道模型，并给出了相应的动力学方程。其中平面推力悬浮轨道，由于其推力效率高，是本章的主要研究对象。针对该模型，本章分别在地心惯性坐标系和地心旋转坐标系中，建立了 3 自由度动力学方程与 2.5 自由度动力学方程，前者称为完全动力学，后者称为简约动力学。而无论是哪一种动力学方程，均与多数典型的轨道动力学方程（如三体问题中的平动点轨道）存在十分相似的非线性动力学行为。

固定动力系统的两个首次积分：能量与动量矩，系统的平衡点可由推力加速度大小和方向表征。动力系统有一个稳定的椭圆型平衡点和一个不稳定的双曲型平衡点。平衡点在三维物理空间中，表现为一类圆形周期非开普勒轨道。由于能量取值不同，动力系统的 Hill 区域存在四种基本构型，而其中推力加速度大小影响 Hill 区域的尺寸，推力加速度方向影响 Hill 区域的几何形状。因此后面将推力加速度大小固定为常值，集中研究平面内倾斜推力下，推力俯仰角对悬浮轨道动力学特性的影响。

第 3 章　基于垂直推力的悬浮轨道动力学与控制

3.1　引言

太阳帆利用太阳光压推进，而不需要燃料消耗（理论比冲为无穷大），近年来引起了众多学者的兴趣。本章将以太阳帆为模型，利用平动点理论研究具有哈密顿结构的非线性轨道动力学及其控制问题。

Scheeres 等提出 1 维稳定流形和 1 维不稳定流形（记为“1＋1”）用于 Halo 系统镇定；而本书揭示中心流形同样可以用于构造哈密顿结构镇定控制（即“1＋1＋2”），并证明综合利用这三种不变流形，可以实现虚轴上极点的任意配置。利用该控制器生成的稳定 Lissajous 轨道，成功解决了存留近十年的非共线太阳帆平动点的 Lissajous－Halo 轨道存在问题。

受平动点理论的启发，本章以平衡点附近的运动为主线，相继发现：Lyapunov 轨道的稳定和不稳定流形构成其（1，1）同宿轨道，而该同宿轨道张成临界破裂的 KAM 环；并给出判断太阳帆悬浮轨道稳定的充分必要条件及该判据的二阶近似。

3.2　哈密顿动力学

本节将太阳帆放置在行星悬浮非开普勒轨道上，并忽略行星的非球型摄动和其他天体的引力摄动。控制太阳帆以垂直于太阳光线，依靠太阳光压形成太阳帆悬浮轨道，如图 3－1 所示。

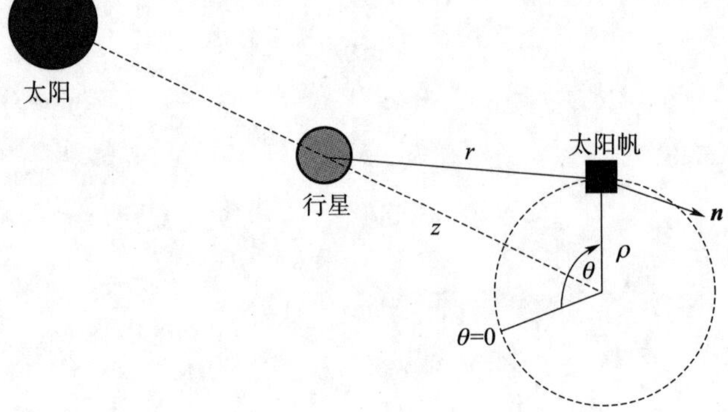

图 3－1　悬浮非开普勒轨道的示意图

一般的航天任务所要求的悬浮高度，要远小于太阳与行星间的距离，故可以认为：太阳光压产生的加速度为常值，即不因悬浮高度的改变而改变；太阳光线为平行分布，不存在汇聚和发散现象；同时，忽略太阳引力的摄动作用。

根据二体动力学的哈密顿理论，可以得到帆面在垂直于太阳光线情况下的非线性动力学表达式为

$$\ddot{\rho}=h_z^2/\rho^3-\rho/r^3 \tag{3-1a}$$

$$\ddot{z}=-z/r^3+\kappa \tag{3-1b}$$

$$\ddot{\theta}=-2\dot{\rho}\dot{\theta}/\rho \tag{3-1c}$$

其中

$$r=\sqrt{\rho^2+z^2}$$

式中　κ ——太阳光压产生的常值加速度；

h_z ——角动量在沿太阳光线方向的常值分量，$h_z=\rho^2\dot{\theta}$ 。

根据式（3－1），可以得出

$$\begin{cases}\ddot{\rho}=-\dfrac{\partial U}{\partial \rho}\\ \ddot{z}=-\dfrac{\partial U}{\partial z}\end{cases} \tag{3-2a}$$

其中，势函数为

$$U=\frac{h_z^2}{2\rho^2}-\frac{1}{r}-\kappa\cdot z \tag{3-2b}$$

显然，系统（3－2）也具有哈密顿结构，相应的哈密顿函数为

$$H=\frac{1}{2}\dot{\rho}^2+\frac{1}{2}\dot{z}^2+U \tag{3-3}$$

而与 ρ 和 z 共轭的正则变量为 $\dot{\rho}$ 和 $\dot{z}$ ，因此可以简记

$$\boldsymbol{q}=[\rho\quad z]^{\mathrm{T}},\boldsymbol{p}=[\dot{\rho}\quad \dot{z}]^{\mathrm{T}} \tag{3-4}$$

由式（3－2a）可以得到系统的两个首次积分：

1）能量积分：$E=H=\mathrm{const}$，与 CR3BP 的描述一致，该积分又可称为 Jacobi 积分；

2）动量矩积分：$h_z=\rho^2\dot{\theta}=\mathrm{const}$ 。

根据无量纲化单位的简约，太阳光压产生的加速度 κ 定义为

$$\kappa=a\cdot L^2/\mu \tag{3-5}$$

式中，a 为该加速度在规一化前的量值。根据太阳帆的工艺水平，本章涉及的 κ 值取为 $1.054\,5\times10^{-4}$ 。

系统（3－2a）存在平动点，平动点位置可通过下式求解

$$\begin{cases}\boldsymbol{q}=\boldsymbol{0},\dot{\boldsymbol{q}}=\boldsymbol{0}\\ \nabla U=\boldsymbol{0}\end{cases} \tag{3-6}$$

根据式（3－6），可以得到平衡点必须满足的代数约束为

$$h_z^2=\rho^4/r^3 \tag{3-7a}$$

$$\kappa=z/r^3 \tag{3-7b}$$

在求解平衡点位置的过程中，可以发现：

1）当 $h_z>h_z^{\max}$ 时，系统不存在平衡点；

2）当 $h_z<h_z^{\max}$ 时，系统存在两个平衡点：一个为椭圆型平衡点，记为 L^s；一个为双曲型平衡点，记为 L^u；

3）当 $h_z=h_z^{\max}$ 时，系统仅存在一个平衡点。这里 h_z 的临界值为 $h_z^{\max}=6.66508$。

由此可知，$h_z^{\max}$ 是该哈密顿系统的具有鞍-结分叉性质的关键点。平衡点与分叉图分别如图 3-2 和图 3-3 所示，其中五角星点代表分叉点。

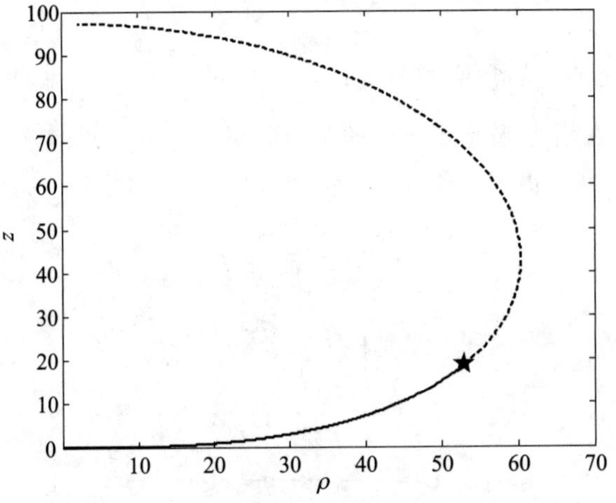

图 3-2　平衡点位置

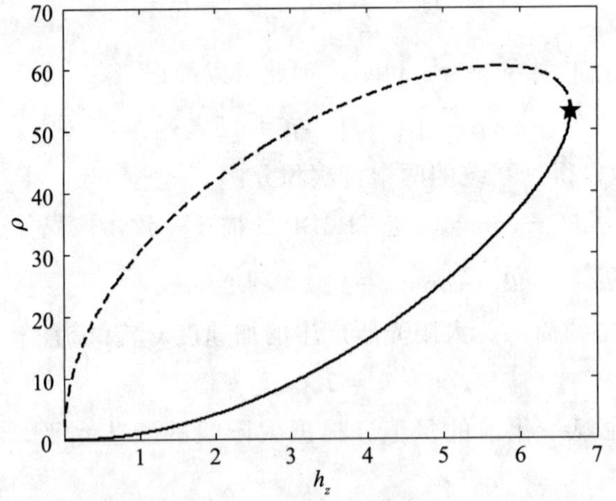

图 3-3　$h_z-\rho$ 分叉曲线

$h_z^{\max}$ 对应的退化情况，将在第 3.5.5 节详细给出。

岛屿存在的能量条件为图 3-4 中 $U(L^u)$ 和 $U(L^s)$ 夹成区域。

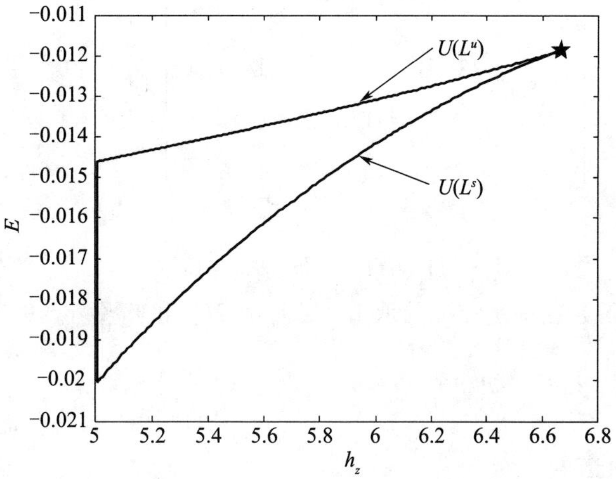

图 3-4　岛屿存在的能量条件

由于哈密顿相流的保测度性，哈密顿系统不可能具有渐近性，即只可能为 Lyapunov 稳定。当 $E \in [U(L^s) \quad U(L^u)]$ 时，运动轨迹被局限在岛屿内，即无论有无共振现象发生，运动均为 Lyapunov 稳定。当 $E > U(L^u)$ 或岛屿消失后，运动具有复杂的形式，下节将证明：在这种情况下部分运动仍具有 Lyapunov 稳定性。因此，岛屿的存在仅是运动稳定的充分条件，而非必要条件。

3.3　双曲型平衡点 L^u 附近的运动

3.3.1　哈密顿函数的正则化

本节引入一系列正则变换，将给定阶数的哈密顿函数的齐次展开式化简为正则形式。

对于双曲型平衡点 L^u，$\boldsymbol{U}_{qq}$ 可分解为

$$\boldsymbol{U}_{qq} = \boldsymbol{T}^{-1}\begin{bmatrix} -\omega^2 & \\ & \lambda^2 \end{bmatrix}\boldsymbol{T} \tag{3-8}$$

即 $\boldsymbol{U}_{qq}$ 具有互异特征值 $-\omega^2$ 和 λ^2（$\omega > 0, \lambda > 0$）。

为了分析双曲型平衡点附近运动的非线性行为，仅需进行哈密顿函数的 2 阶正则化。首先，将原点平移到平衡点，即

$$\begin{cases} \rho = \rho_0 + \Delta\rho \\ z = z_0 + \Delta z \\ \dot{\rho} = \Delta\dot{\rho} \\ \dot{z} = \Delta\dot{z} \end{cases} \tag{3-9}$$

其中，$[\rho_0 \quad z_0 \quad 0 \quad 0]^{\mathrm{T}}$ 为平衡点的状态。显然，该变换（记为变换 F_1）具有辛性。

接着，通过线性辛变换正则化哈密顿函数的 2 阶项 H_2，即

$$\begin{bmatrix} \bar{q}_1 \\ \bar{q}_2 \\ \bar{p}_1 \\ \bar{p}_2 \end{bmatrix} = \begin{bmatrix} \sqrt{\omega} & & & \\ & \sqrt{\lambda/2} & & 1/\sqrt{2\lambda} \\ & & 1/\sqrt{\omega} & \\ & -\sqrt{\lambda/2} & & 1/\sqrt{2\lambda} \end{bmatrix} \cdot \begin{bmatrix} \boldsymbol{T} & \boldsymbol{0} \\ \boldsymbol{0} & \boldsymbol{T} \end{bmatrix} \cdot \begin{bmatrix} \Delta\rho \\ \Delta z \\ \Delta\dot{\rho} \\ \Delta\dot{z} \end{bmatrix} \tag{3-10}$$

则可得到

$$H = H_0 + H_2 + o(3) \tag{3-11}$$

式中，H_0 为哈密顿函数在平衡点处的取值，1 阶项 H_1 由于平衡点的存在而消失，2 阶项 H_2 可简约为 $H_2 = \frac{1}{2}\omega(\bar{q}_1^2 + \bar{p}_1^2) + \lambda\bar{q}_2\bar{p}_2$。

3.3.2 Lyapunov 轨道

根据 Lyapunov 中心定理[111]，在双曲型平衡点附近将衍生出一族单参数周期轨道。根据该轨道存在性定理，继承性称该轨道为 Lyapunov 轨道。对于能量较小的 Lyapunov 轨道，与线性化系统生成的周期轨道极为接近。

命题 3.1：非线性动力系统（3-2）在变换 $t \to -t$ 下具有对称性。

显然，该时间变换 $t \to -t$ 并不改变方程的形式。根据该命题可知，任意零速度的初始点，其正时间方向的轨迹将和负时间方向的轨迹重合。

命题 3.2：平衡点衍生出的 Lyapunov 轨道，在位形空间上的投影只可能是有限长度的曲线，而不可能是闭合轨迹。

由于动力系统（3-2）没有科氏项，通过解析求解其线性系统 $\delta\ddot{\boldsymbol{q}} + \boldsymbol{U}_{qq}\delta\boldsymbol{q} = \boldsymbol{0}$ 所生成的线性周期轨道可知，该周期轨道的位形投影为曲线而非闭合轨迹；根据平衡点的初等性(elementariness)，由其衍生的非线性周期轨道将是线性周期轨道的延拓（continuation)；因此 Lyapunov 轨道将继承线性周期轨道的几何性质，即其在位形上的投影是有限长度的曲线而非闭合轨迹，如图 3-5 所示（$h_z = 6.628\,5$，$E_0 = -0.011\,934$）。内部区域和外部区域将被 Lyapunov 轨道分割。

基于动力系统（3-2）和周期轨道的对称性，这里给出生成 Lyapunov 轨道的微分修正算法，构造细节如下：

记 ϕ 为动力系统（3-2）的相流，而 $\bar{\phi}$ 为相流 ϕ 的速度分量（$\phi(3:4)$）。运动积分开始于 $[\rho_0 \quad z_0 \quad 0 \quad 0]^{\mathrm{T}}$($\boldsymbol{q}_0 = [\rho_0 \quad z_0]^{\mathrm{T}}$)，终止于 $\dot{\rho} = 0$，积分时间 T 约为半个 Lyapunov 轨道周期；运动终止状态期望为 $[\rho_T \quad z_T \quad 0 \quad 0]^{\mathrm{T}}$（迭代初期 $\dot{z}_T$ 往往不为零)。通过修正 z_0（不改变 ρ_0 的值）以实现 $\dot{z}_T = 0$，即修正量为 $\delta\boldsymbol{q}_0 = [0 \quad \delta z_0]^{\mathrm{T}}$。

初始和终止状态的速度分量之差为

$$\bar{\phi}_T(\boldsymbol{q}_0) - \bar{\phi}_0(\boldsymbol{q}_0) = [\Delta\dot{\rho} \quad \Delta\dot{z}]^{\mathrm{T}} = \boldsymbol{p}_d \tag{3-12}$$

一般在微分修正前，$[\rho_0 \quad z_0 \quad 0 \quad 0]^{\mathrm{T}}$ 不可能位于 Lyapunov 轨道上，故 $\boldsymbol{p}_d \neq \boldsymbol{0}$。

假设 z_0 的修正值取为 δz_0，可实现 $\boldsymbol{p}_d = \boldsymbol{0}$，积分时间被修正为 $T + \delta T$。因而可以

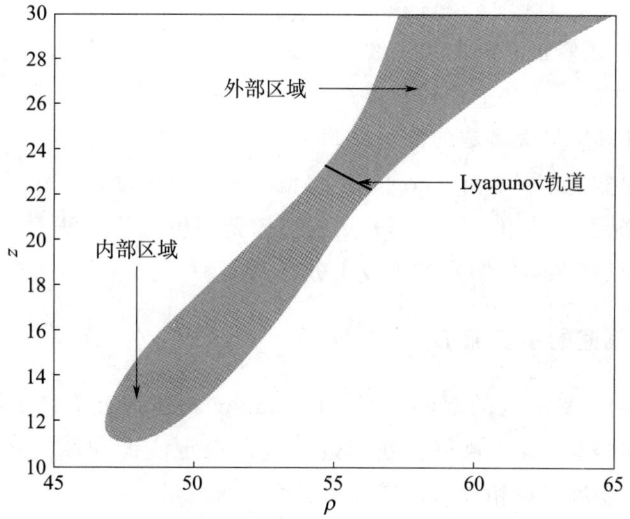

图 3-5 双曲型平衡点衍生出 Lyapunov 轨道

得到

$$\overline{\phi}_{T+\delta T}(\boldsymbol{q}_0+\delta\boldsymbol{q}_0)=\overline{\phi}_0(\boldsymbol{q}_0+\delta\boldsymbol{q}_0)=\boldsymbol{q}_0+\delta\boldsymbol{q}_0 \tag{3-13}$$

将式（3-12）代入式（3-13），可得

$$\overline{\phi}_{T+\delta T}(\boldsymbol{q}_0+\delta\boldsymbol{q}_0)-\overline{\phi}_T(\boldsymbol{q}_0)=\boldsymbol{q}_0+\delta\boldsymbol{q}_0-\boldsymbol{q}_d \tag{3-14}$$

展开式（3-14）的左端，可得

$$\overline{\phi}_{T+\delta T}(\boldsymbol{q}_0+\delta\boldsymbol{q}_0)-\overline{\phi}_T(\boldsymbol{q}_0)=\frac{\partial\overline{\phi}_T}{\partial z_0}\delta z_0+\frac{\partial\overline{\phi}_T}{\partial t}\delta T \tag{3-15}$$

其中

$$\frac{\partial\overline{\phi}_T}{\partial t}=\begin{bmatrix}\ddot{\rho}_T & \ddot{z}_T\end{bmatrix}^{\mathrm{T}}$$

令 $\boldsymbol{X}=[\boldsymbol{q}^{\mathrm{T}}\quad \boldsymbol{p}^{\mathrm{T}}]^{\mathrm{T}}$，则相流 ϕ 的单值性矩阵 $\boldsymbol{\Phi}(T)$ 所满足的矩阵微分方程为

$$\begin{cases}\dot{\boldsymbol{\Phi}}(t)=\dfrac{\partial\dot{\phi}_t}{\partial\boldsymbol{X}}\boldsymbol{\Phi}(t)\\ \boldsymbol{\Phi}(0)=\boldsymbol{I}_{4\times4}\end{cases} \tag{3-16}$$

根据 $\boldsymbol{\Phi}(T)$ 的定义，可知

$$\frac{\partial\overline{\phi}_T}{\partial z_0}=[\boldsymbol{\Phi}_{32}\quad \boldsymbol{\Phi}_{42}]^{\mathrm{T}} \tag{3-17}$$

因此修正量 δz_0 可表示为

$$\begin{bmatrix}\delta z_0\\ \delta T\end{bmatrix}=\begin{bmatrix}\boldsymbol{\Phi}_{32} & \ddot{\rho}_T\\ \boldsymbol{\Phi}_{42} & \ddot{z}_T\end{bmatrix}^{-1}\cdot\begin{bmatrix}0\\ -\dot{z}_T\end{bmatrix} \tag{3-18}$$

δz_0 根据式（3-18）的 1 阶形式进行求解。因此，Lyapunov 轨道的初值需要经过上述修正过程的反复迭代获得。数值实验表明：5-9 次的迭代修正即可满足一般的精度

要求。

需要说明的是：该修正算法的收敛性，需要迭代初值对真值的良好近似进行保证。初次迭代的猜想值可通过下面2个途径获得：

1）线性振动可以满足大多数的情况；

2）当 Hill 区域很大时，Lyapunov 轨道将偏离平衡点位置，线性振动与非线性轨迹有较大偏差；这种情况下可采用一种几何方法构造该猜想值，该方法对一类 Lyapunov 轨道（称为 P. O. Ⅱ，详见第3.4.3节）的生成十分有效。

3.3.3 Lyapunov 轨道的不变流形

根据衍生源双曲型平衡点的双曲特性，Lyapunov 轨道具有不稳定性。由双曲轨迹的不变流形定理，可知双曲周期轨道存在渐近趋近的稳定流形和渐近远离的不稳定流形。Lyapunov 轨道的不变流形在相空间内表现为二维致密流形。

与 Halo 轨道不变流形的计算类似，Lyapunov 轨道不变流形的算法如下：

稳定流形 W^{s+} 趋于 Lyapunov 轨道任意一点 $\boldsymbol{X}^L$ 的渐近行为，可由稳定特征向量 $\boldsymbol{Y}^{s+}$ 做1阶描述。稳定流形可由负时间方向的数值积分实现，积分初始状态可取为

$$\boldsymbol{X}^{s+}=\boldsymbol{X}^L+d\cdot\boldsymbol{Y}^{s+}$$

即稳定流形无限接近 Lyapunov 轨道的过程，由沿 $\boldsymbol{Y}^{s+}$ 方向悬浮距离 d 值近似。不稳定流形可依据同样的方法进行近似和计算。

d 的数值应取得足够小，以避免线性近似的失真，但取值又不能太小，以免因不变流形的渐近本质造成积分时间的无限延长。大量的数值实验表明，d 值取 1×10^{-2} 的量级较为合适。

命题 3.3：稳定和不稳定流形在微形空间的投影，为同一集合。

证明：如图3-6所示，Lyapunov 轨道的边界记为 A（或 A'）和 B（或 B'），即 A 和 A' 为 Lyapunov 轨道上速度为零的同一点，B 和 B' 也为 Lyapunov 轨道上速度为零的同一点。从时间正方向来看，认为 Lyapunov 轨道由 A 运动到 B 或由 B' 运动到 A'。

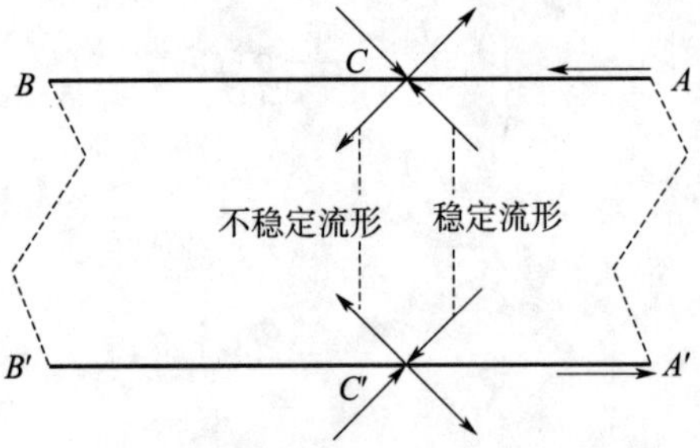

图3-6 Lyapunov 轨道稳定和不稳定流形示意图

记 C 为 A 和 B 之间的任意一点，记 C' 为 B' 和 A' 之间具有与 C 相同位形的点。则根据对称性（命题3.1），可以得出：C 和 C' 具有相反的速度。因此，渐近达到 C 的稳定流形，同时也是渐近远离 C 的不稳定流形；反之亦然。

由于 C 点选取的任意性，可以将结果扩展到整个 Lyapunov 轨道，即 Lyapunov 轨道的稳定和不稳定流形具有同一位形集合。从相空间来看，稳定和不稳定流形相互重合，但速度完全相反。

3.4　椭圆型平衡点 L^s 附近的运动

3.4.1　哈密顿函数的正则化

对于椭圆型平衡点 L^s ，$\boldsymbol{U}_{qq}$ 在满足对角化的条件下可分解为

$$\boldsymbol{U}_{qq}=\boldsymbol{T}^{-1}\begin{bmatrix}-\omega_1^2 & \\ & -\omega_2^2\end{bmatrix}\boldsymbol{T} \tag{3-19}$$

这里设定 $\omega_1>0, \omega_2>0$。

图 3-7 显示了 ω_1^2/ω_2^2 和 h_z 之间的关系；在 h_z 由 0 变化到 $h_z^{\max}$ 的过程中，ω_1 始终小于 ω_2，即不可能发生 1∶1 共振，因而 $\boldsymbol{U}_{qq}$ 满足对角化条件。

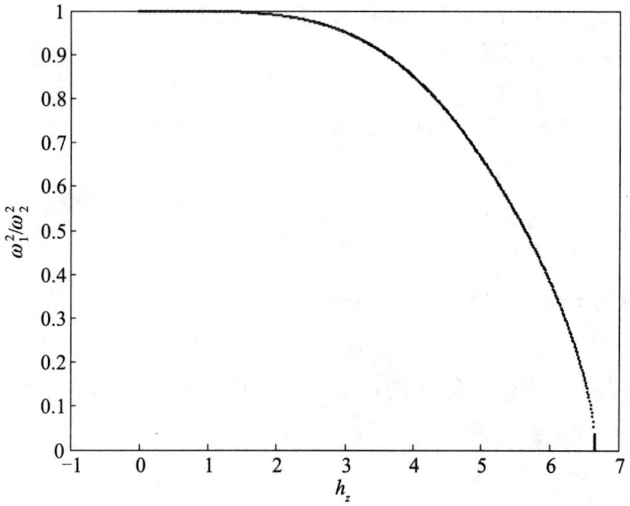

图 3-7　ω_1^2/ω_2^2 和 h_z 之间的关系

应用辛变换 F_1 将原点平移到平衡点，哈密顿函数的 2 阶项 H_2 可应用线性辛变换 F_2 进行正则化处理，辛变换 F_2 定义为

$$\begin{bmatrix}\bar{q}_1\\ \bar{q}_2\\ \bar{p}_1\\ \bar{p}_2\end{bmatrix}=\begin{bmatrix}\sqrt{\omega_1} & & & \\ & \sqrt{\omega_2} & & \\ & & 1/\sqrt{\omega_1} & \\ & & & 1/\sqrt{\omega_2}\end{bmatrix}\cdot\begin{bmatrix}\boldsymbol{T} & \boldsymbol{0}\\ \boldsymbol{0} & \boldsymbol{T}\end{bmatrix}\cdot\begin{bmatrix}\Delta\rho\\ \Delta z\\ \Delta\dot{\rho}\\ \Delta\dot{z}\end{bmatrix} \tag{3-20}$$

则可得到

$$H=H_0+H_2+H_3+H_4+o(5) \tag{3-21}$$

其中，H_0 为哈密顿函数在平衡点处的取值，1 阶项 H_1 由于平衡点的存在而消失，2 阶项

H_2 可简约为 $H_2=\frac{1}{2}\omega_1(\bar{q}_1^2+\bar{p}_1^2)+\frac{1}{2}\omega_2(\bar{q}_2^2+\bar{p}_2^2)$ 。

对于椭圆型平动点，需要对哈密顿函数进行 4 阶正则化处理，以得到 Birkhoff 正则形式（Birkhoff Normal Form）[112]。

应用近恒等辛变换 $\exp(\mathrm{ad}_{K_3})(\cdot)$，对哈密顿函数 $H(\bar{q}_1, \bar{q}_2, \bar{p}_1, \bar{p}_2)$ 做进一步的正则化处理。$\exp(\mathrm{ad}_{K_3})(\cdot)$ 的定义如下

$$\exp(\mathrm{ad}_{K_3})(H)=H\circ\varphi_t \tag{3-22}$$

其中，φ_t 称为 Lie 变换（Lie transform），是哈密顿向量场

$$\dot{\boldsymbol{z}}=-2i\frac{\partial K_3}{\partial \bar{z}} \tag{3-23}$$

的相流，其中 $\boldsymbol{z}$ 为 $[\bar{q}_1\quad \bar{q}_2\quad \bar{p}_1\quad \bar{p}_2]^{\mathrm{T}}$ 经辛变换 F_3 作用得到的复向量。而 Lie 变换 φ_1 可通过复域上微分方程的数值积分得到（注意：φ_1 为 Lie 变换在 $t=1$ 处的取值）。

3.4.2 KAM 环的存在和边界

当 ω_1 和 ω_2 满足 4 阶以下的非共振条件（即不发生 1∶1、1∶2 和 1∶3 共振）时，哈密顿函数可简约为 Birkhoff 正则形式

$$H=\omega_1\tau_1+\omega_2\tau_2+\frac{1}{2}\omega_{11}\tau_1^2+\frac{1}{2}(\omega_{12}+\omega_{21})\tau_1\tau_2+\frac{1}{2}\omega_2\tau_2^2+o(5) \tag{3-24}$$

式中，$\tau_1=\frac{1}{2}(\bar{q}_1^2+\bar{p}_1^2)$ 和 $\tau_2=\frac{1}{2}(\bar{q}_2^2+\bar{p}_2^2)$ 为作用量（action variables），而角变量（angle variables）仅可能出现在高阶 $o(5)$ 项。

称平衡点附近的运动是非退化的（nondegenerate）[112]，如果

$$\det(\omega_{ij})\neq 0 \tag{3-25}$$

称平衡点附近的运动是等能量非退化的（isoenergetically nondegenerate）[112]，如果

$$\det\begin{bmatrix}\omega_{ij} & \omega_i\\ \omega_j & 0\end{bmatrix}\neq 0 \tag{3-26}$$

通过计算可知：$h_z^{\#}=6.661\,45$ 生成的椭圆型平衡点（$\rho_0=52.109\,9$、$z_0=17.522\,3$）具有退化性；$h_z^{*}=6.661\,13$ 生成的椭圆型平衡点（$\rho_0=52.069\,0$、$z_0=17.468\,90$）具有等能量退化性；而不存在同时具有退化和等能量退化性质的椭圆型平衡点。

根据 KAM 理论[112]，在非退化或非等能量退化的椭圆型平衡点充分小的邻域内，哈密顿系统具有不变环面，且该环面的频率充分接近于线性频率 ω_i 。显然，该环面为相流的不变闭集，又被称为 KAM 环（KAM torus）。

KAM 环在摄动影响下略有变形，一般很难精确度量。这里将利用作用量 τ_1 和 τ_2 近似描述 KAM 环。

对于椭圆型平衡点附近的任意一点 $\boldsymbol{X}_0$，在一系列变换作用下成为

$$[\bar{q}_{1.0}\quad \bar{q}_{2.0}\quad \bar{p}_{1.0}\quad \bar{p}_{2.0}]^{\mathrm{T}}=(F_3^{-1}\circ\varphi_1\circ F_3\circ F_2\circ F_1)(\boldsymbol{X}_0) \tag{3-27}$$

因此，KAM 环边界的近似度量为 $\tau_1=\frac{1}{2}(\bar{q}_{1.0}^2+\bar{p}_{1.0}^2)^2$ 和 $\tau_2=\frac{1}{2}(\bar{q}_{2.0}^2+\bar{p}_{2.0}^2)^2$。

显然，τ_1 和 τ_2 的大小被 X_0 的能量 $E(X_0)$ 约束。对于近恒等辛变换 φ_1，可进一步得到

$$\Delta E = E - U(L^s) \approx H \circ \varphi_1 = \omega_1\tau_1 + \omega_2\tau_2 + \frac{1}{2}\omega_{11}\tau_1^2 + \frac{1}{2}(\omega_{12}+\omega_{21})\tau_1\tau_2 + \frac{1}{2}\omega_2\tau_2^2 \tag{3-28}$$

因为 $\omega_{ij} \ll \omega_k$ ，可简化结果为

$$\Delta E \approx \omega_1\tau_1 + \omega_2\tau_2 \tag{3-29}$$

然而，对于较大能量的 $E(\boldsymbol{X}_0)$ ，该公式的误差会很大。

3.4.3　L^s 附近的周期和拟周期轨道

当 $E < U(L^u)$ 时，运动轨迹均被限制在岛屿内，即所有轨迹均被限定在 KAM 环面上，则此时运动仅可能是拟周期或周期轨道。

为了分析 L^s 附近的运动形态，这里采用庞加莱截面（Poincaré Section）以获取 KAM 环面相流的全局结构。

因为能量 E 的守恒性，能量流形将被限制在三维空间，而超曲面 $z=z_0$ 可以用作横截面以获取二维庞加莱截面；概括地说，庞加莱截面图可以理解为运动由下到上穿越横截面 $z=z_0$ 时，状态量 $(\rho,\ \dot{\rho})$ 的分布图。

动力系统的庞加莱截面图如图 3-8 所示（$h_z=6.6285$，$E_0=-0.01194$），其中存在两个不动点，以及环绕不动点的闭合轨迹。

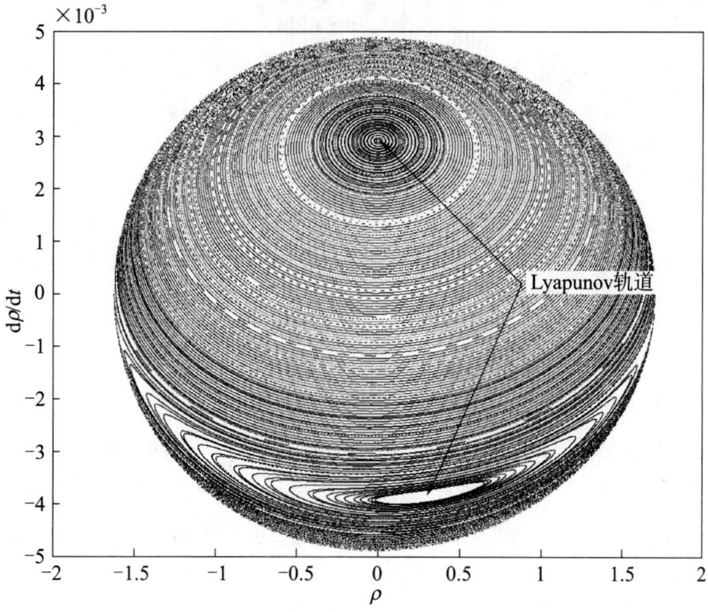

图 3-8　Lyapunov 轨道中心流形的庞加莱截面图

两个不动点均被大量闭合轨迹所环绕，即这两点都是稳定的，这两点分别对应 KAM

环面沿 $\tau_1=0$ 方向（记为P. O. Ⅱ）和 $\tau_2=0$ 方向（记为P. O. Ⅰ）的周期轨道。P. O. Ⅱ和P. O. Ⅰ的存在同样可由 Lyapunov 中心定理保证，因此 P. O. Ⅱ和 P. O. Ⅰ也属于 Lyapunov 轨道族。为区别 L^u 附近的 Lyapunov 轨道，这两类 Lyapunov 轨道均以 P. O. Ⅱ和 P. O. Ⅰ冠名。

环绕不动点的每一条闭轨，对应岛屿（或半岛）内一条拟周期轨道，而这条拟周期轨道张成了一个不变环面；在岛屿内，拟周期轨道的存在测度为 1，而 P. O. Ⅱ和 P. O. Ⅰ的存在测度为 0，即拟周期轨道是普遍存在的。拟周期轨道组成的集合，构成 P. O. Ⅱ和 P. O. Ⅰ的中心流形。根据庞加莱截面可知，岛屿将被 P. O. Ⅱ和 P. O. Ⅰ及其中心流形充满。

这里的 P. O. Ⅱ和 P. O. Ⅰ同样可由第 3.3.2 节构造的微分修正算法得到，如图 3 - 9 所示（$h_z=6.628\,5$，$E_0=-0.011\,94$）。根据修正结果发现：P. O. Ⅱ和 P. O. Ⅰ都不经过平衡点，而线性动力学生成的周期轨道必通过平衡点。P. O. Ⅱ和 P. O. Ⅰ在物理空间内不再表现出周期特性。

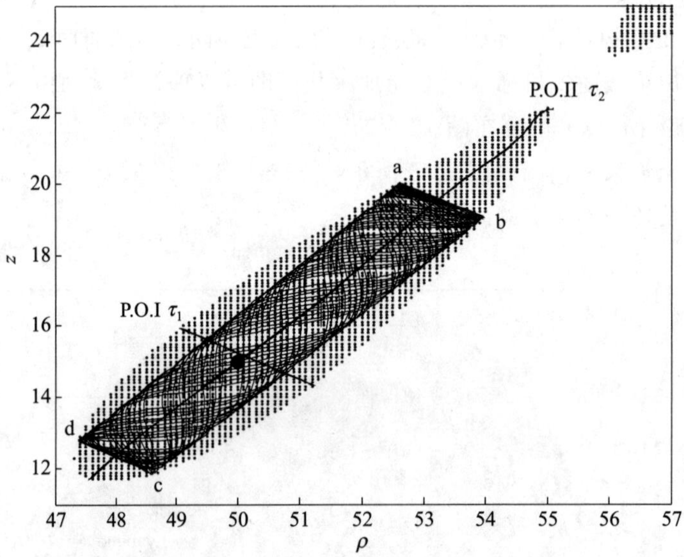

图 3 - 9　KAM 环面上运动

P. O. Ⅰ和 P. O. Ⅱ是岛屿内运动的基本模式，任何拟周期轨道都兼有这两种模式。为了便于描述拟周期轨道张成环面的边界，称 P. O. Ⅱ为 τ_2 方向，而称 P. O. Ⅰ为 τ_1 方向。显然，P. O. Ⅰ和 P. O. Ⅱ分别是环面上运动在 τ_1 和 τ_2 方向上的最大范围。

双曲型平衡点 L^u 的存在，将对 L^s 点附近的运动造成摄动，而且该摄动在 τ_2 方向的影响远大于 τ_1 方向。因此，本章将只研究 τ_1 方向环面边界的求解，τ_2 方向的边界可由式（3 - 28）或式（3 - 29）计算。

图 3 - 9 中的拟周期轨道所在 KAM 环面沿 τ_1 方向的边界，如图 3 - 10 所示。显然，摄动造成 τ_1 值的颤动。

任意 KAM 环面在位形空间 $\rho-z$ 上投影成近似矩形（nearly - rectangle），而该矩形

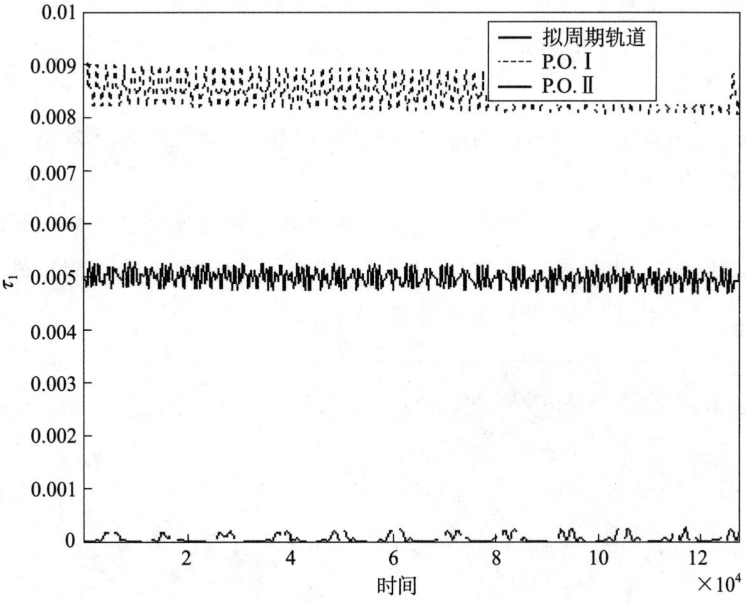

图 3-10　KAM 环沿 τ_1 方向的边界

可用其边长度量，其 2 阶近似分别为 $2\sqrt{2\tau_1/\omega_1}$ 和 $2\sqrt{2\tau_2/\omega_2}$，顶点坐标可近似表示为（见图 3-9）

a：$\boldsymbol{T}^{-1}\cdot\left[\sqrt{2\tau_1/\omega_1}\quad\sqrt{2\tau_2/\omega_2}\right]^{\mathrm{T}}$，b：$\boldsymbol{T}^{-1}\cdot\left[\sqrt{2\tau_1/\omega_1}\quad-\sqrt{2\tau_2/\omega_2}\right]^{\mathrm{T}}$

c：$\boldsymbol{T}^{-1}\cdot\left[-\sqrt{2\tau_1/\omega_1}\quad-\sqrt{2\tau_2/\omega_2}\right]^{\mathrm{T}}$，d：$\boldsymbol{T}^{-1}\cdot\left[-\sqrt{2\tau_1/\omega_1}\quad\sqrt{2\tau_2/\omega_2}\right]^{\mathrm{T}}$

一般地，由于运动频率 ω_k 的非共振特点，运动不可能达到该近似矩形边界。因而，任意位于该矩形外的点，只能为另外的矩形张成轨迹所达到。

3.5　颈部区域内的穿越行为

3.5.1　颈部区域运动的线性化

在位形空间 (ρ, z) 平面内，平衡点附近的线性化相流可表示为

$$\begin{bmatrix}\Delta\rho\\ \Delta z\end{bmatrix}=\boldsymbol{T}^{-1}\begin{bmatrix}\dfrac{1}{\sqrt{\omega}}(\beta_1\cos\omega t+\beta_2\sin\omega t)\\ \dfrac{1}{\sqrt{2\lambda}}(\alpha_1\mathrm{e}^{\lambda t}-\alpha_2\mathrm{e}^{-\lambda t})\end{bmatrix}\tag{3-30}$$

与 CR3BP 的处理方法类似[113]，这里将在局部范围内分析不同轨道族的位形投影。

式（3-30）描述了线性动力学的一般解，而这些解根据其在 $t\to+\infty$ 和 $t\to-\infty$ 时的极限行为，可区分为若干族。$\alpha_i(i=1, 2)$ 的不同取值将决定相流负时间内有界（停留内部区域）或正时间内趋向无穷远（停留外部区域）。α_1 和 α_2 不同的取值组合，给出了平衡点附近轨迹的 4 种分类：

1）当 $\alpha_1=\alpha_2=0$ 时，运动形态为周期性轨道，称为 Lyapunov 轨道；

2）当 $\alpha_1\alpha_2=0$ 时，运动形态为渐近于 Lyapunov 轨道的渐近轨道（对应于非线性轨迹的不变流形）；

3）当 $\alpha_1\alpha_2>0$ 时，运动形态为颈部区域内由内部区域到外部区域的穿越轨道，或由外部区域到内部区域的穿越轨道；

4）当 $\alpha_1\alpha_2<0$ 时，运动形态为永久停留在内部区域或外部区域的非穿越轨道。

4 类轨迹在位形空间的动力学行为如图 3－11 所示，其中黑线为周期轨道，绿线为渐近轨道，红线为穿越轨道，蓝线为非穿越轨道。

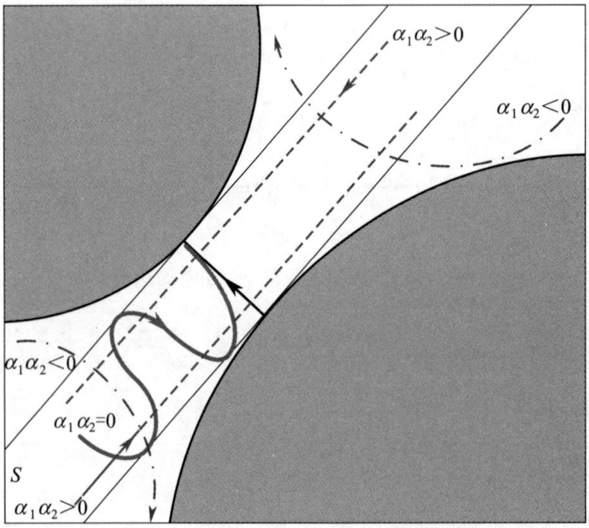

图 3－11　线性相流在位形空间内的投影（见彩插）

3.5.2　环面的破裂和穿越的发生

能量增至 $U(L^u)$ ，双曲型平衡点 L^u 将成为连接内部区域和外部区域的唯一的点，此时，P. O. Ⅱ退化为 L^u 在内部区域的不变流形，且 P. O. Ⅱ的轨道周期演变为无穷。

随着能量的继续增加，颈部区域的出现将导致部分 KAM 环面的破裂和半岛与大陆间的穿越出现。而哪些环面发生破裂，哪些环面被保留下来，需要进一步分析。

Lyapunov 轨道在内部区域的不变流形是有界的闭集，并构成了临界破裂的 KAM 环面。随后将在数值上证明：由不变流形构成的临界 KAM 环面，被 Lyapunov 轨道的（1，1）同宿轨道充满。

下面给出几个关于穿越的命题：

命题 3.4a：若某环面沿 τ_1 方向的边界大于（或沿 τ_2 方向的边界小于）临界 KAM 环面，则该环面具有 Lyapunov 意义下的稳定；反之，该环面将遭到破坏，且环面上所有轨迹都将在有限时间内穿越到大陆。

如图 3－12 所示（$h_z=6.6285$，$E_0=-0.011934$，蓝线为 Lyapunov 轨道，黄线为稳

定流形，绿线为不稳定流形)，临界 KAM 环面对剩余的位形空间划分为区域Ⅰ（Region Ⅰ)、区域Ⅱ（Region Ⅱ）和区域Ⅲ（Region Ⅲ）三部分。则命题 3.4a 的等价阐述为：

命题 3.4b：区域Ⅰ内的任意点，必属于某条穿越轨道，而所有的穿越轨道必经过区域Ⅰ；区域Ⅱ内的任意点，必属于某个被保留下来的 KAM 环面，而所有存留的 KAM 环面必经过区域Ⅱ；区域Ⅲ内的任意点，必属于某条非穿越轨道，而所有的非穿越轨道必经过区域Ⅲ；有能力实现穿越的轨迹，由大陆的无穷远处进入区域Ⅰ内，随后脱离该区域并在大陆内无限延展，而该轨迹停留在区域Ⅰ内的时间只可能为有限值；穿越轨道在大陆内的延展轨迹，将被严格限制在不变流形所封装的位形空间。因此，就位形空间而言，外部区域被划分为封装于不变流形的穿越轨道和必然经过区域Ⅲ的非穿越轨道。

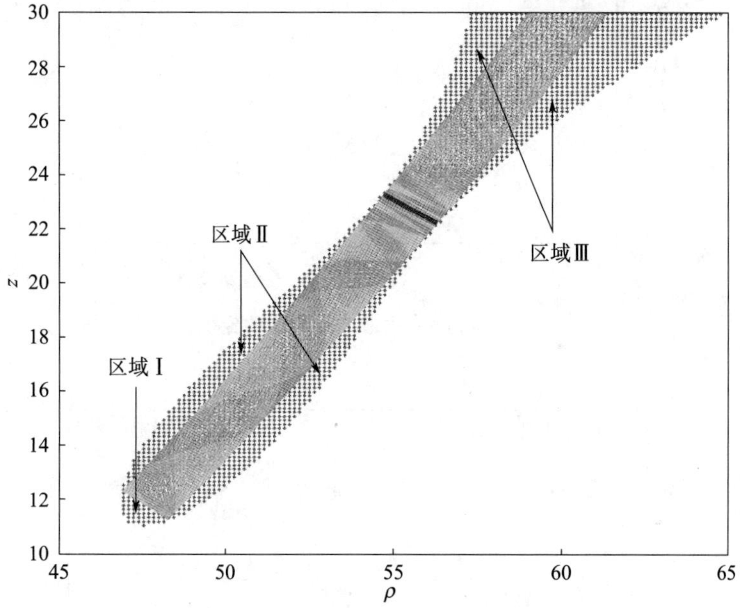

图 3－12　临界 KAM 环面对剩余的位形空间的划分（见彩插）

3.5.3　Lyapunov 轨道的同宿行为

Lyapunov 轨道的稳定与不稳定流形在位形空间内重合，因此 Lyapunov 轨道可能存在同宿行为，本章将进行数值验证。

为了获取 Lyapunov 轨道不变流形的信息，可以定义庞加莱截面为横截面 $z = z_0 - \Delta z$ 的正向穿越。横截面不取为平面 $z = z_0$，是因为 Lyapunov 轨道穿越 $z = z_0$，故庞加莱截面应取在该平面下方，例如 $\Delta z = 4$。内部区域的不变流形在截面 $z = z_0 - 4$ 的映射同胚于圆 (circle)，这与 CR3BP 的 Lyapunov 轨道不变流形经庞加莱映射的结果一致[113]。

图 3－13 给出了 Lyapunov 轨道不变流形的庞加莱截面（$h_z = 6.628\ 5$，$E_0 = -0.011\ 934$，实线为稳定流形，虚线为不稳定流形)；显然，稳定和不稳定流形在庞加莱截面 $z = z_0 - 4$ 的首次穿越（first cuts）相互重合。因而可得出如下结论：

命题 3.5：Lyapunov 轨道在内部区域的不变流形存在同宿轨道，且这些轨道均是（1，1）同宿的。

为了形象地描述稳定流形和不稳定流形如何同宿，图 3-14 给出了一条（1，1）同宿轨道（$h_z=6.6285$，$E_0=-0.011934$）。

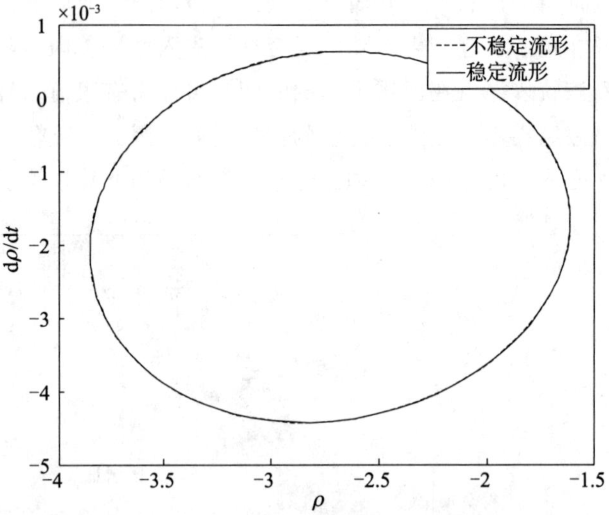

图 3-13　Lyapunov 轨道不变流形的庞加莱截面

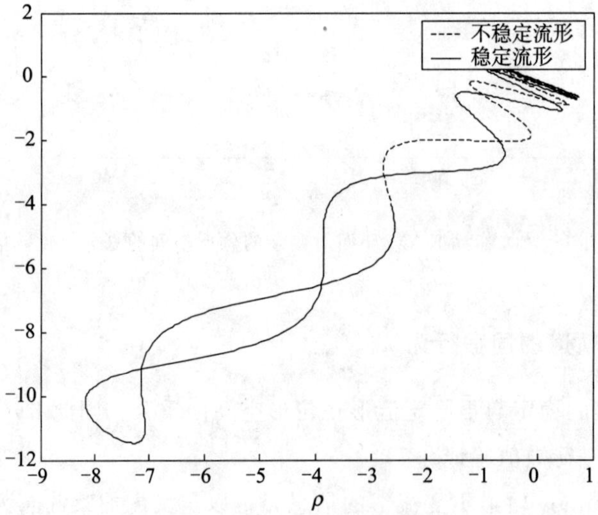

图 3-14　（1，1）同宿轨道

由于稳定和不稳定流形彼此重合，则出现完全意义下的退化（total degeneracy）[59]，即任何正（或负）时间方向渐近于 Lyapunov 轨道的轨迹，也将在负（或正）时间方向渐近于该 Lyapunov 轨道。所有同宿轨道均为光滑和非横截连接，因而不存在 Smale 马蹄意义下的混沌运动，同时也证明了该动力系统的不可积性[114]。

综合以上章节，可以得出非共振条件下该动力系统 Lyapunov 稳定性的充分和必要条件：

命题 3.6：当能量 $E \in [U(L^s) \quad U(L^u)]$ 时，运动被限定在岛屿内，所有运动都是 Lyapunov 稳定；当能量满足 $E > U(L^u)$ 时，即岛屿和大陆间由颈部区域连接，所有经过区域Ⅱ的运动，也具有 Lyapunov 稳定性。

3.5.4　共振穿越

KAM 理论不能处理共振条件下的运动形态；Poincaré - Birkhoff 定理（Poincaré - Birkhoff theorem）[112] 证明共振平衡点附近的运动极其复杂，并将引发混沌运动出现，这将超出本章节的研究范围。这里，将不就共振运动的细节进行讨论，而讨论共振现象是否适用于前节得到的非共振条件的结论。当 $h_z^{1:2} = 6.660\,6$ 时，椭圆型平衡点出现 1∶2 共振，即 $\omega_1 : \omega_2 = 1 : 2$，其运动轨迹如图 3 - 15 所示（$h_z = 6.660\,6$，$E_0 = -0.011\,868$）。

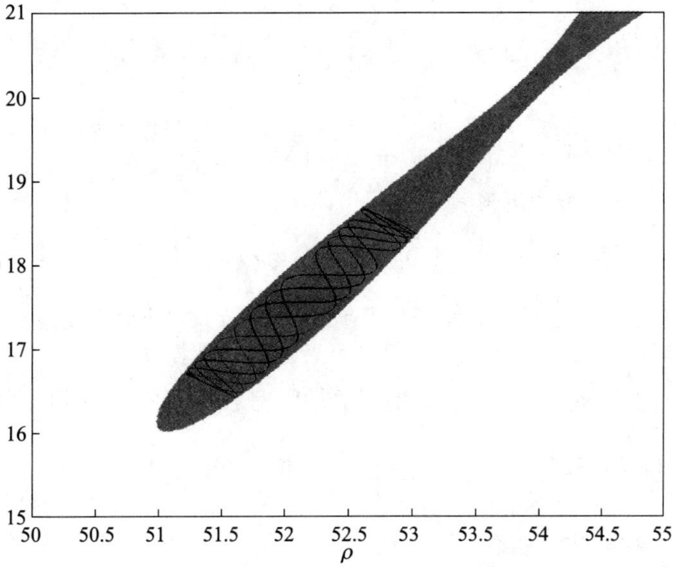

图 3 - 15　L^s 附近的（1，2）共振周期轨道

椭圆型平衡点 L^s 的共振行为，不影响双曲型平衡点 L^u 附近的运动。因而，Lyapunov 轨道的不变流形仍是（1，1）同宿的，并在内部区域内充满一个临界破裂的环面。则根据命题 3.4，所有穿越轨道仍将到达区域Ⅰ，而不可能到达区域Ⅱ和Ⅲ。因而，命题 3.6 在共振条件下仍成立。

3.5.5　$h_z^{\max}$ 的退化情形

对于 $h_z = h_z^{\max}$ 的退化情形，系统存在唯一的平衡点（或一重根），且满足 $\omega_1 = 0$ 和 $\omega_2 > 0$ 。

退化平衡点的代数约束为

$$\left(1 + \frac{\kappa^3}{h_z^4}\rho^6\right)^3 = \frac{\rho^2}{h_z^4} \tag{3-31}$$

因为退化平衡点是式（3－31）的一重根，则式（3－31）的一阶导数也是该平衡点的代数约束，即

$$\left(1+\frac{\kappa^3}{h_z^4}\rho^6\right)=\frac{1}{3k\rho^2} \tag{3-32}$$

联立以上两式，可以求得

$$h_z=\frac{8}{27}\cdot\sqrt[4]{\frac{27}{\kappa}},\ \rho=\sqrt{\frac{8}{27}\cdot\frac{1}{\kappa}},\ z=\sqrt{\frac{1}{27}\cdot\frac{1}{\kappa}} \tag{3-33}$$

在平衡点附近 Taylor 展开式（3－2a）至 2 阶项，并采用 Einstein 约定，得到

$$\begin{bmatrix}\Delta\ddot{\rho}\\ \Delta\ddot{z}\end{bmatrix}=-\Delta q_i\ (\partial_i U)\ |_L-\Delta q_i\Delta q_j\ (\partial_i\partial_j U)\ |_L+o\,(q^3) \tag{3-34}$$

其中 $\boldsymbol{U}_{qq}$ 可以分解为

$$\boldsymbol{U}_{qq}=\boldsymbol{T}^{-1}\begin{bmatrix}-\omega^2 & \\ & 0\end{bmatrix}\boldsymbol{T} \tag{3-35}$$

令

$$[\varsigma\quad\eta]^{\mathrm{T}}=\boldsymbol{T}\cdot[\Delta\rho\quad\Delta z]^{\mathrm{T}}$$

则可将式（3－34）变换为如下形式

$$\ddot{\varsigma}=-\omega^2\cdot\varsigma+o\,(2) \tag{3-36a}$$

$$\ddot{\eta}=c_1\cdot\varsigma^2+c_2\cdot\varsigma\,\eta+c_3\cdot\eta^2+o\,(3) \tag{3-36b}$$

由式（3－36a）可以得出：在 ς 方向的运动可近似为线性振动。

同时，通过计算可确定 $c_i\,(i=1,\ 2,\ 3)$ 的符号：对所有不同的 κ 值，均有 $c_1<0$、$c_2>0$ 和 $c_3<0$，且可保证 $1-\dfrac{c_2}{2\sqrt{c_1\cdot c_2}}>0$ 恒成立。

而由式（3－36b）可以得到

$$\ddot{\eta}=c_1\cdot\varsigma^2+c_2\cdot\varsigma\eta+c_3\cdot\eta^2\leqslant\left(1-\frac{c_2}{2\sqrt{c_1\cdot c_3}}\right)c_1\cdot\varsigma^2+\left(1-\frac{c_2}{2\sqrt{c_1\cdot c_3}}\right)c_3\cdot\eta^2<0 \tag{3-37}$$

从而证明运动在 η 方向的不稳定性。

至此为止，可以归纳出悬浮轨道稳定的充分必要条件为：

悬浮轨道的稳定性定理 3.7（Theorem of Stability）：退化情形下（$h_z=h_z^{\max}$）的运动是不稳定的；非退化情形下（$h_z<h_z^{\max}$），无论有无共振发生，只要能量满足 $E\in[U(L^s)\quad U(L^u)]$ 或 $E>U(L^u)$ 且运动轨迹经过区域Ⅱ，运动就是稳定的；反之，运动是不稳定的。

为了判断某条轨迹是否到达区域Ⅱ，需要进行轨道积分予以验证，这将耗费巨大的计算资源。较为可行的方法是根据命题 3.4a 进行稳定性判断，而该轨迹的 τ_1 值可通过对轨迹上任意一点的计算获得。

3.5.6　大岛屿的扩展情形

若岛屿面积很大（即大岛屿的扩展情形），可能导致悬浮轨道定期地重访行星，具有重要的应用价值。

在 $(\rho, z) \to (0, 0)$ 的过程中，2 阶量 ρ^2 的衰减速度要远快于 1 阶量 r，因而悬浮行星 (0，0) 不可能位于 Hill 可行区域内。因此，研究兴趣由中心点 (0，0) 转移到中心球

$$r_C = \sqrt{x^2 + y^2 + z^2} = \sqrt{\rho^2 + z^2} = 1.71L \tag{3-38}$$

而 r_C 值的选取应根据工程应用需要，这里采用文献［54］的取值。

记 $U(N)$ 为 U 在中心球上的最小取值，N 为最小取值的位置。图 3－16 给出了 $U(N)$ 随系统参数的变化规律。显然，对所有的 h_z，$U(N)$ 的取值将恒大于 $U(L^s)$；$U(N)$ 值在 $h_z < h_z^{N*}$ 时低于 $U(L^u)$，而在 $h_z = h_z^{N*}$ 时等于 $U(L^u)$，其中 $h_z^{N*} = 1.825\ 08$。

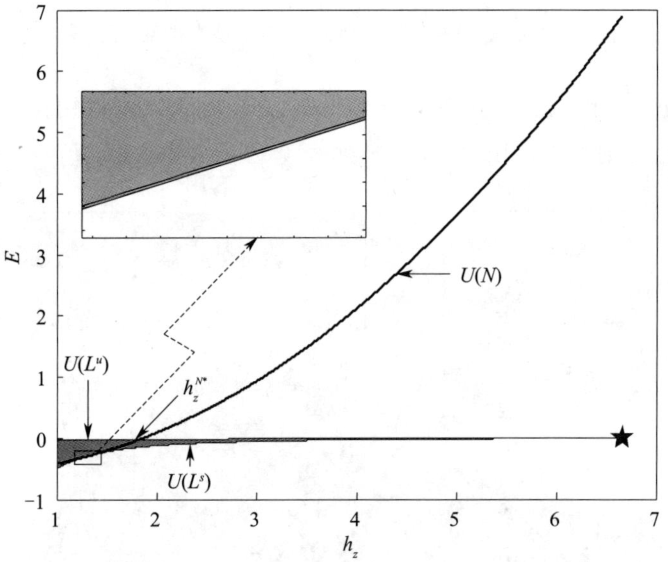

图 3－16　U 在中心球上的最小取值与 h_z 的关系

扩展情形下，Hill 区域存在三类基本构型，如图 3－17 所示（$h_z^N = 1.295\ 08$）。

由于岛屿距离引力势阱很近和岛屿面积的扩张，KAM 理论已不再适合描述椭圆型平衡点 L^s 附近的运动，但岛屿或半岛内的运动仍被限制在一些不变环面内。同样地，当运动满足一定的条件，仍可能有周期轨道（即 Lyapunov 轨道）出现。

显然，L^s 附近的线性运动以不再适合作为微分修正（Differential Correction Algorithm）的初始猜想值，下面将介绍如何利用岛屿的几何关系生成该猜想值。

P. O. Ⅱ只存在 τ_2 方向，故 P. O. Ⅱ沿 τ_2 方向的端点可以作为该周期轨道的零速度初始值。当 $E = U(L^u)$ 时，P. O. Ⅱ沿 τ_2 方向的端点是 L^u，也是岛屿沿 τ_2 方向的顶点；当能量由 $U(L^u)$ 到 $U(L^s)$ 减少时，岛屿沿 τ_2 方向的顶点都可以作为 P. O. Ⅱ的零速度初始猜想值。

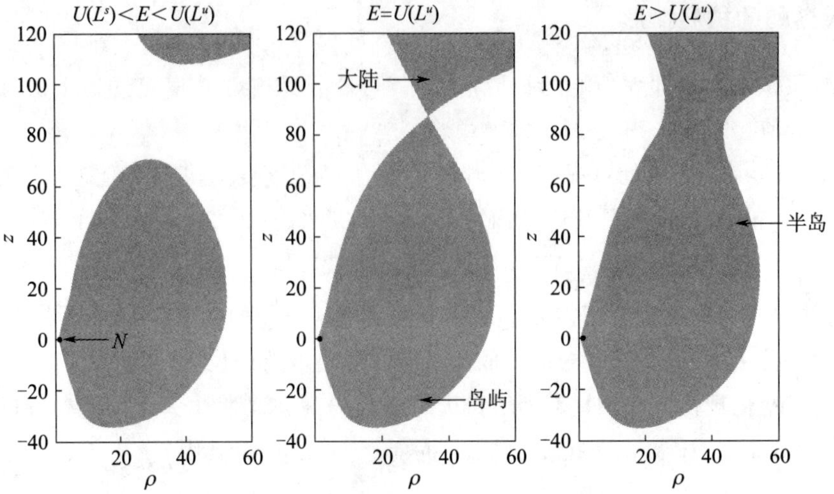

图 3-17　Hill 区域存在三类基本构型

在能量接近 $U(L^u)$（略小于）时，岛屿沿 τ_2 方向的顶点可以用作微分修正的极好近似。根据该方法生成的 P. O. Ⅱ 如图 3-18 所示（$h_z^N=1.29508$，$E=-0.019212$）。

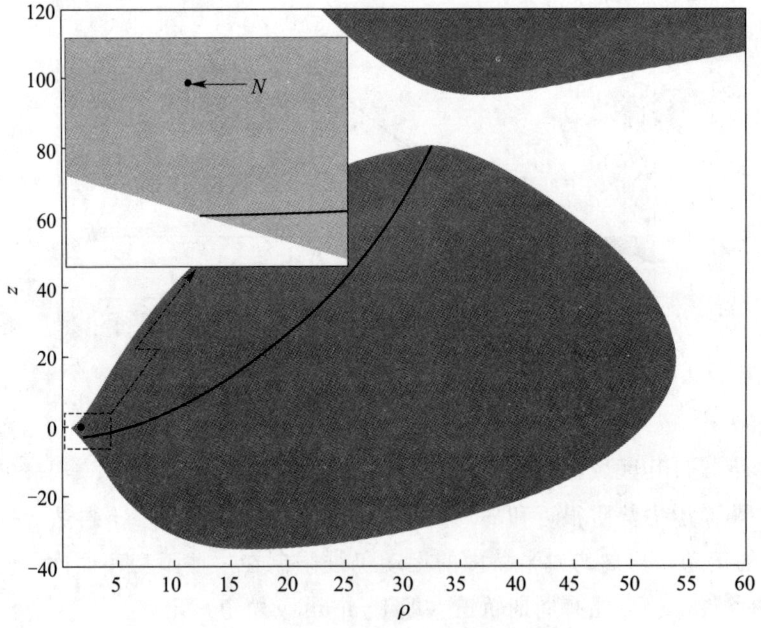

图 3-18　大岛屿内的 P. O. Ⅱ

当 $E<U(L^u)$ 时，岛屿内所有运动都是有界的，但大多因为运动幅度过大而不具有工程应用价值。然而，一些定期重访行星的周期轨道（记 P. O. Ⅱ），已引起航天界的关注[54]。

图 3-18 生成的 P. O. Ⅱ 在 3-D 物理空间的表现如图 3-19 所示。

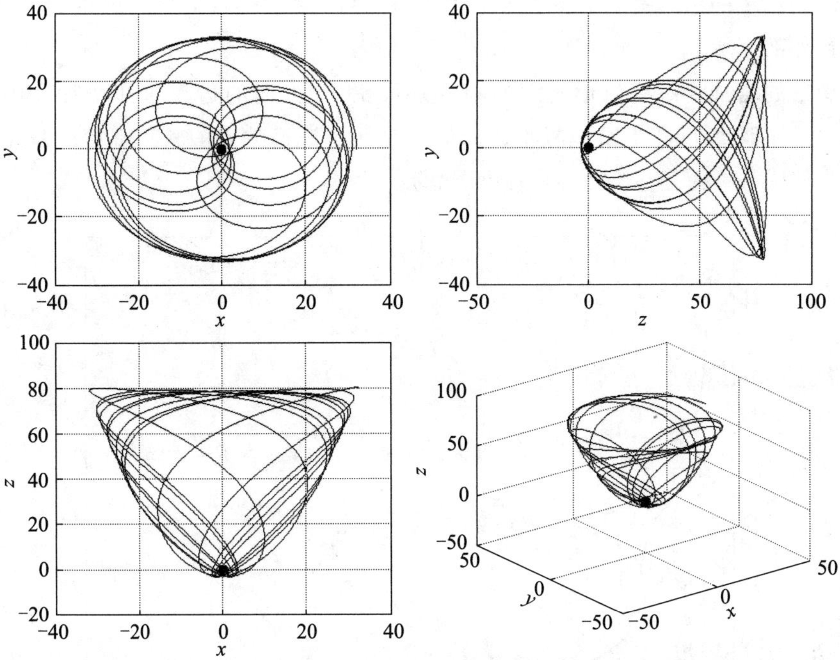

图 3－19　3－D 物理空间内的 P.O. Ⅱ

当 $E>U(L^u)$ 时，颈部区域出现，将有部分轨迹由内部区域穿越到外部区域。这些穿越轨道可由 L^u－Lyapunov 轨道的不变流形构造。这些穿越轨道将被封装在不变流形的位形空间内，如图 3－20 所示（$h_z^N=1.295\ 08,E=-0.019\ 152$）。

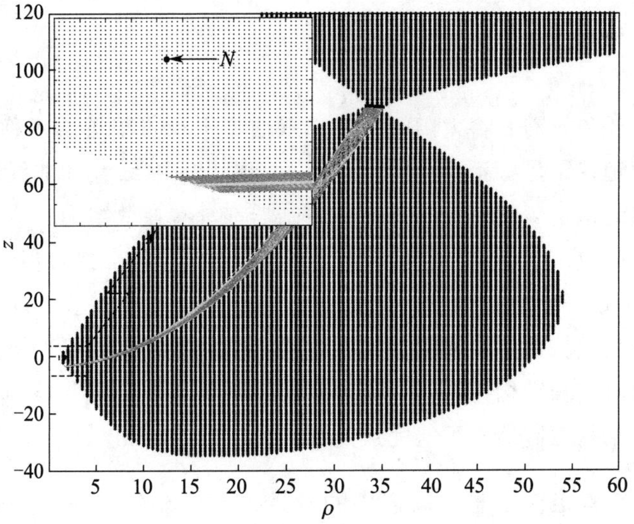

图 3－20　大岛屿内的不变流形

不变流形可以用来设计由行星到双曲型平衡点的转移轨迹，或由行星逃离到深空的逃逸轨迹[115]。

为了逃逸行星的引力势阱，太阳帆由停泊轨道出发，经化学火箭助推进入不变流形，近而漂移到外部区域。

随着能量的增加，不变流形充满的临界环面沿 τ_1 方向的边界也在增加，因而不变流形到行星的最小距离 D 会不断地减小；D 值正是用于逃逸的停泊轨道高度。D 值随能量变化的规律，如图 3－21 所示（$h_z^N=1.29508$）。

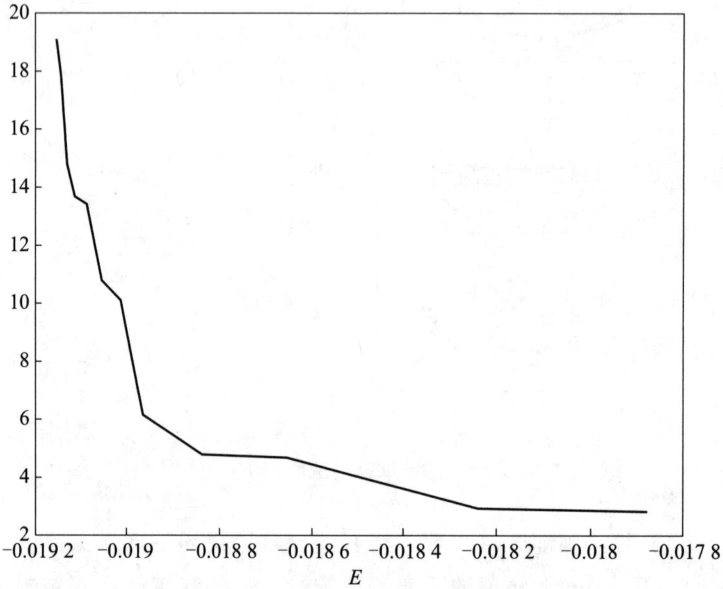

图 3－21　不变流形到行星的最小距离

3.6 双曲型平衡点的镇定

对于一些航天任务，需要将太阳帆定位于双曲型平衡点附近的不稳定区域[54]。因此，双曲型平衡点的镇定控制是必不可少的。目前，已提出一些线性和非线性控制策略，用来实现太阳帆在该点的镇定。显然，所有这些控制器都具有耗散结构。

而对于一些空间应用，更希望将太阳帆放置于平衡点附近的稳定和有界运动上（即动态悬浮轨道），而不是简单地控制在平衡点上。这是因为这类轨道可以增大对目标（地面站或跟踪航天器）的覆盖概率，或避免无线电通讯信号湮没于太阳光等。

这里将应用保哈密顿结构控制器，镇定双曲型平衡点并生成一族稳定 Lissajous 轨道。显然，这些是耗散结构控制器不可能完成的。

3.6.1 保哈密顿结构控制在悬浮轨道中的应用

考察太阳帆的轨道动力学，并将其势函数由式（3－2b）修改为如下形式

$$\overline{U}=\frac{h_z^2}{2\rho^2}-\frac{1}{r}-\boldsymbol{\kappa}\cdot z-\frac{1}{2}\left(\boldsymbol{q}-\boldsymbol{q}_0^{L^u}\right)^{\mathrm{T}}\cdot\boldsymbol{T}\cdot\left(\boldsymbol{q}-\boldsymbol{q}_0^{L^u}\right) \tag{3-39}$$

其中，$\boldsymbol{T}$ 的形式为

$$\boldsymbol{T}=-\sigma^{2}\left[G_{1}\boldsymbol{u}_{+}\boldsymbol{u}_{+}^{\mathrm{T}}+G_{2}\boldsymbol{u}_{-}\boldsymbol{u}_{-}^{\mathrm{T}}\right]-\gamma^{2}G_{3}\left[\boldsymbol{u}\boldsymbol{u}^{H}+\overline{\boldsymbol{u}}\,\overline{\boldsymbol{u}}^{H}\right] \tag{3-40}$$

则受控系统的哈密顿函数为

$$H=\frac{1}{2}\boldsymbol{p}^{\mathrm{T}}\boldsymbol{p}+\Delta\cdot\boldsymbol{p}^{\mathrm{T}}\boldsymbol{J}\boldsymbol{q}+\frac{1}{2}\Delta^{2}\cdot\boldsymbol{q}^{\mathrm{T}}\boldsymbol{q}+\overline{U} \tag{3-41}$$

其中，$\boldsymbol{q}_0^{L^u}$ 为双曲型平衡点 L^u 的空间位置。显然，受控系统的能量函数相应地被修改成 $\overline{E}=H$。

保哈密顿结构控制的本质，是将平衡点的拓扑性质由双曲型更改为椭圆型。修改的椭圆型平衡点附近的稳定轨迹将停留在某个 KAM 环面上，其运动形态的分析与第 3.4 节 L^s 附近的运动一致，即也存在 Lyapunov 轨道及其中心流形（这里称为稳定 Lissajous 轨道）。

通过选择恰当的控制增益，可以使得受控系统的特征值满足 $\lambda_1:\lambda_2=m:n$（$m<n$，m 和 n 为简约整数)，则受控系统发生共振。对于任意的初值，运动轨迹都具有周期性，故又称该运动形态为共振周期轨道。

该运动的一组特解可以构造如下

$$\begin{cases}\widetilde{V}_{xx}=\widetilde{V}_{yy}=\Delta^{2}\\ \widetilde{V}_{xy}=\pm\Delta^{2}\cdot\dfrac{n^{2}-m^{2}}{m^{2}+n^{2}}\end{cases} \tag{3-42}$$

如果 $\Delta=0$，该特解可补充为

$$\begin{cases}\widetilde{V}_{xx}=\widetilde{V}_{yy}=-\hat{\omega}^{2}\\ \widetilde{V}_{xy}=\pm\hat{\omega}^{2}\cdot\dfrac{n^{2}-m^{2}}{m^{2}+n^{2}}\end{cases} \tag{3-43}$$

其中，$\hat{\omega}$ 为任意参数。

应用保哈密顿结构控制，生成稳定 Lissajous 轨道、Lyapunov 轨道和共振周期轨道。非共振条件下的稳定 Lissajous 轨道和 Lyapunov 轨道如图 3－22 所示（$G_1=1$，$G_2=1$，$G_3=0$，$h_z=6.628\ 5$，$\overline{E}_0=-0.011\ 939$)，共振周期轨道（1∶2，1∶3，1∶4 和 2∶3）如图 3－23 所示（$h_z=6.628\ 5$)。

3.6.2　控制器的镇定范围

可通过改变控制增益来改变系统共振条件，如图 3－24 所示。而且，该控制器不仅可以改变平衡点的拓扑性质，还可以改变平衡点的数目。

命题 3.8：选取足够大的控制增益，可以保证修改的椭圆型平衡点是受控系统唯一的平衡点。

证明：很容易证明 $\boldsymbol{T}$ 是负定矩阵，因而受控系统的 Hill 区域的几何结构可以理解为：由 U 确定的 Hill 区域与抛物面 $-\dfrac{1}{2}(\boldsymbol{q}-\boldsymbol{q}_0)^{\mathrm{T}}\cdot\boldsymbol{T}\cdot(\boldsymbol{q}-\boldsymbol{q}_0)$ 的叠加。

因为 $\boldsymbol{T}$ 的负定性，受控系统另外的平衡点 L^c（如果存在的话）所在的区域必满足 $\partial_\rho U<0$ 和 $\partial_z U<0$，则 L^c 只可能位于原系统的岛屿或大陆内。对于有限区域的岛屿，可

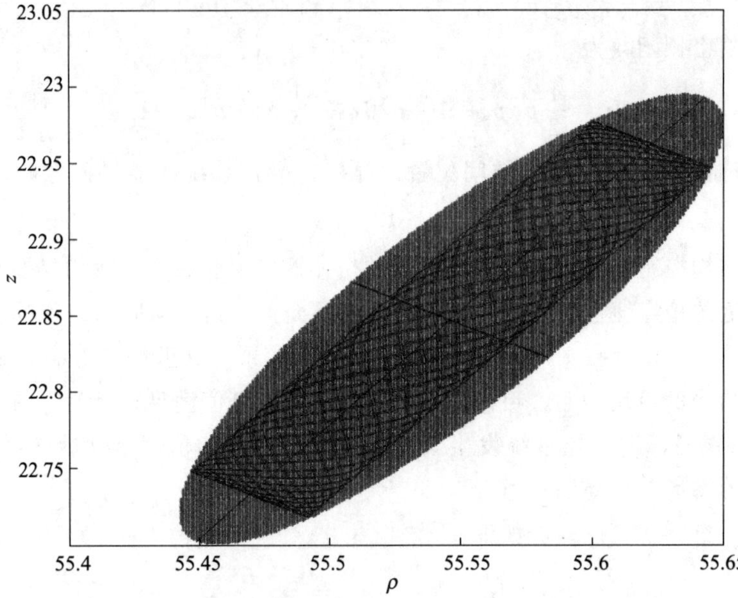

图 3-22 稳定 Lissajous 轨道和 Lyapunov 轨道（见彩插）

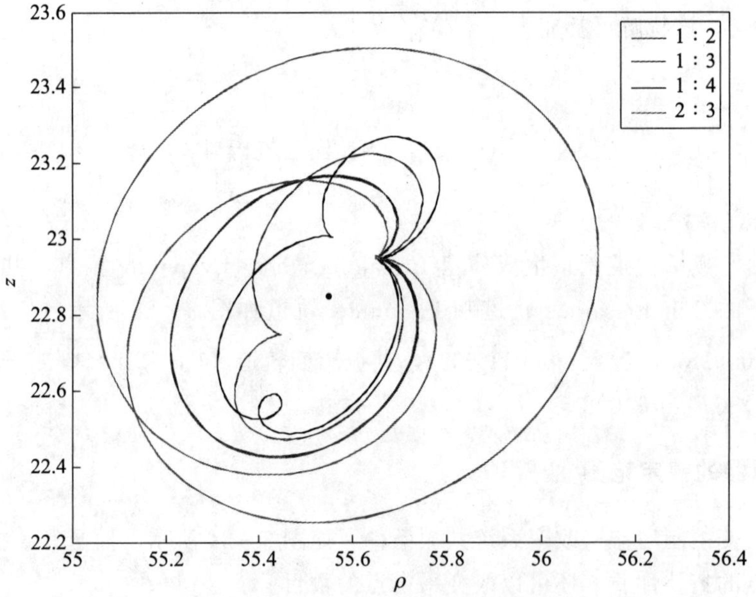

图 3-23 平衡点附近的共振轨道（见彩插）

通过加大控制增益，即加大抛物面曲率以避免新的平衡点出现。

大陆连通于无限区域 Γ：$\begin{cases}\rho \to +\infty \\ z \to +\infty\end{cases}$，故在双曲型平衡点 L^u 附近区域，可通过增大控制增益以规避新的平衡点；而在距离平衡点 L^u 较远处，需要比较随 ρ 和 z 增大，U 和

$\frac{1}{2}(\boldsymbol{q}-\boldsymbol{q}_0)^{\mathrm{T}}\cdot\boldsymbol{T}\cdot(\boldsymbol{q}-\boldsymbol{q}_0)$ 的递减速度。

显然，在 $(\rho, z)\rightarrow(+\infty, +\infty)$ 的过程中，U 以 1 阶速度递减（此时 U 的变化以 $-\kappa\cdot z$ 为主)，而 $\frac{1}{2}(\boldsymbol{q}-\boldsymbol{q}_0)^{\mathrm{T}}\cdot\boldsymbol{T}\cdot(\boldsymbol{q}-\boldsymbol{q}_0)$ 将以 2 阶速度递减，从而证明 L^c 不可能出现在大陆内。

选择恰当的控制增益，受控系统仅存在唯一的椭圆型平衡点，从而由 Lagrange 稳定性定理[138]可知：该平衡点是修改的势函数的全局唯一的极小值点，也就是最小值点；则该控制器的可镇定范围为整个相空间。

控制增益的选取同图 3-22，所构造的控制器的镇定范围即为整个相空间。

3.6.3　$h_z^{\max}$ 退化情形的镇定

对于 $h_z^{\max}$ 退化情形，原系统具有唯一的重根，线性化动力学的运动频率为 $\omega_1=0$ 和 $\omega_2>0$ 。

该平衡点没有稳定和不稳定流形，仅有中心流形。幸运的是，$h_z^{\max}$ 退化情形的镇定可通过反馈中心流形来实现。

与非退化情形一致，可通过选取恰当的控制增益，以保证修改的椭圆型平衡点的唯一性。因此，该控制器的镇定范围也是整个相空间。

图 3-24 给出了 $h_z^{\max}$ 退化情形镇定过程中生成的稳定 Lissajous 轨道（$G_1=0$，$G_2=0$，$G_3=0.3$，$\Delta=0.000\,5$，$h_z=h_z^{\max}$，$\overline{E}_0=-0.009\,962\,6$)。

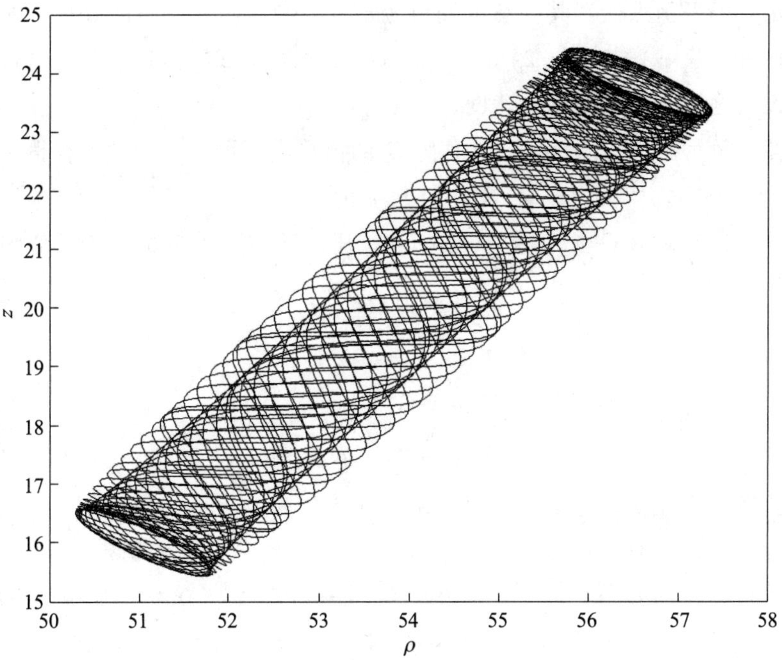

图 3-24　$h_z^{\max}$ 退化情形的稳定 Lissajous 轨道

3.6.4 控制器的分配律

对于太阳帆，上文构造的控制器通过控制帆姿态角 α 和改变面质比 β 的大小，来输出指定的加速度。太阳帆的姿态角包括锥角 α 和进动角 γ，其中 α 定义为太阳帆的法向量 $\boldsymbol{n}$ 与太阳光向量之间的夹角，γ 定义为法向量 $\boldsymbol{n}$ 在 $\boldsymbol{i}-\boldsymbol{j}$ 面的投影与惯性向量 $\boldsymbol{i}$ 的夹角。同时，太阳帆面积的改变，将引起面质比 β 的变化。

太阳帆在物理空间内的动力学方程为

$$\ddot{x}=-x/r^3+a_x \tag{3-44a}$$

$$\ddot{y}=-y/r^3+a_y \tag{3-44b}$$

$$\ddot{z}=-z/r^3+a_z \tag{3-44c}$$

太阳光压引起的加速度为[14]

$$\boldsymbol{a}=\kappa\cdot\cos^2\alpha\cdot\boldsymbol{n} \tag{3-45a}$$

太阳帆的法向量可由两个姿态角描述，即

$$\boldsymbol{n}=[\sin\alpha\cos\gamma\quad\sin\alpha\sin\gamma\quad\cos\alpha]^{\mathrm{T}} \tag{3-45b}$$

将惯性坐标 $(x，y)$ 变换为极坐标 $(\rho，\theta)$，则动力学方程具有如下形式：

$$\ddot{\rho}=\frac{h_z^2}{\rho^3}-\frac{\rho}{r^3}+\kappa\cos^2\alpha\sin\alpha\cos\vartheta \tag{3-46a}$$

$$\rho\ddot{\theta}=-2\dot{\rho}\dot{\theta}+\kappa\cos^2\alpha\sin\alpha\sin\vartheta \tag{3-46b}$$

其中，$\vartheta=\gamma-\theta$。

太阳帆定点于平衡点处，其姿态角分别为 $\alpha=0$ 和 γ 任意。而由方程（3-44c）可以推出：对于任意 $\alpha\in(-\pi/2，\pi/2)$，$a_z=\kappa\cdot\cos^3\alpha\leqslant\kappa$ 恒成立。这表明仅通过控制太阳帆的姿态角，无法输出指定的控制加速度。

令分配律变量为 $\boldsymbol{\Theta}=[\alpha\quad\gamma\quad\beta]^{\mathrm{T}}$，则 $\boldsymbol{\Theta}$ 的值可由下面的非线性方程得到

$$\boldsymbol{a}(\boldsymbol{\Theta})=[0\quad\kappa]^{\mathrm{T}}+\boldsymbol{T}_C \tag{3-47}$$

在平衡点附近对式（3-47）进行 Taylor 展开，可以得到 $\boldsymbol{\Theta}$ 的一阶近似解，即

$$\left[\left.\frac{\partial\boldsymbol{a}}{\partial\boldsymbol{\Theta}}\right|_{q_0}\right]\delta\boldsymbol{\Theta}=\boldsymbol{T}_C \tag{3-48}$$

其中

$$\left.\frac{\partial\boldsymbol{a}}{\partial\boldsymbol{\Theta}}\right|_{q_0}=\begin{bmatrix}\kappa & 0 & 0\\ 0 & 0 & 1\end{bmatrix}$$

由于该式第 2 列元素均为零，表明：在一阶意义下，γ 角对控制输出没有贡献。

α 和 β 一阶估计的时间历程如图 3-25 所示（控制器参数和稳定 Lissajous 轨道初值的选取同图 3-24，即 $G_1=0$，$G_2=0$，$G_3=0.3$，$\Delta=0.0005$，$h_z=h_z^{\max}$，$\overline{E}_0=-0.0099626$）。$\alpha$ 的变化范围为 $-4.6°\sim4.4°$，而 $\Delta\beta$ 的变化范围为 $-8.4\times10^{-6}\sim7.1\times10^{-6}$。显然，该控制器完全可以由机械装置实现。

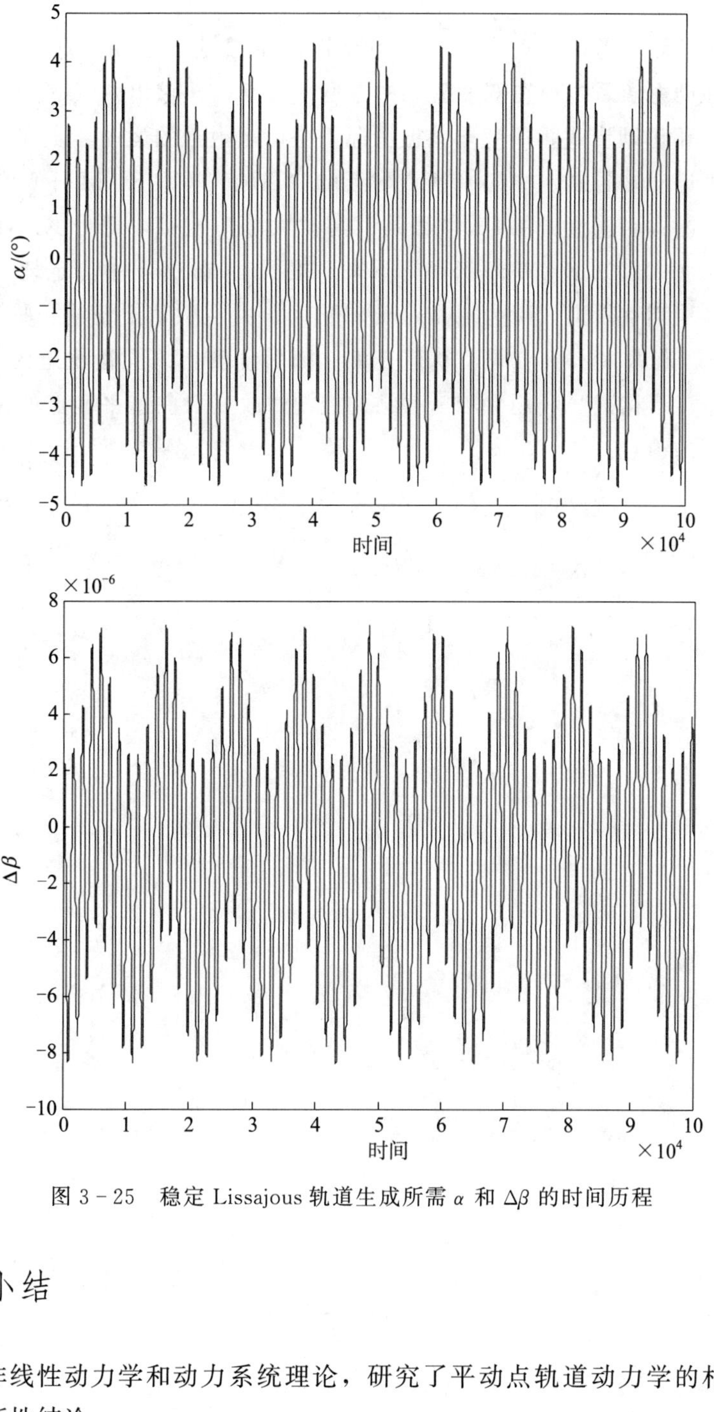

图 3－25　稳定 Lissajous 轨道生成所需 α 和 $\Delta\beta$ 的时间历程

3.7　本章小结

本章应用非线性动力学和动力系统理论，研究了平动点轨道动力学的相关理论问题，并得到一些创新性结论。

针对 2 自由度哈密顿系统，利用平衡点的不变流形（包括稳定/不稳定流形和中心流形）构造保哈密顿结构镇定控制。并严格证明以下结论：该哈密顿系统可以通过将极点配置在虚轴上实现 Lyapunov 镇定；综合利用稳定/不稳定流形和中心流形，可以实现虚轴上极点的任意配置；受控哈密顿系统可以生成完全不同于经典平动点轨道的稳定的 Lissajous

轨道。

以往太阳帆悬浮轨道的研究仅限于线性情况，本书基于平动点理论研究其非线性行为。证明非线性动力学系统存在双曲型和中心型平衡点，并求出两者的分岔点。利用动力学模型的Birkhoff正则形式，研究非共振情况下平衡点附近的运动，研究结果表明：当系统能量较小时，运动被限制在中心平衡点附近的“岛屿”（即KAM环）和双曲型平衡点附近的“大陆”内；当能量增加时，“岛屿”与“大陆”连接，部分KAM环破裂，导致穿越轨线出现，而大部分KAM环仍存留下来。根据Lyapunov中心定理，证明双曲型平衡点附近存在着周期性轨道（称为Lyapunov轨道）。并在数值上证明：临界破裂的KAM环被Lyapunov轨道的（1，1）同宿轨道充满。随后证实：该同宿轨道由Lyapunov轨道的稳定和不稳定流形构成。利用保哈密顿结构控制，改变双曲型平衡点的拓扑性质，实现运动在该点附近的镇定。

第 4 章　基于倾斜推力的悬浮轨道动力学与控制

4.1　引言

第 2 章研究表明：相对于推力方向，推力的大小对动力系统的影响较小，只改变能量和 Hill 区域尺寸，而不改变 Hill 区域几何形状及其动力学特性。因此，本章不同于现有的研究文献，而是基于上文建立的倾斜推力悬浮轨道动力学模型，集中探究推力方向对悬浮轨道稳定性、穿越行为以及轨道机动等动力学特性的影响

由图 2 - 7 可知，二体模型旋转坐标系下，Hill 区域存在两个平衡点：椭圆型平衡点 L^s 与双曲型平衡点 L^u。本章中，系统的动力学方程为公式（2 - 14），动量矩 h_z 取值为 $h_z=\rho_{\mathrm{GEO}}^2\omega_{\mathrm{GEO}}$ [6]，ρ_{GEO} 和 ω_{GEO} 分别是地球同步轨道的轨道半径与角速度，单位化后为 $h_z=\sqrt{\rho_{\mathrm{GEO}}/R_e}$。根据表 2 - 1，$\kappa_d=9.82\kappa$，其中 κ_d 表示有量纲的推力加速度大小。当 $\kappa=0.000\ 5$ 时，κ_d 的计算结果小于 0.005 $\mathrm{m/s^2}$（相当于重 100 kg 的卫星需要 500 mN 的推力），该量级仍在当下的电推技术可支持范围之内。但是，当 $\kappa=0.000\ 5$ 时，椭圆型平衡点 L^s 和双曲型平衡点 L^u 的位置相距很远，尤其是当俯仰角为负时，ρ_s 为 6，但是 ρ_u 的值超过 200，Hill 区域跨度很大，不利于图片中部分结果的展示。因此，折中考虑之后，本章将推力加速度取值为 $\kappa=0.002\ 64$，该值更利于展示下文中出现的结果。

4.2　平衡点附近有界轨道

本章分析 2 自由度近可积哈密顿系统。哈密顿动力系统研究的主要方向之一是小扰动下系统不变环面的保持性问题，这方面最重要的成就当属 20 世纪 60 年代由著名数学家 A. N. Kolmogorov、V. I. Arnold 和 J. Moser 提出来的经典 KAM 理论[112,116-117]。该理论指出小扰动下的哈密顿系统在 Kolmogorov 非退化条件下，大多数非共振环面被保持下来，即对于频率映射的一个确定的 Diophantus 频率，扰动系统仍然有一个以该 Diophantus 频率为频率的不变环面。该结论具有划时代的意义，它给出了许多动力学稳定性问题的合理解释。在非共振条件下，KAM 理论证明，由非共振有界轨迹所张成的不变环面可以保持稳定，除非双曲型平衡点出现，导致轨道出现穿越行为。换句话说，在 $E<U(L^u)$ 的非共振情况下，由有界轨道张成的 KAM 环面不会发生破裂，但是当 $E>U(L^u)$ 时，由于双曲型平衡点的出现会产生一些穿越轨迹，这意味着存在一些 KAM 环发生破裂。由于共振条件下 KAM 理论失效，因此在 4.2.1 节和 4.2.2 节中通过庞加莱截面方法研究非共振有界轨迹的运动，其中 KAM 环的破裂仅代表非共振轨迹张成的 KAM 环的破坏，并不包

括共振环面的破裂。而关于共振环面的破裂，Poincaré - Birkhoff 定理[114]表明，在共振平衡附近的复杂运动与 Smale 马蹄形意义上的混沌现象有关，这些理论超出了本书的范围，因此，4.2.4 节仅给出了岛屿和半岛内的共振周期轨迹，而没有进行动力学分析。

4.2.1 KAM 环破裂前的非共振有界轨道

当系统的能量小于 $U(L^u)$ 时，岛屿与大陆彼此分离，在 L^s 椭圆型平衡点附近的轨道都被限制在岛屿之内，都是有界轨道。为了分析 L^s 附近的运动形态，这里采用庞加莱截面（Poincaré Section）[111]以获取 KAM 环面相流的全局结构。

这里庞加莱截面定义为 $(\rho=\rho_m,\ z,\ \dot{\rho}>0,\ \dot{z})$，即航天器每次从左往右穿越横截面 $\rho=\rho_m$ 留下的点 $(z,\ \dot{z})$ 的集合。由于庞加莱截面上的点有相同的 ρ 坐标，且遵循能量守恒定律，即满足等式

$$E=\frac{1}{2}\dot{\rho}^2+\frac{1}{2}\dot{z}^2+\frac{h_z^2}{2\rho_m^2}-\frac{1}{r}-\kappa z\cos\alpha-\kappa\rho_m\sin\alpha=\text{constant} \tag{4-1}$$

四维相空间 $(\rho,\ z,\ \dot{\rho},\ \dot{z})$ 的运动可以减小至二维 $(z,\ \dot{z})$ 空间。$(z,\ \dot{z})$ 空间上的每一点，都唯一对应一条悬浮轨道，因为 $\rho=\rho_m$ 已知，剩余的 $\dot{\rho}$ 分量可通过能量守恒等式（4-1）和 $\dot{\rho}>0$ 的约束求解得到。由于 $\dot{\rho}^2$ 项始终大于或等于 0，庞加莱截面上所有的点 $(z,\ \dot{z})$ 均满足不等式约束

$$\dot{\rho}^2=2E-\dot{z}^2-\frac{h_z^2}{\rho_m^2}+\frac{2}{r}+2\kappa z\cos\alpha+2\kappa\rho_m\sin\alpha\geqslant 0 \tag{4-2}$$

上述不等式定义了庞加莱截面的边界，称为临界圆（Critical Circle），或者说是庞加莱截面的可行区域。已知等能量面 $\mathfrak{R}(\kappa,\ \alpha,\ E_0)$ 为三维不变流形，而 $\mathfrak{R}$ 在位形空间的投影是 Hill 区域，边界为零速度曲线，而 $\mathfrak{R}$ 在位速空间的投影是庞加莱截面，边界为临界圆。

令系统能量 $E=0.995U(L^u)+0.005U(L^s)$，即 $E<U(L^u)$，L^s 附近的轨道在庞加莱截面 $(\rho=8,\ z,\ \dot{\rho}>0,\ \dot{z})$ 和 $(\rho,\ z)$ 位置空间的投影如图 4-1 所示。庞加莱截面上存在三个中心和围绕中心的闭合曲线，其中三个中心分别对应于位置空间中 L^s 的三条稳定周期轨道，分别记为 SPOⅠ（Stable Periodic Orbit Ⅰ）（绿色轨迹），SPOⅡ（红色轨迹）和 SPOⅢ（蓝色轨迹），闭合曲线对应于 L^s 附近的拟周期轨道。另外，庞加莱截面上还存在一个鞍点，用“★”号标出，对应于位置空间的不稳定周期轨道，记为 UPO（Unstable Periodic Orbit）（棕色轨迹）。

在图 4-1（a）和图 4-1（c）中，L^s 附近的运动可以视为鞍点的不变流形。根据流形的走向及其环绕的中心，流形或者说 L^s 附近的运动的庞加莱截面可以分为三类。每一类称之为该中心的稳定域（Stability Domain），分别对应于位置空间的稳定周期轨道及其附近的拟周期轨道。这三块稳定域在庞加莱截面上用不同的颜色标注，其中绿色区域是 SPOⅠ 的稳定域，红色区域是 SPOⅡ 的稳定域，蓝色区域是 SPOⅢ 的稳定域。很明显，SPOⅢ 的稳定域是 SPOⅠ 和 SPOⅡ 稳定域之间的过渡区域。

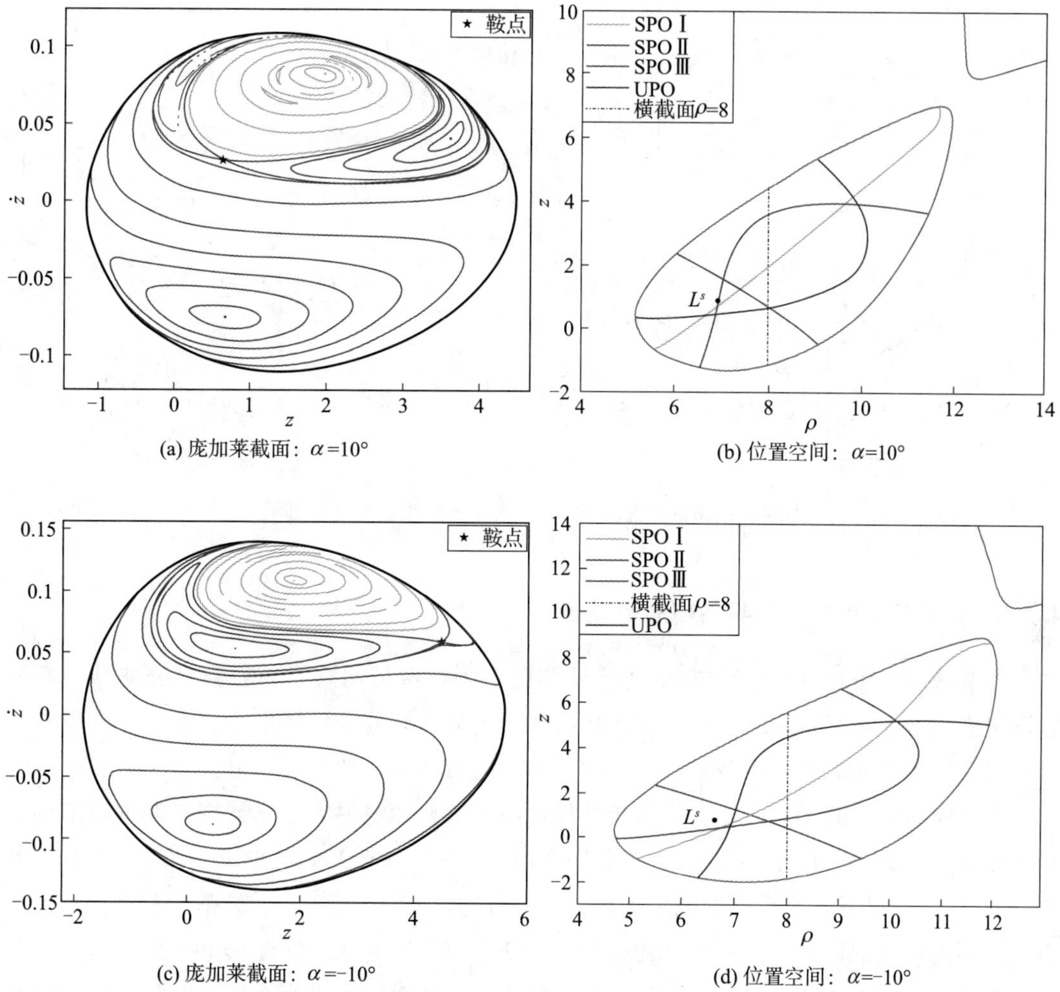

(a) 庞加莱截面：α=10°　(b) 位置空间：α=10°

(c) 庞加莱截面：α=−10°　(d) 位置空间：α=−10°

图 4-1　$\alpha \neq 0°$情况下 L^s 附近的有界轨道（见彩插）

但是，针对文献［64］中描述的 $\alpha = 0°$的特殊情况，Hill 区域中只存在两条稳定周期轨道 SPOⅠ和 SPOⅡ，这两条周期轨道是岛屿内运动的基本模式，任何拟周期轨道都兼有这两种运动模式。$\alpha = 0°$作为本章研究内容的特例，文献［64］中的相关结果也可在本章中得到进一步的佐证。图 4-2 展示了 $\alpha = 0°$情况下，L^s 附近的有界轨道分布。图像表明，庞加莱截面上存在两个中心和两个鞍点，对应于位置空间的两条稳定周期轨道和两条不稳定周期轨道。由于俯仰角为 0°的特殊性与临界性，$\alpha = 0°$的情况不仅继承了正俯仰角下的不稳定周期轨道，也继承了负俯仰角中的不稳定周期轨道。相比于非零俯仰角的情况，第三类稳定周期轨道 SPOⅢ转变成了另一条不稳定周期轨道 UPO。根据图 4-2 可以看出，庞加莱截面上的鞍点需要很小的计算步长才能确定，这也解释了为什么文献［64］中遗漏了这两条不稳定周期轨道。

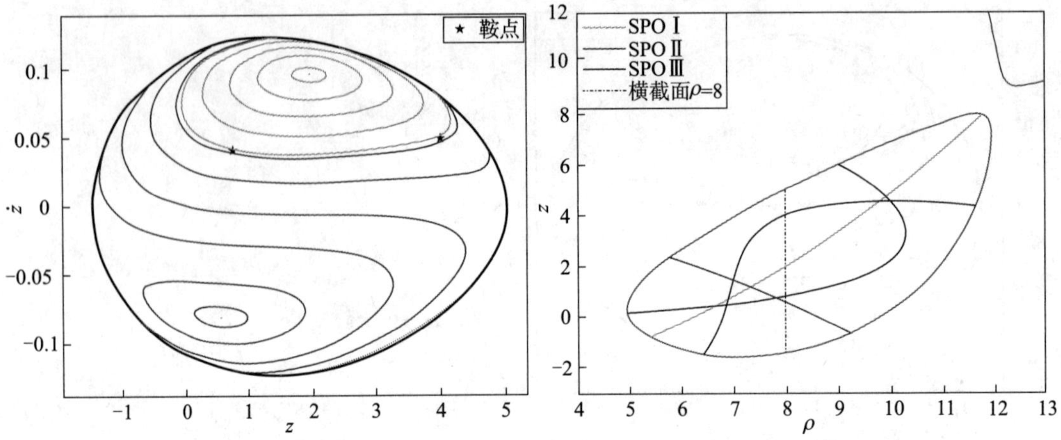

(a) 庞加莱截面：$\alpha=0°$　　(b) 位置空间：$\alpha=0°$

图 4-2　$\alpha=0°$情况下 L^s 附近的有界轨道（见彩插）

4.2.2　KAM 环破裂后的非共振有界轨道

能量增至大于$U(L^u)$后，岛屿与大陆相连，颈部区域出现，将导致部分非共振有界轨道张成的 KAM 环面发生破裂，轨道从内部区域穿越至外部区域的无穷远处。穿越行为已在 4.3 节中详细研究，本节只关注穿越行为发生后保留下的有界轨道。

和研究岛屿内的运动一样，这里仍然使用庞加莱截面映射方法来研究半岛内轨道的全局演化行为。为了对比分析，图 4-3 分别作出$\alpha=30°$，$\kappa=0.002\ 64$时，$E<U(L^u)$和$E>U(L^u)$情况下有界轨道的庞加莱截面（$\rho=7.5$，z，$\dot{\rho}>0$，$\dot{z}$）。基于鞍点，三块稳定域用不同颜色加以区分。通过对比发现，当$E>U(L^u)$时，只有 SPOⅠ稳定域内的部分轨道发生了 KAM 环破裂，由有界轨道转变为穿越轨道；而另两类稳定周期轨道 SPOⅡ和 SPOⅢ，及其稳定域内的拟周期轨道张成的 KAM 环保持不变，轨道始终有界，相比于 SPOⅠ表现出较强的稳定性。

4.2.3　共振周期轨道

另外值得一提的是，由于共振的出现，有界轨道的庞加莱截面上除不动点与闭合曲线之外，还会出现一系列“岛链”。为了清楚展示，图 4-4 放大了 SPOⅠ轨道附近的庞加莱映射结果，其中仿真参数为（$\rho=7.5$，z，$\dot{\rho}>0$，$\dot{z}$），$\alpha=30°$，$\kappa=0.002\ 64$。环绕中心，有非常明显的蓝色“☆”号表示的 2 周期岛链，红色“*”号表示的 3 周期岛链，以及黑点“•”表示的 4 周期岛链。每一组岛链对应唯一一条共振周期轨道，共振周期与岛链数目相关。

图 4-5 展示了岛链数目较少的共振周期轨道，其中第一列是$E<U(L^u)$时，庞加莱截面（$\rho=7.5$，z，$\dot{\rho}>0$，$\dot{z}$）上岛链的局部放大图（$E>U(L^u)$时的岛链和$E<U(L^u)$情况下的相同），岛链如图中黑点所示，第二列和第三列是不同能量下对应的位置空间中

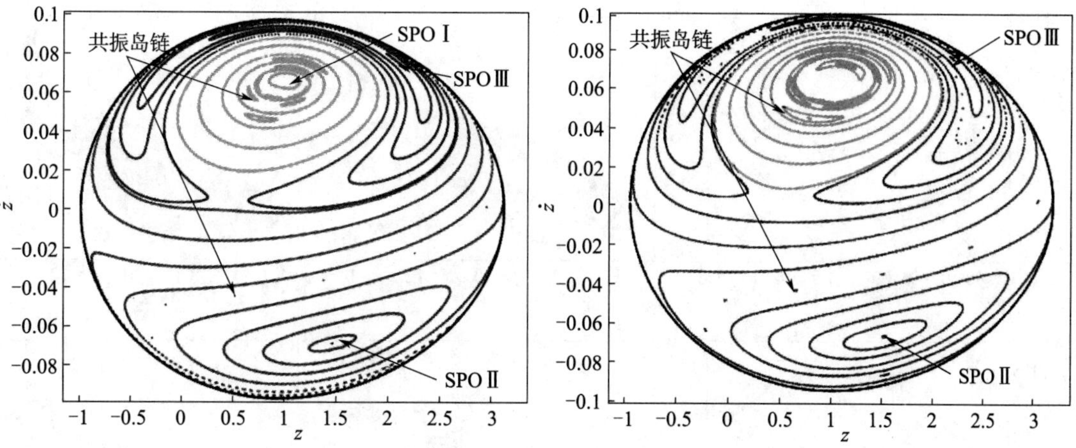

(a) $E<U(L^u)$　　(b) $E>U(L^u)$

图 4-3　庞加莱截面中的有界轨道（见彩插）

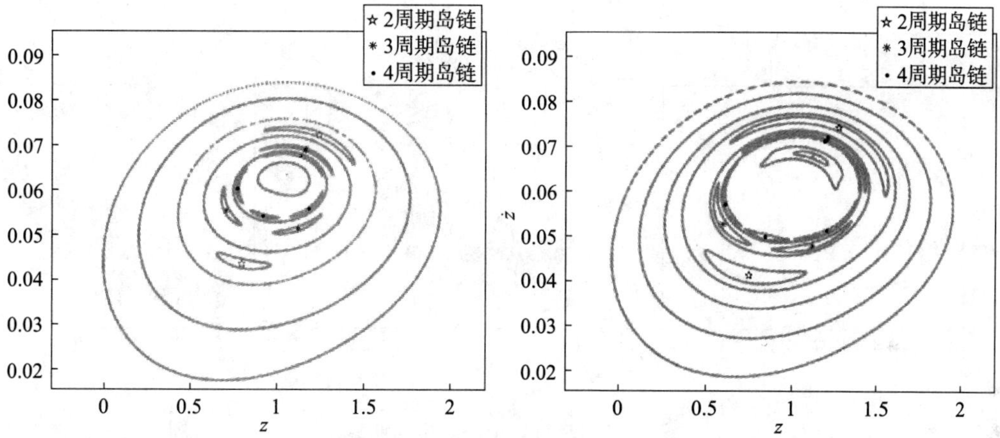

(a) $E=-0.081\ 21(E<U(L^u))$　　(b) $E=-0.081\ 18(E>U(L^u))$

图 4-4　SPO Ⅰ 附近庞加莱截面的局部放大图（见彩插）

的共振周期轨道，前者 $E=-0.081\ 21<U(L^u)$，后者 $E=-0.081\ 18>U(L^u)$。岛链数目较少的共振周期轨道对初值不敏感，稳定性强，易于保持其周期特性。

除了岛链数目较少的共振轨道之外，还存在岛链数目众多的共振轨道。图 4-6 从庞加莱截面 ($\rho=7.5$，z，$\dot{\rho}>0$，$\dot{z}$) 和位置空间展示了几个例子，仿真中动力系统的参数为 $\kappa=0.002\ 64$，$\alpha=30°$，$E=-0.081\ 18$。与图 4-5 情况不同的是，随着岛链数目的增加，每个共振岛屿附近很难形成一个闭合的曲线，很明显，岛链数目较多的共振周期轨道对初值很敏感，很难保持其周期特性。

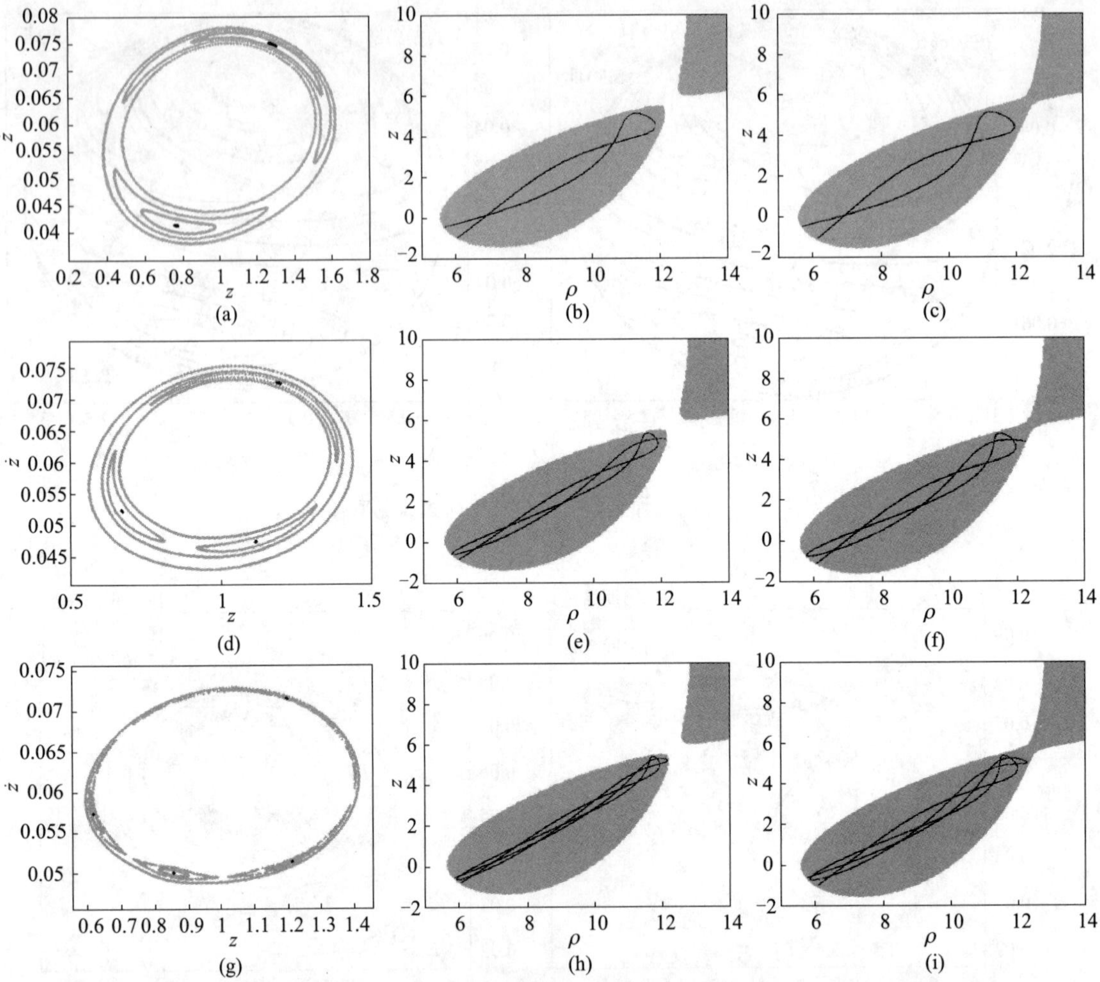

图 4－5　岛链数目较少的共振周期轨道放大图

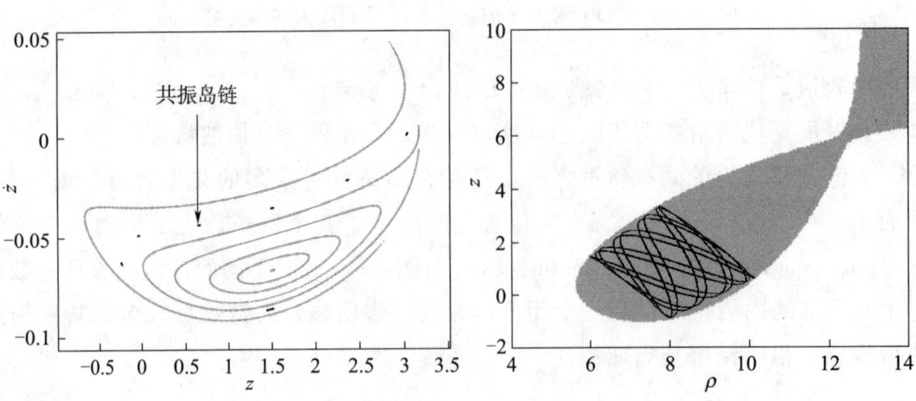

图 4－6　岛链数目较多的共振周期轨道放大图

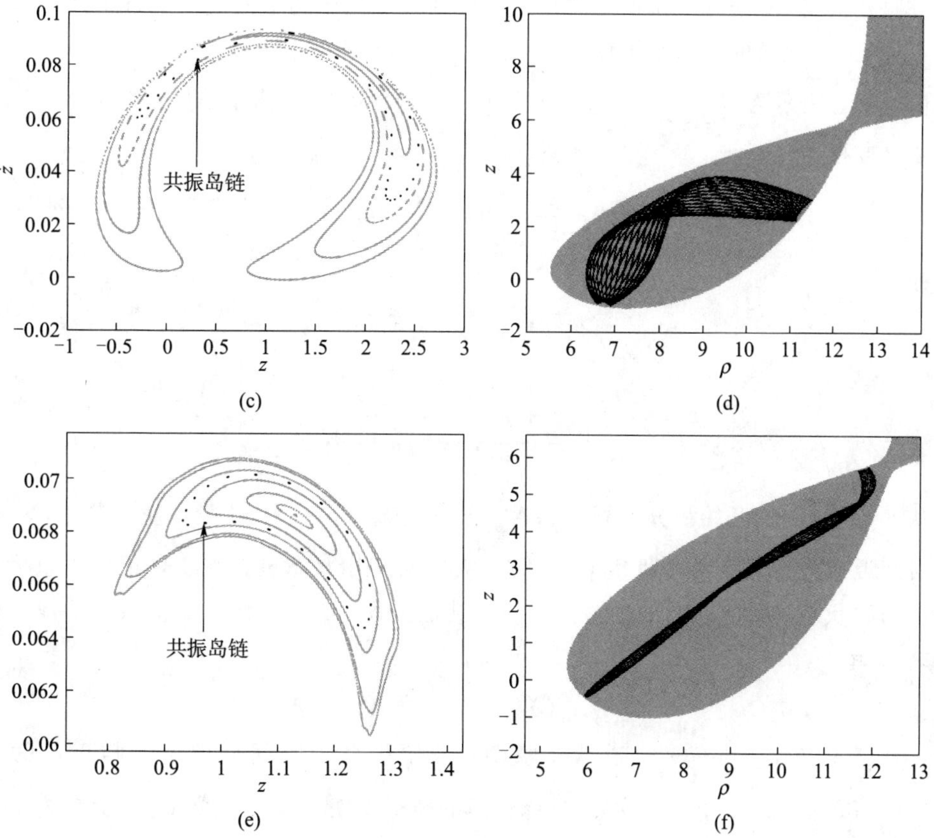

图 4－6　岛链数目较多的共振周期轨道放大图（续）

4.3　颈部区域的稳定性与穿越性

基于轨道的不同特性，任意推力方向下，两个平衡点附近的所有轨道可以划分为四大类[64]，如图 3－11 所示。

1）Lyapunov 轨道（黑线）；

2）稳定/不稳定流形（绿线），该类轨道渐近于 Lyapunov 轨道；

3）非穿越轨道（蓝线），该类轨道永久停留在内部或外部区域；

4）穿越轨道（红线），该类轨道只在有限的时间内停留在内部区域，然后将穿过 Lyapunov 轨道，到达外部区域的无穷远处。

4.3.1　Lyapunov 轨道及其不变流形

根据 Lyapunov 中心定理[111]，在双曲型平衡点附近将衍生出一族单参数周期轨道，称之为 Lyapunov 轨道。由于动力系统（2－15）中不存在科氏项，Lyapunov 轨道在位形空间上的投影只可能是有限长度的曲线而不是闭合轨道[115]。

在积分生成 Lyapunov 轨道之前，需要得到一个关于初值的良好的近似值。这里给出生成 Lyapunov 轨道的微分修正算法[104]，构造细节如下：

初始状态表示为 $\boldsymbol{X}_0=[\rho_0 \quad z_0 \quad 0 \quad 0]^{\mathrm{T}}$，周期为 T_0。修正小量 $\delta\rho_0$，$\delta\dot{\rho}_0$ 和 $\delta\dot{z}_0$ 满足能量守恒方程

$$\dot{\rho}_0\delta\dot{\rho}_0+\dot{z}_0\delta\dot{z}_0+\frac{\partial U_0}{\partial\rho_0}\delta\rho_0=0 \tag{4-3}$$

简写为

$$\delta\dot{z}_0=C_1\delta\rho_0+C_2\delta\dot{\rho}_0 \tag{4-4}$$

其中

$$C_1=\frac{1}{\dot{z}_0}\left(\frac{h_z^2}{\rho_0^3}-\frac{\rho_0}{r_0^3}+\kappa\sin\alpha\right),C_2=-\frac{\dot{\rho}_0}{\dot{z}_0} \tag{4-5}$$

从初始状态 $\boldsymbol{X}_0$ 开始积分，到状态 $\boldsymbol{X}_f=\left[\rho_f \quad z_f \quad \dot{\rho}_f \quad \dot{z}_f\right]^{\mathrm{T}}$ 处终止，其中，$z_f=z_0$，积分时间近似为一个轨道周期 T_0。此时，需要对初始状态进行修正，记修正量为 $\delta\boldsymbol{X}_0$，以缩小初始状态与终值状态间的差值，使之满足公式（4-6）的等式关系，形成一条闭合周期轨道

$$\boldsymbol{\varphi}_{T_0+\delta T_0}(\boldsymbol{X}_0+\delta\boldsymbol{X}_0)=\boldsymbol{X}_0+\delta\boldsymbol{X}_0 \tag{4-6}$$

其中，$\boldsymbol{\varphi}_t(\boldsymbol{X})$ 是 Lyapunov 轨道从初值 $\boldsymbol{X}_0$ 开始积分 t 时间后的解，修正量为 $\delta\boldsymbol{X}_0=\left[\delta\rho_0 \quad 0 \quad \delta\dot{\rho}_0 \quad \delta\dot{z}_0\right]^{\mathrm{T}}$，$T_0+\delta T_0$ 是修正后的轨道周期。展开公式（4-6）的左侧得到一阶解析解为

$$\boldsymbol{\varphi}_{T_0+\delta T_0}(\boldsymbol{X}_0+\delta\boldsymbol{X}_0)-\boldsymbol{\varphi}_{T_0}(\boldsymbol{X}_0)=\boldsymbol{M}_{T_0}\delta\boldsymbol{X}_0+\left.\frac{\partial\boldsymbol{\varphi}}{\partial t}\right|_{\boldsymbol{X}_0}\delta T_0 \tag{4-7}$$

其中，$\boldsymbol{M}_{T_0}=\dfrac{\partial\boldsymbol{\varphi}_{T_0}}{\partial\boldsymbol{X}_0}$ 是非线性动力方程在初始状态 $\boldsymbol{X}_0$ 处的状态转移矩阵。

结合式（4-6）和式（4-7）推导出下面的等式关系

$$\begin{bmatrix}\rho_0+\delta\rho_0-\rho_f\\0\\\dot{\rho}_0+\delta\dot{\rho}_0-\dot{\rho}_f\\\dot{z}_0+C_1\delta\rho_0+C_2\delta\dot{\rho}_0-\dot{z}_f\end{bmatrix}=\boldsymbol{M}_{T_0}\begin{bmatrix}\delta\rho_0\\0\\\delta\dot{\rho}_0\\C_1\delta\rho_0+C_2\delta\dot{\rho}_0\end{bmatrix}+\begin{bmatrix}\dot{\rho}\\\dot{z}\\\ddot{\rho}\\\ddot{z}\end{bmatrix}\delta T_0 \tag{4-8}$$

其中，C_1 和 C_2 的计算公式见式（4-5），由哈密顿系统能量守恒求得，定义矩阵 $\boldsymbol{Z}$ 为

$$\boldsymbol{Z}=\begin{bmatrix}M_{T_0 11}-1 & M_{T_0 13} & M_{T_0 14} & \dot{\rho}\\M_{T_0 31} & M_{T_0 33}-1 & M_{T_0 34} & \ddot{\rho}\\M_{T_0 41} & M_{T_0 43} & M_{T_0 44}-1 & \ddot{z}\end{bmatrix}\cdot\begin{bmatrix}1 & 0 & 0\\0 & 1 & 0\\C_1 & C_2 & 0\\0 & 0 & 1\end{bmatrix} \tag{4-9}$$

其中，$M_{T_0 ij}$ 是矩阵 $\boldsymbol{M}_{T_0}$ 的元素。继而可得到修正量 $\delta\boldsymbol{X}_0$ 的求解公式为

$$\begin{bmatrix}\delta\rho_0\\ \delta\dot{\rho}_0\\ \delta T_0\end{bmatrix}=\boldsymbol{Z}^{-1}\cdot\begin{bmatrix}\rho_0-\rho_f\\ \dot{\rho}_0-\dot{\rho}_f\\ \dot{z}_0-\dot{z}_f\end{bmatrix}\tag{4-10}$$

由于从式（4-10）中得到的修正量 $\delta\boldsymbol{X}_0$ 仍然是一阶近似解，需要迭代算法来修正周期轨道的初值。数值仿真结果表明 5～9 次的迭代修正较为合适。

根据衍生源双曲型平衡点的双曲特性，Lyapunov 轨道具有不稳定性。由双曲轨迹的不变流形定理，可知双曲周期轨道存在渐近趋近的稳定流形和渐近远离的不稳定流形，其数值计算方法如下[118]：

对 Lyapunov 轨道上任意一点 $\boldsymbol{X}^L$，不稳定流形 $\boldsymbol{W}^{s+}$ 趋于 $\boldsymbol{X}^L$ 的渐近行为，可由 $\boldsymbol{X}^L$ 点处状态转移矩阵的不稳定特征向量 $\boldsymbol{Q}^{s+}$ 做一阶描述。不稳定流形可由负向的数值积分实现，积分初始状态可取为

$$\boldsymbol{X}^{s+}=\boldsymbol{X}^L+d\cdot\boldsymbol{Q}^{s+}\tag{4-11}$$

其中，d 是 $\boldsymbol{Q}^{s+}$ 方向上不稳定流形和 Lyapunov 轨道之间的估计距离。d 的取值要足够小，以避免线性近似的失真；但取值又不能太小，以免因不变流形的渐近本质造成积分时间的无限延长，参考文献［64］，d 值取为 10^{-2}。

图 4-7 展示了 $\alpha=30°$ 情况下的 Hill 区域，黑色实线为 Lyapunov 轨道，绿色轨迹为稳定流形，黄色轨迹为不稳定流形。与 α 取值无关，Lyapunov 轨道始终将 Hill 区域划分为两部分，作为分界线将内部区域的非穿越轨道和外部区域的非穿越轨道分隔开，若某条轨道越过了 Lyapunov 轨道，则定义为穿越轨道。由文献［64］可知，$\alpha=0°$ 情况下，Lyapunov 轨道在内部区域的不变流形是有界的闭集，可作为区分穿越与非穿越轨道的临界条件，所有的穿越轨道都局限在不变流形的管道之内。但是 $\alpha\neq0°$ 的情况相对复杂，不变流形与穿越与否的关系将在下节详细讨论。

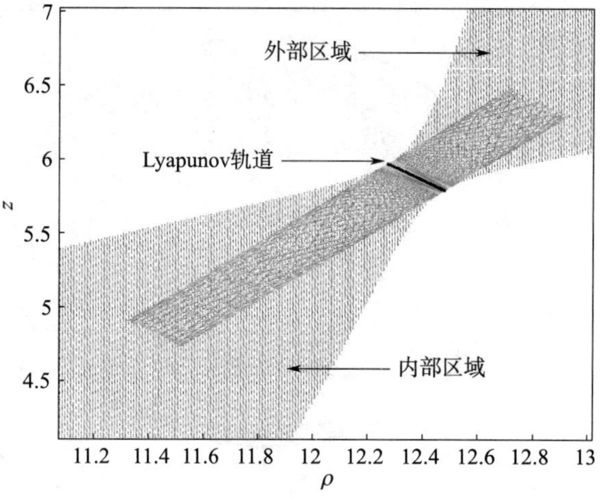

图 4-7　位置空间中，双曲型平衡点的 Lyapunov 轨道和不变流形（见彩插）

4.3.2 不变流形与穿越区域的关系

根据穿越轨道的定义，可以通过检查长时间积分后，轨道是否至少有一次穿过拟合Lyapunov轨道所定义的横截面，来对双曲型平衡点附近的所有轨道进行分类。在庞加莱截面中，用不同颜色对穿越轨道与非穿越轨道加以区分。图4－8给出了两类轨道与庞加莱截面（$\rho=8$，z，$\dot{\rho}>0$，$\dot{z}$）相交的结果，其中穿越轨道的交点以黄点绘制，命名为穿越区域（Transition Region），穿越区域中的任意点都唯一地定义了一条穿越轨道；非穿越轨道的交点以绿点绘制，命名为非穿越区域（Non－Transition Region），非穿越区域中的任意一条闭合曲线也唯一地定义了一条非穿越轨道；式（4－2）定义的庞加莱截面边界用黑色曲线绘制。特别地，在图4－8（a）中，有一个小的绿色非穿越区域，标记为S. N. R，被黄色穿越区域包围，S. N. R区域将在4.3.3节中进行详细的研究。

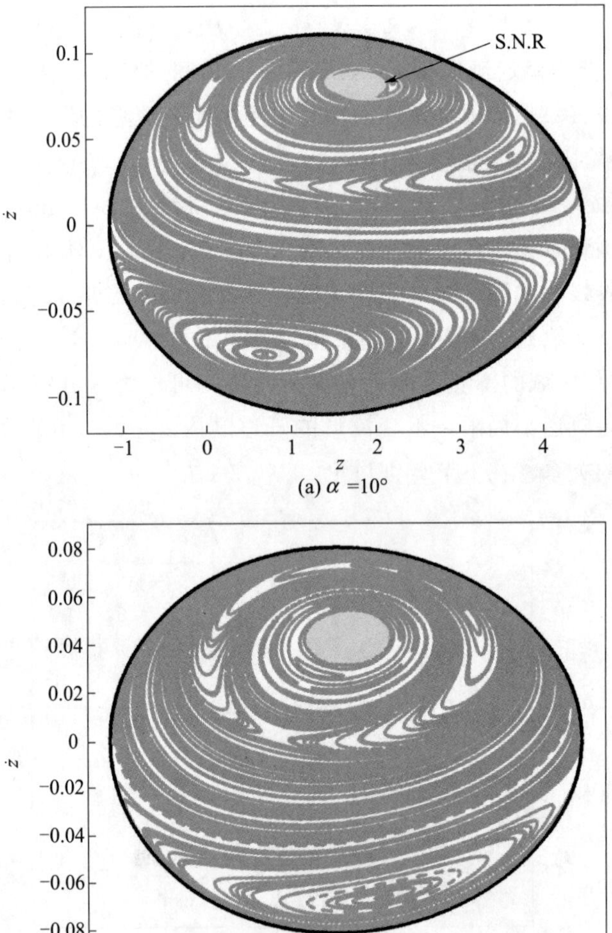

(a) α =10°

(b) α =50°

图4－8　庞加莱截面中穿越轨道与非穿越轨道的分类（见彩插）

为探究非零 α 下 Lyapunov 轨道的不变流形与穿越轨道之间的关系，作者在较长的积分时间内计算相同横截面中不变流形的庞加莱截面（$\rho=8$，z，$\dot{\rho}>0$，$\dot{z}$），结果如图 4－9 所示。图 4－9 中的蓝色圆圈表示稳定和不稳定流形第一次从左到右横切该截面的交点，并标有数字“1”。同样地，代表第二次交点的黄色曲线标为“2”；黑色曲线标记为“3”，紫色和棕色曲线（如果存在）分别标记为“4”和“5”。庞加莱截面中的红点表示不变流形的混沌行为。此外，外围的绿色曲线 S1 表示穿越轨道的外边界，而内部的绿色曲线 S2 不仅是穿越轨道的内边界，也是非穿越区域 S. N. R 的边界。与始终存在的 S1 不同，S2 仅在某些情况下出现。因此，由 S1 和 S2（如果存在的话）限制的连通区域为穿越区域，而由 S2（如果存在的话）限制的单连通区域为非穿越区域，即 S. N. R。根据图 4－9，可总结出关于不变流形与穿越区域彼此联系的两个要点，具体如下：

1）内部区域中所有不变流形均可穿越到外部区域，因为不变流形的第一个交点位于穿越区域中；

2）积分时间足够长后，流形在庞加莱截面上的投影边界与穿越区域的边界非常吻合，仍然可以认为所有的穿越轨道都被限制在不变流形的内部。

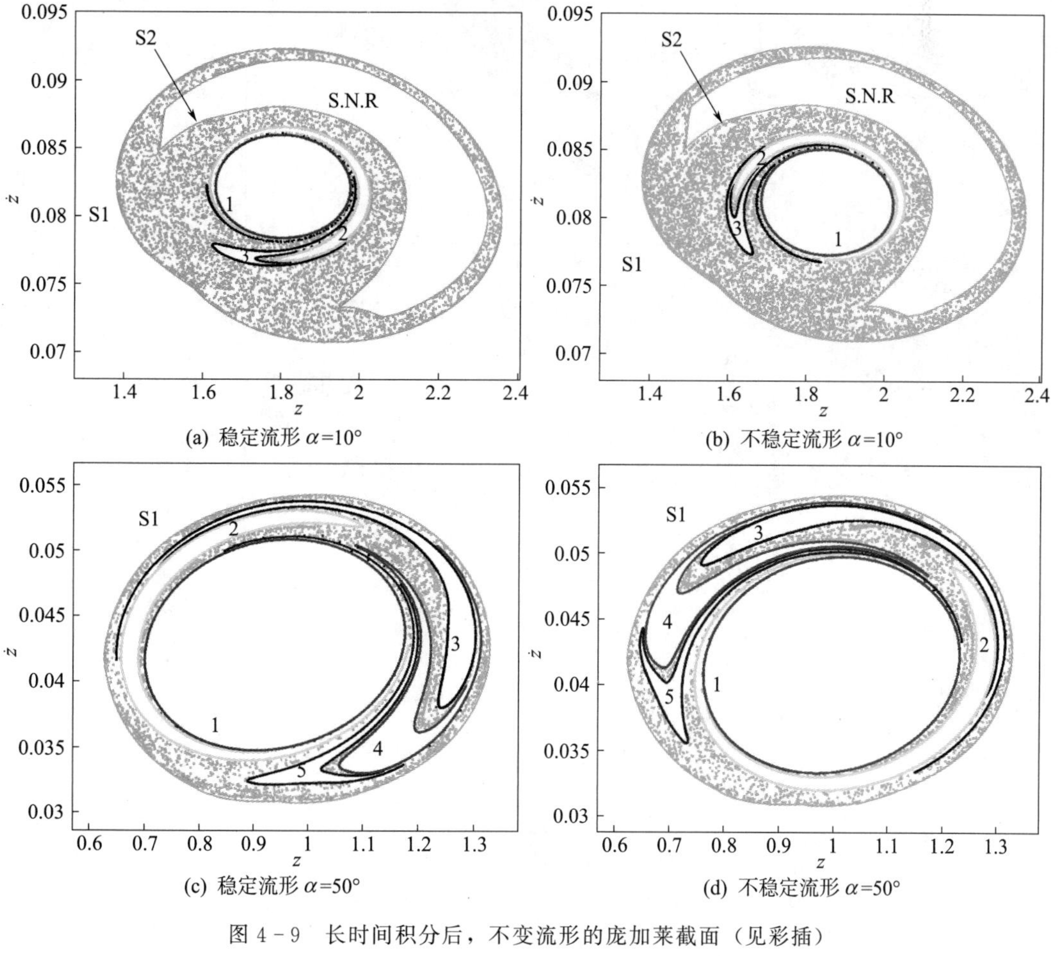

(a) 稳定流形 α=10°　(b) 不稳定流形 α=10°

(c) 稳定流形 α=50°　(d) 不稳定流形 α=50°

图 4－9　长时间积分后，不变流形的庞加莱截面（见彩插）

为更直观地显示非零俯仰角下不变流形的不同，重绘了 $\alpha=0°$时的 Lyapunov 轨道不变流形，如图 4-10 所示，其中动力系统的参数为 $\kappa=1.054\ 5\times10^{-4}$，$h_z=6.628\ 5$，$E=-0.011\ 934$[64]。位置空间中的稳定流形（图 4-10（a）中的绿色管道）和不稳定流形（黄色管道）彼此互为同宿轨道。因此，稳定流形的庞加莱截面（图 4-10（b）中的红色实线）与不稳定流形的（黑色虚线）重合，其内部为穿越区域，外部为非穿越区域。与不变流形在 $\alpha=0°$情况下区分穿越和非穿越轨道的作用相比，$\alpha\neq0°$的情况存在两个显著差异：首先，不同于唯一的相交，当轨迹的积分时间足够长时，$\alpha\neq0°$时的不变流形可以两次甚至多次穿过设定的横截面。因此，庞加莱截面中的不变流形从 $\alpha=0°$时出现的唯一闭合曲线分叉到图 4-9 中的红色混沌现象。其次，对于某些取值的俯仰角下，在不变流形的庞加莱截面中还会存在一个小的非穿越区域，即 S. N. R 区域。

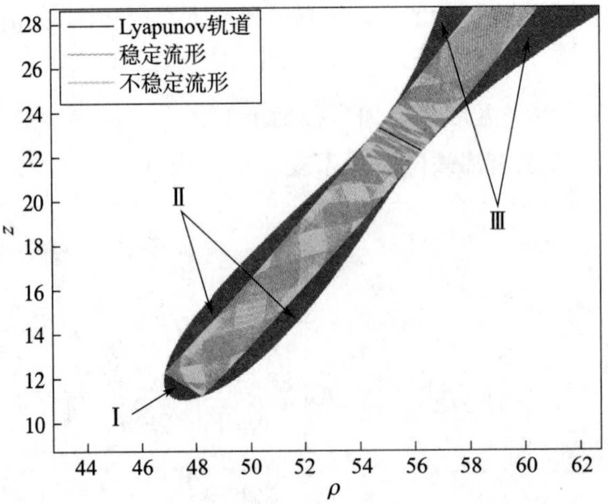

(a) 穿越与非穿越轨道在(ρ, z)空间的可达位置

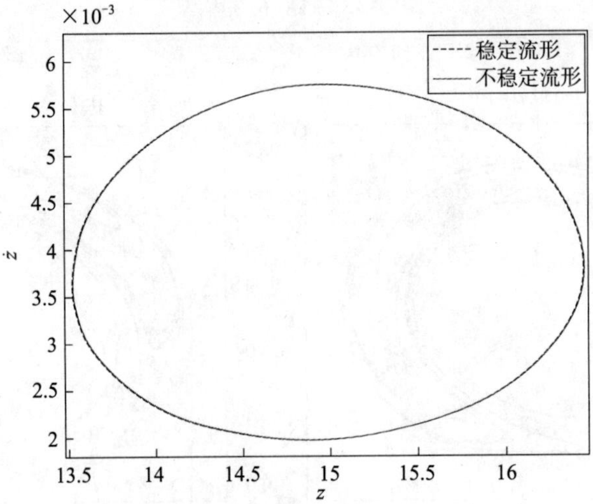

(b) 不变流形的庞加莱截面($\rho=50$，z，$\dot{\rho}>0$，$\dot{z}$)

图 4-10　$\alpha=0°$时 Lyapunov 轨道的不变流形（见彩插）

4.3.3 穿越与非穿越轨道的可及位置

由于所有穿越轨道都被限制在不变流形内部，而在等能量面上，穿越轨道与不变流形均是三维的，三维不变流形投影到位速空间庞加莱截面上的映射结果，以及其投影到位置空间 Hill 区域中的映射结果，均可以用来区分穿越与非穿越轨道。

因此，参考文献［64］中提出的基于轨道可达位置的穿越判据在 $\alpha \neq 0°$ 的情况下仍然适用，并可进一步延伸至对应的位速空间中。除了不变流形之外，$\mathfrak{R}$ 中的其他区域根据是否被穿越轨道或非穿越轨道可达，分为三块，分别命名为：Ⅰ区（Area Ⅰ），Ⅱ区（Area Ⅱ）和Ⅲ区（Area Ⅲ）。其中Ⅰ区内的点都位于穿越轨道上，且所有的穿越轨道都会通过Ⅰ区；Ⅱ区和Ⅲ区分别是内部区域和外部区域中所有的非穿越轨道可达区域，这意味着Ⅱ区和Ⅲ区内的点都位于非穿越轨道上，且内部区域或外部区域所有的非穿越轨道都分别会通过Ⅱ区或者Ⅲ区。因此为了充分研究这些三维区域，下文分别从 (ρ, z) 空间和 $(z, \dot{z})$ 空间两个场景来讨论Ⅰ、Ⅱ和Ⅲ区的存在性以及其中的穿越与非穿越行为。

在 (ρ, z) 位置空间中，Ⅰ区、Ⅱ区和Ⅲ区通过流形和零速度曲线的交点（即流形中的零速度点）彼此分隔。三个区域在零和非零俯仰角情况下的划分分别展示于图 4－10(a) 和图 4－11 中，其中图 4－11 中的红色管道表示不变流形，蓝色轨迹为周期轨道。相同的是，Ⅰ区出现在半岛的底部，Ⅱ区和Ⅲ区分别出现在内部区域和外部区域中不变流形的两侧。不同地，对于某些特殊的非零 α 值，每一侧的Ⅱ区都被不变流形中的额外零速度点分成两部分，分别称为次Ⅱ区和主Ⅱ区。当 α 为正（或负）时，左侧的Ⅱ区被拆分成主Ⅱ区和上部（或下部）的次Ⅱ区，右侧区域Ⅱ被拆分成主Ⅱ区和下部的（或上部）次Ⅱ区。

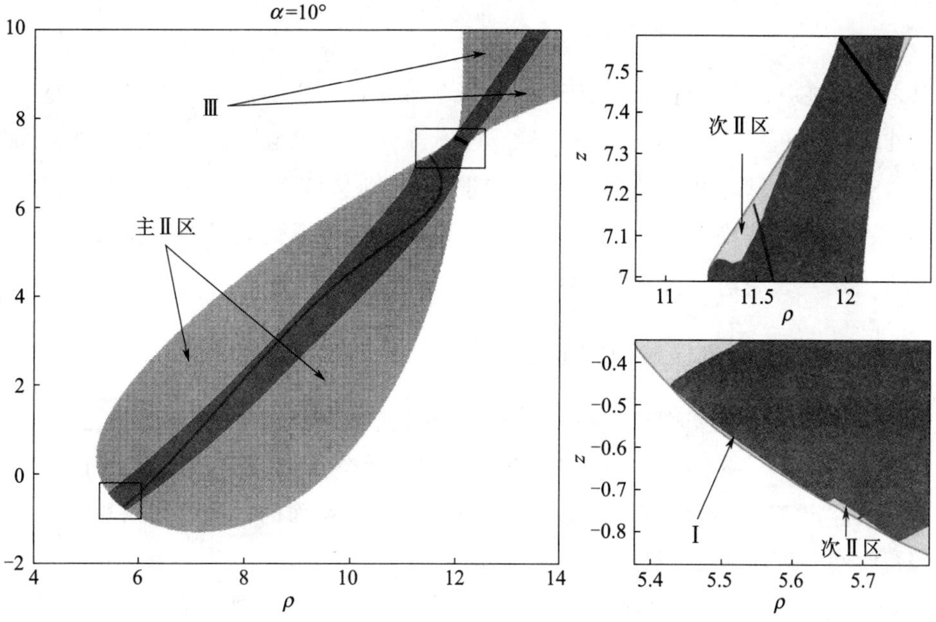

图 4－11 穿越与非穿越轨道在位置空间的可及位置（见彩插）

考虑到能量表面，由穿越轨道和非穿越轨道组成的流形都是三维的。需要强调的是，该三维流形投影到 (ρ, z) 空间中分别显示为Ⅰ区、主Ⅱ区和次Ⅱ区（如果存在），相应地投影到空间上显示为穿越区域、主非穿越区域和次非穿越区域 S. N. R（如果存在）。

根据次非穿越区域 S. N. R 中的不动点，位置空间中必然存在一条在到达次Ⅱ区的周期轨道，如图 4－11 中的蓝色轨迹所示。本章遍历了（$-90°$, $90°$）区间内的 α 值来研究 S. N. R 和次Ⅱ区随 α 的演变，结论如图 4－12 所示。为了减少计算负担，角度 α 的取值步长为 1°，因此在下面仿真中仅考虑 α 值为整数的情况。图 4－13 展示了次Ⅱ区在 (ρ, z) 空间中随 α 值增加的变化，并放大上部和下部的次Ⅱ区以提高可视化，图中浅绿色区域为 Hill 区域，红色管道为不变流形，黑色直线为 Lyapunov 轨道，蓝色曲线为周期轨道。当 α 在 $[-27°,-7°]\cup[8°,33°]$ 区间内，位置空间中出现次Ⅱ区，对应的 (z, $\dot{z}$) 空间中出现 S. N. R 区域，周期轨道到达次Ⅱ区，S. N. R 的演变可以通过图 4－14 中的庞加莱截面加以检验，截面为 ($\rho=7.5$, z, $\dot{\rho}>0$, $\dot{z}$) 。本质上，被穿越区域包围的 S. N. R 是岛屿与大陆连通后，SPOⅠ周期轨道附近保留下来的未破裂的 KAM 环面的庞加莱映射，而到达次Ⅱ区的周期轨迹由于其形状与 SPOⅠ周期轨道相似，因此可以推断出这条周期轨道就是保存下来的 SPOⅠ。当 α 属于 $(-90°,-28°]\cup[-6°,7°]\cup[34°,90°)$ 时，次Ⅱ区和 S. N. R 消失，这意味着 SPOⅠ及其附近的拟周期轨道张成的 KAM 环均发生破裂，变成了穿越轨道。当然，对于特定任务，可以缩小 α 取值的步长，以找到上述演化节点更准确的数值。

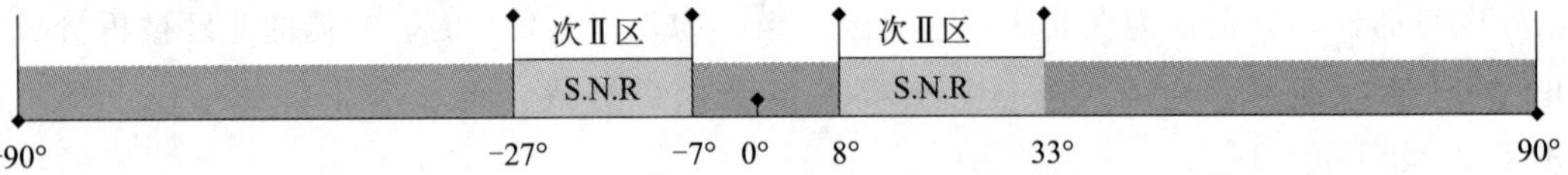

图 4－12　S. N. R 和次Ⅱ区随俯仰角的演化

总之，轨迹中存在位置坐标处于Ⅰ区（Ⅱ区或Ⅲ区）中的点是穿越（非穿越）的充分必要条件。确定单个点 (ρ_0, z_0, $\dot{\rho}_0$, $\dot{z}_0$) 可不可以生成穿越轨道的算法如下：如果位置 (ρ_0, z_0) 位于 Hill 区域中的Ⅰ区（或Ⅱ和Ⅲ区），则从该点积分的轨道一定穿越（不穿越）；如果该点位于其他区域，则可在 $\rho=\rho_0$ 平面上绘制不变流形的庞加莱截面，以检查 (z_0, $\dot{z}_0$) 是否在其映射的内部，在内部则穿越，否则不穿越。

4.3.4　穿越轨道在内部区域的停留时间

为了进一步探究穿越区域的性质，本节集中研究轨道穿越的快慢问题。穿越速度可通过两种方式来衡量，一个是停留时间，定义为穿越轨道处于内部区域的积分时间，另一个是反复次数，定义为穿越轨道定向穿过内部区域某一横截面的次数。很明显，反复次数越少，停留时间越短，穿越速度越快。

从 (z, $\dot{z}$) 空间来看，穿越区域中的每个点都可复原成四维状态 (ρ, z, $\dot{\rho}$, $\dot{z}$) ，然后向前和向后积分，获得一条完整的穿越轨道。图 4－15 以 $\alpha=50°$的穿越区域为例展示不

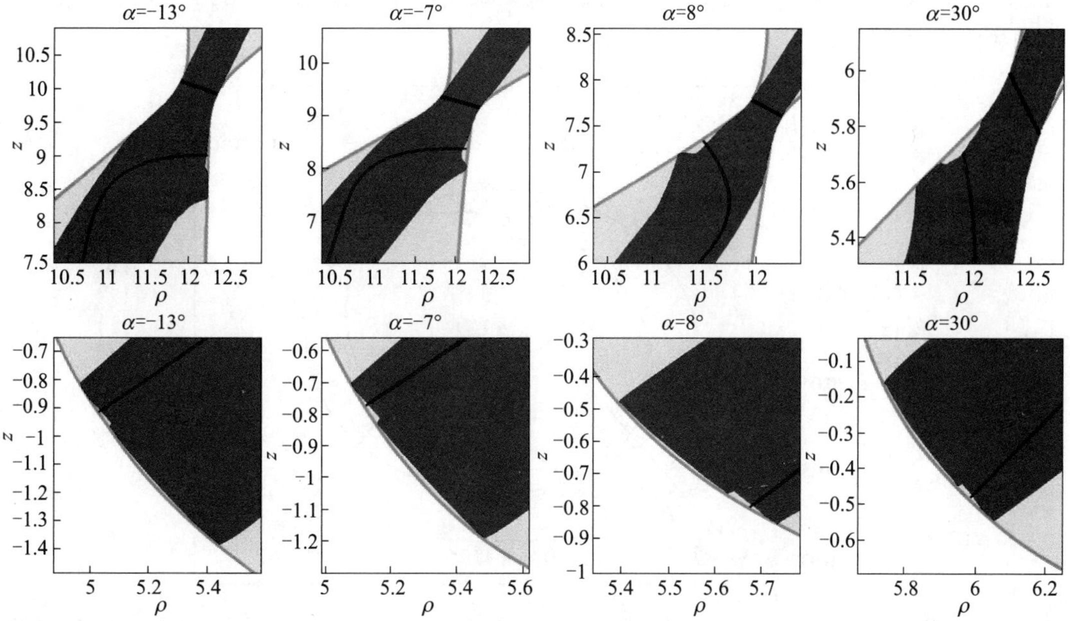

图 4-13　周期轨道和次Ⅱ区在位置空间中的演化（见彩插）

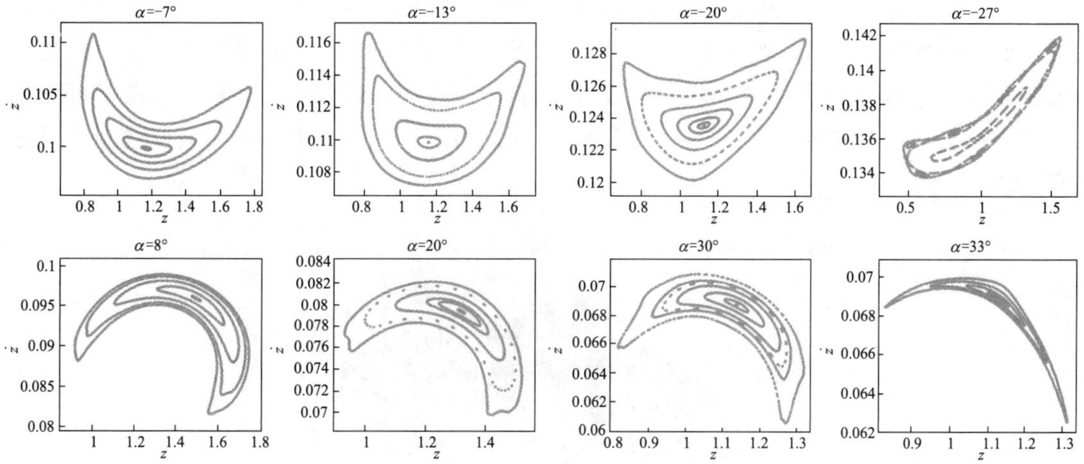

图 4-14　非穿越区域 S. N. R 在庞加莱截面中的演化

同穿越轨道的穿越速度。图中，绿色曲线表示庞加莱截面 ($\rho=8$，z，$\dot{\rho}>0$，$\dot{z}$) 中穿越区域的边界，蓝色和黑色曲线分别为不稳定流形和稳定流形与截面 $\rho=8$ 第一次相交的交线。正如前文所述，如果轨道的初始点在蓝色（或黑色）曲线以内，穿越轨道从初始点向前（或向后）积分，只能穿过截面 $\rho=8$ 一次，而若初始点在蓝色（或黑色）曲线之外，从该点向前（或向后）积分得到的穿越轨道将会穿过截面 $\rho=8$ 两次或更多次。综上，可分析出一条完整的周期轨道穿过截面 $\rho=8$ 的次数。根据反复次数（Crossing Times，CT），可将穿越区域划分成四部分：1 区至少穿过 3 次，2 区和 4 区至少穿过 2 次，3 区只穿过一次。很明显 3 区中的穿越轨道的反复次数最少，和其他三部分相比，轨道在内部区域中的停留时间最短。

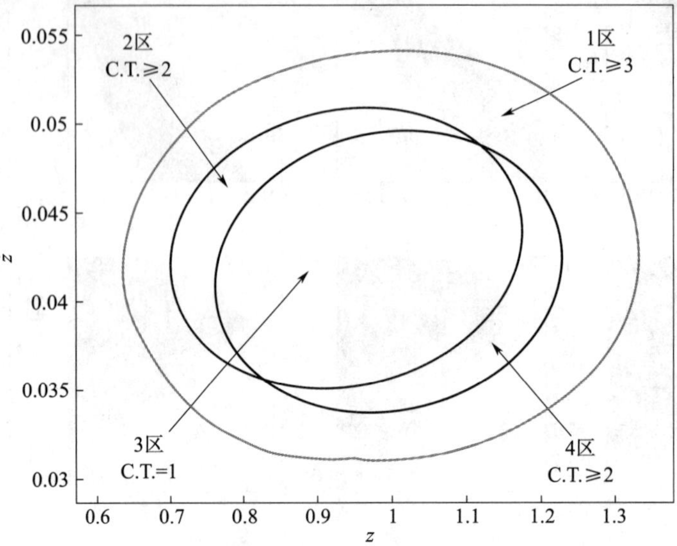

图 4-15　穿越区域根据反复次数划分为四部分（见彩插）

在反复次数划分的基础上，再计算 3 区中所有穿越轨道的停留时间，以找到穿越最快的轨道。停留时间的结果如图 4-16 所示，图中深蓝色区域的穿越时间最短，边界红色区域的穿越时间最长。图 4-16 表明穿越最快的轨道出现在 3 区的中心区域，该指标可作为参考，定义出穿越区域的中心。更重要的是，穿越时间最短的轨道可作为最优选择来设计穿越轨道。

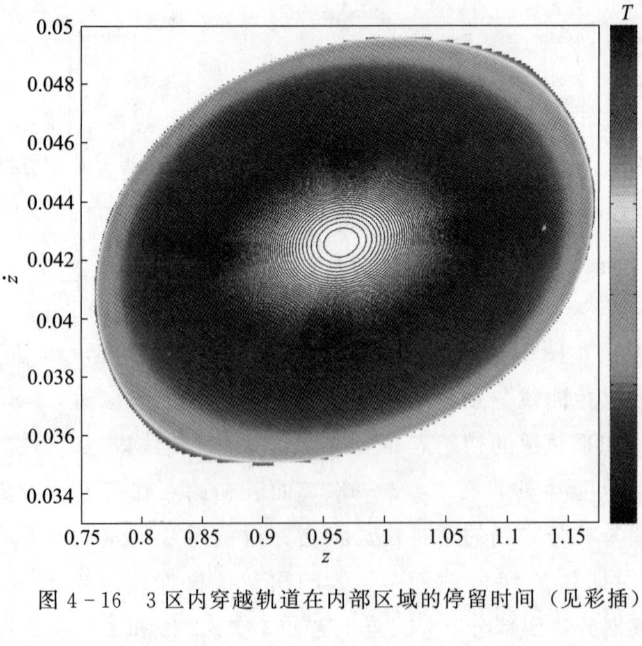

图 4-16　3 区内穿越轨道在内部区域的停留时间（见彩插）

4.4　基于推力俯仰角控制的悬浮轨道转移

4.4.1　KAM 环内的轨道转移

根据公式 (2-16)，角度 α 的大小会影响势能函数 U，α 越大，平衡点处的 U 越小。因此改变 α 可以作为一个有用的控制手段，实现非穿越轨道间的轨道转移。

首先，给出统一能量下，Hill 区域随角度 α 的变化关系。图 4-17 展示了能量固定 $E=-0.061\,82$，两个不同 α 角度下的 Hill 区域，其中绿色区域为 $\alpha=-20°$时的 Hill 区域，紫色区域为 $\alpha=-10°$时的 Hill 区域。该图表明在相同的系统能量下，角度 α 越大，Hill 区域越小，这表明角度 α 可以作为一个控制变量，来调节 Hill 区域，即位置空间可行域的大小。更进一步，当能量和位置均相同时，α 角度变化会导致速度发生变化，继而轨道的走向也会改变，能够实现不同轨道之间的转移。图 4-17 的示例表明，通过将 α 角度从$-10°$变为$-20°$，且调整速度，红线表示的 SPOⅡ周期轨道可在交点处转移到蓝线表示的 SPOⅠ周期轨道，改变轨道走向及可行域。

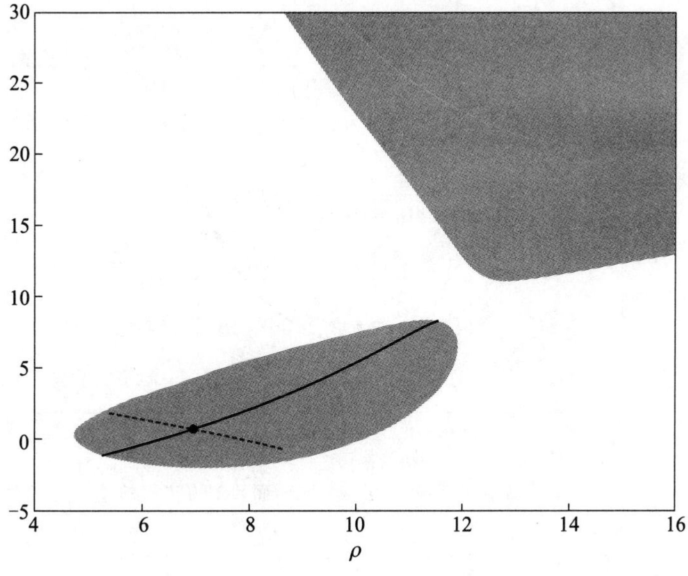

图 4-17　能量固定，两个不同 α 角度下的 Hill 区域（见彩插）

其次，除了上述方法，由 α 和 E 参数表征的 KAM 环面之间还可以通过庞加莱映射方法实现拼接，从而生成一系列新的拼接轨道。很明显，对一条拼接轨道而言，α 和 E 的值很难保持不变。具体实现不同段轨道拼接的方法如下：任意两个环面之间，如果存在交点，则在交点处改变参数 α 和 E 即可实现拼接；如果不存在交点，则需要中间轨道来连接上述两条不相交的轨道，将不相交的两段拼接问题转换为相交的多段拼接。原始轨道决定了初始能量，而在交点 $(\rho_m, z_m, \dot{\rho}_m, \dot{z}_m)$ 处，拼接轨道的能量由于角度 α 的增大和减小也发生了相应的变化，能量差值的计算公式为

$$\Delta E=-\kappa \cdot z_m \cdot (\cos\alpha_2-\cos\alpha_1)-\kappa \cdot \rho_m \cdot (\sin\alpha_2-\sin\alpha_1) \tag{4-12}$$

该能量差可通过改变推力方向来补偿。

举例说明，图 4-18 展示了如何使用庞加莱截面来实现 KAM 环面之间的转移，图中的四条有色曲线分别表示四条不同的 KAM 环在庞加莱截面 ($\rho=7.5$，z，$\dot{\rho}>0$，$\dot{z}$) 上的映射。$\alpha=5°$的环面 #1 和 $\alpha=-10°$的环面 #2 在 P_1 点处相交，能量差值为 $\Delta E=0.005\ 23$，即从环面 #1 转移到环面 #2 只需将角度 α 从 5°变化到−10°。同样，环面 #2 可以在 P_2 点处转移到环面 #3，接着在 P_3 点转移到环面 #4，每次的能量差为

$$\underset{(\alpha_1=5°)}{\text{环面 \#1}} \xrightarrow[(\Delta E=0.005\ 23)]{p_1} \underset{(\alpha_2=-10°)}{\text{环面 \#2}} \xrightarrow[(\Delta E=-0.006\ 88)]{p_2} \underset{(\alpha_3=10°)}{\text{环面 \#3}} \xrightarrow[(\Delta E=-0.005\ 233)]{p_3} \underset{(\alpha_4=22°)}{\text{环面 \#4}}$$

交点 P_1，P_2 和 P_3 给出了一个从环面 #1 到环面 #4 的候选转移路径，表明上述拼接算法可以有效地实现两条分离轨道之间的转移。

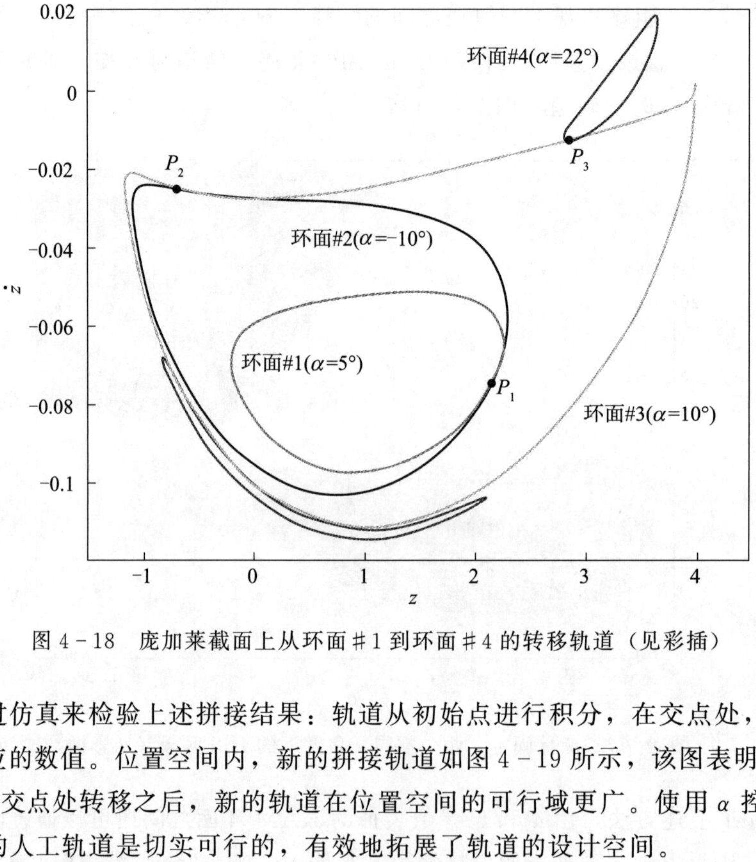

图 4-18　庞加莱截面上从环面 #1 到环面 #4 的转移轨道（见彩插）

下面通过仿真来检验上述拼接结果：轨道从初始点进行积分，在交点处，仅仅改变俯仰角 α 至相应的数值。位置空间内，新的拼接轨道如图 4-19 所示，该图表明经过在 P_1，P_2，P_3 三个交点处转移之后，新的轨道在位置空间的可行域更广。使用 α 控制将自然轨道拓展成新的人工轨道是切实可行的，有效地拓展了轨道的设计空间。

4.4.2　KAM 环外的轨道转移

除了在 KAM 环内进行转移之外，角度 α 也可用于实现穿越轨道与非穿越轨道之间的转移，因为从起始点开始积分的轨道的穿越性可以通过改变 α 来改变。同样，通过 α 控制实现 KAM 环外转移需要不同的能量。接下来，利用图 4-20 和图 4-21 来详细说明转移过程。

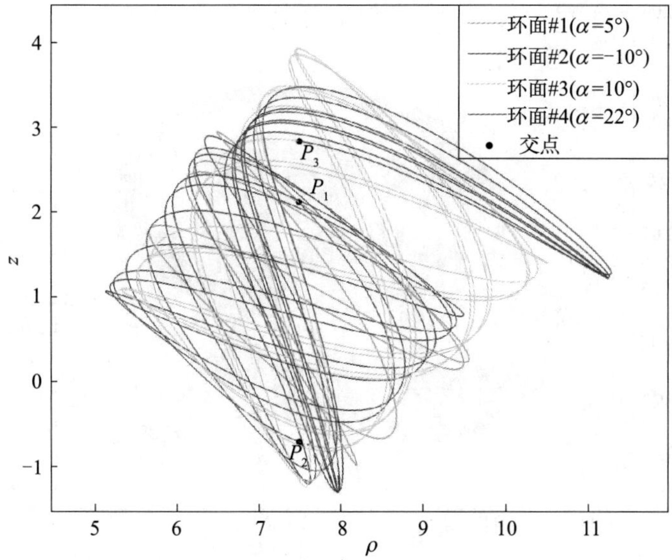

(a) (ρ, z)二维坐标系下的拼接轨道

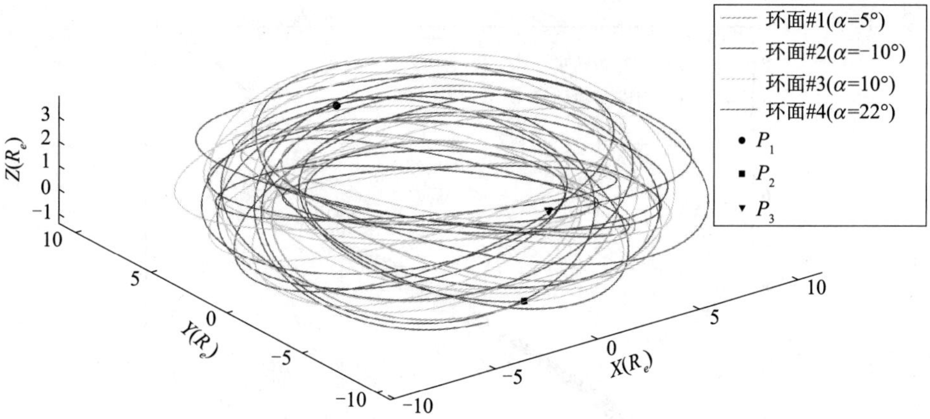

(b) (X,Y, Z)三维坐标系下的拼接轨道

图 4-19　位置空间内，环面＃1 到环面＃4 的轨道拼接（见彩插）

图 4-20 在同一个超平面中展示了 α 角度下的穿越区域，其中黄色区域表示 $\alpha=30°$下的穿越区域，$E=-0.081\ 177$，紫色区域表示 $\alpha=20°$下的穿越区域，$E=-0.077\ 27$。当 $\alpha=20°$时，点 A_1 在其穿越区域中，即从 A_1 点积分生成的轨道必然穿越。但是，当 α 变更为 30°时，点 A_1 不在其相应的穿越区域内，这会生成非穿越轨道。在图 4-21 的位置空间中清楚地绘出了从穿越轨道到非穿越轨道的转换，其中，蓝线表示 $\alpha=30°$下的非穿越轨道，红线表示 $\alpha=20°$下的穿越轨道。由于穿越区域随角度 α 变化，因此 α 可用作控制变量来控制轨道的穿越或非穿越，这对于镇定颈部附近的不稳定运动具有重要的应用价值。

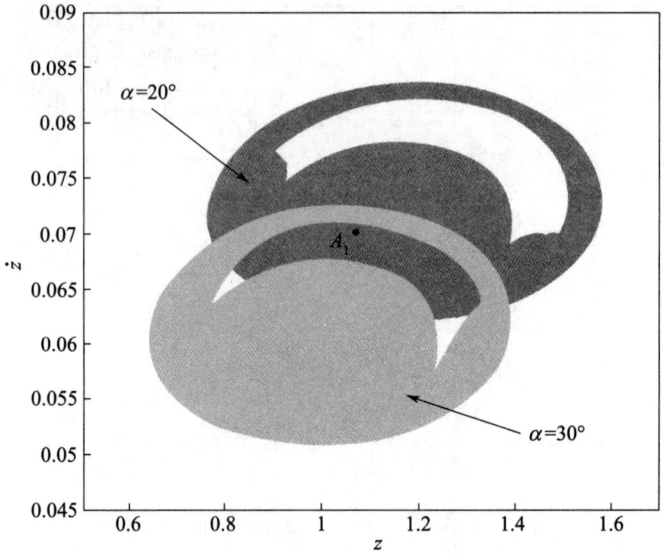

图 4-20　庞加莱截面中穿越与非穿越区域随俯仰角变化（见彩插）

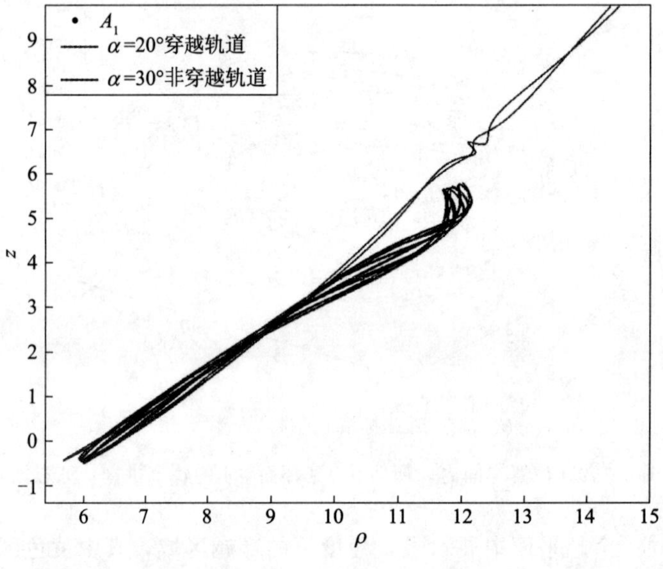

图 4-21　位置空间中穿越与非穿越轨道的转换（见彩插）

4.5　本章小结

本章考虑航天器在地心旋转坐标系中的二体动力学模型，研究了常值推力不同推力方向对轨道的稳定性与穿越性的影响。通过动力系统理论及方法，将两个平衡点附近的有界运动划分为三种类型，搜索到椭圆平衡附近的第三种稳定周期轨迹，且将其视为现有两种周期轨迹之间的过渡，还给出了两种共振周期轨道的情形。当系统能量增加，岛屿与大陆相连后，出现 KAM 环面破裂的现象，由于所有穿越轨道都被限制在三维不变流形内部，因此可从两个角度：位速空间的庞加莱截面和位置空间的可及位置，区分颈部区域的穿越和非穿越轨迹。最后，由于俯仰角对系统动力学特性存在显著影响，推力俯仰角可作为一个有效的控制工具，实现不同类型的 KAM 环内的轨道转移与拼接，还可实现穿越轨道与非穿越轨道之间的转化，用于轨道镇定。

第 5 章　基于速度弱反馈的悬浮轨道动力学与控制

5.1　引言

由于平动点任务中涉及双曲型平衡点附近的轨道都是不稳定的，因此许多学者针对双曲型平衡点附近位置保持以及轨道控制开展了大量线性和非线性策略研究。McInnes[53]提出了一种太阳帆的被动控制方案，通过设计轨道布局使其达到线性稳定。Bookless[54]对平衡点附近的动力学和运动控制进行了分析，但是他的许多结论都是线性的和局部的。Scheeres 等[119]构建了一个功能强大的工具：保哈密顿结构控制器（Hamiltonian - Structure - Preserving，HSP），即使在非线性情况下，也可以实现 Lyapunov 意义上的稳定。Bookless 和 McInnes[69]首先在太阳帆应用中开发了线性二次调节器技术，然后由钱航[66]将其应用于悬浮轨道的非线性动力学系统中，表现出相对良好的控制精度。

大多数天体动力学问题（如平面圆形三体问题、平面太阳帆三体问题以及本书所讨论的问题）均属于保哈密顿系统。得益于非耗散结构[120]，保哈密顿结构控制器更适合于镇定双曲型平衡点附近的运动。徐明和徐世杰[121]扩展 Scheeres 的工作，将 HSP 控制器分为两部分：以流形（稳定、不稳定和中心）和位置反馈为特征的强 HSP 控制，以及基于科氏加速度和速度反馈的弱 HSP 控制。他们证明了通过强 HSP 控制可以稳定 2 自由度哈密顿系统。受参考文献［121］的启发，本章专注于弱 HSP 控制的研究，首要目的是研究这种镇定策略对平衡点附近运动的动力学行为的影响，其次是揭示该控制器具体如何实现轨道镇定。

5.2　受控悬浮轨道动力学

许多飞行任务中，需要对处于双曲型平衡点附近不稳定区域的航天器实施镇定策略，以防逃逸，一个有用的镇定方法就是构造保哈密顿结构控制器 HSP，结构如下[119]

$$\begin{aligned} \boldsymbol{T}_c &= \boldsymbol{T}\delta\boldsymbol{r} + \boldsymbol{K}\delta\dot{\boldsymbol{r}} \\ \boldsymbol{T} &= -\sigma^2(G_1\boldsymbol{u}_+\boldsymbol{u}_+^{\mathrm{T}} + G_2\boldsymbol{u}_-\boldsymbol{u}_-^{\mathrm{T}}) - \gamma^2 G_3(\boldsymbol{u}\boldsymbol{u}^{\mathrm{T}} + \tilde{\boldsymbol{u}}\tilde{\boldsymbol{u}}^{\mathrm{T}}) \\ \boldsymbol{K} &= \omega\boldsymbol{J} \end{aligned} \tag{5-1}$$

式中　$\pm\sigma$ ——与不稳定/稳定流形 $\boldsymbol{u}_\pm$ 相关的双曲特征值；

$\pm\gamma\mathrm{i}$ ——与中心流形 $\boldsymbol{u}$ 和 $\tilde{\boldsymbol{u}}$ 相关的中心特征值；

G_1，G_2，G_3 ——不稳定、稳定和中心流形的增益；

$\boldsymbol{J}$ ——辛矩阵；

ω ——用来量化科氏加速度的参数，称为科氏加速度因子；

$\delta \boldsymbol{r}$ ——位置反馈；

$\delta \dot{\boldsymbol{r}}$ ——速度反馈。

$\boldsymbol{T}$ 矩阵为对称矩阵以及 $\boldsymbol{K}$ 为斜对称矩阵保证了线性反馈控制可以保留哈密顿结构[119]。基于参考文献［121］，一个 2 自由度的哈密顿系统可以通过仅使用不变流形（稳定、不稳定、中心）和位置反馈，即公式（5 - 1）中 $\boldsymbol{T}_c$ 的第一项来实现镇定。该控制方法通过将双曲型平衡点（鞍点）转化为椭圆型平衡点（中心）来进行极点配置，并生成一种新的拟周期轨道，称为 Lissajous 轨道。和 Scheeres 的经典 HSP 控制器[119]相比，Xu 建立的控制器[121]在保留 HSP 强控制特性的基础上，还做出了进一步的改进。

为了加以区分，只使用位置反馈的控制器，即 $\boldsymbol{T}_c$ 的第一项，在下文中称为强 HSP 控制（Strong HSP Control），而仅使用科氏加速度和速度反馈的控制器，即 $\boldsymbol{T}_c$ 的第二项，在下文中称为弱 HSP 控制（Weak HSP Control）。很明显，强 HSP 控制能够改变系统的拓扑特性，将鞍点转换成中心，并且减少了平衡点的数目，使得受控系统中只剩下一个平衡点。而且，系统的能量和 Hill 区域也发生了变化，任意一条不稳定轨道的镇定代价都是迫使所有的不稳定区域转变为稳定区域。而弱 HSP 不改变系统的拓扑性质，对 $\boldsymbol{U}_{qq}$ 矩阵也没有影响，因而系统的 Hill 区域和两个平衡点保持不变。为了镇定轨道，弱 HSP 控制只需稍稍改变 ω 因子的数值，就可以有效地改变部分（并非所有）轨道的走向，从而避免了不稳定条件（见图 5 - 19）。和强 HSP 控制改变所有不稳定轨道相比，弱控制只需改变少量轨道的走向，付出的代价更小，有四两拨千斤的镇定效果。

目前已有大量的文献对强 HSP 控制进行了研究[119,121-122]，但对弱 HSP 控制的关注却很少。本章基于小推力悬浮轨道动力学，集中研究弱 HSP 控制器对悬浮轨道稳定性的影响机理，并给出具体的策略展示该控制的实施方式。由于本章的重点是弱保哈密顿结构控制器，因此这里简化了悬浮动力学模型，只考虑垂直推力模型下的二体悬浮轨道受控问题，即在本章中，推力方向保持不变，与图 2 - 2 中的 Z 轴平行。另外，为与文献［64］中无控零俯仰角下悬浮轨道的动力学研究形成对比，本章中的推力加速度大小取值与文献［64］相同，即 $\kappa = 1.0545 \times 10^{-4}$ 。

对小推力悬浮轨道使用弱 HSP 控制，在公式（2 - 15）的基础上，航天器的受控动力学方程为

$$\begin{bmatrix} \ddot{\rho} \\ \ddot{z} \end{bmatrix} = \begin{bmatrix} -\dfrac{\partial U}{\partial \rho} \\ -\dfrac{\partial U}{\partial z} \end{bmatrix} + \omega \boldsymbol{J} \begin{bmatrix} \dot{\rho} \\ \dot{z} \end{bmatrix} \tag{5-2}$$

有效势能函数为

$$U = \frac{h_z^2}{2\rho^2} - \frac{1}{r} - \kappa \cdot z \tag{5-3}$$

受控平衡点附近的变分方程为

$$\delta \ddot{\boldsymbol{q}} - \omega \boldsymbol{J} \delta \dot{\boldsymbol{q}} + \boldsymbol{U}_{qq} \delta \boldsymbol{q} = \boldsymbol{0} \tag{5-4}$$

令 $\boldsymbol{A}$ 是变分方程的特征矩阵，构造如下

$$\boldsymbol{A}=\begin{bmatrix}\boldsymbol{0} & \boldsymbol{I}\\ -\boldsymbol{U}_{qq} & \omega\boldsymbol{J}\end{bmatrix}_{4\times4} \tag{5-5}$$

悬浮轨道的弱 HSP 控制问题可由 ω 因子来表征，公式（5－2）代表了一个通用的动力学系统，初始无控模型 $\omega=0$ 可视为本章的一个特例。因此在下文的讨论中，无控系统可简单地由 $\omega=0$ 来表示，而受控系统则由 $\omega\neq0$ 表示。

5.3　椭圆型平衡点附近的受控运动

同样，当系统能量小于 $U(L^u)$ 时，椭圆型平衡点 L^s 附近的运动轨迹均被限制在岛屿内。为了分析弱 HSP 控制对 L^s 附近轨道运动的影响，本节仍使用庞加莱截面法来揭示有界轨道的全局演化。

$E<U(L^u)$ 时，动力系统的庞加莱截面 $(\rho,\ z=z_s,\ \dot{\rho},\ \dot{z}>0)$ 如图 5－1 所示。无论 ω 因子取值如何，庞加莱截面上始终存在两个不动点，以及环绕不动点的闭合轨迹。同样，两个不动点都是稳定的，对应了位置空间下的两条稳定周期轨道，$(\rho,\ \dot{\rho})$ 空间上方的不动点对应绿色轨迹，称为 SPOⅠ，下方的不动点对应黑色轨迹，称为 SPOⅡ；环绕不动点的每一条闭轨，对应了岛屿内一条拟周期轨道，拟周期轨道可张成一个不变环面。

在文献［64］描述的无控系统中，两条稳定周期轨道 SPOⅠ和 SPOⅡ是岛屿内运动的基本模式，任何拟周期轨道都兼有这两种模式。在本节讨论的受控系统中，上述结论仍然适用，区别是两条周期轨道在位置空间的形状不再是往复线段而是闭合曲线，具体如图 5－1（b），图 5－1（d）和图 5－1（f）所示。

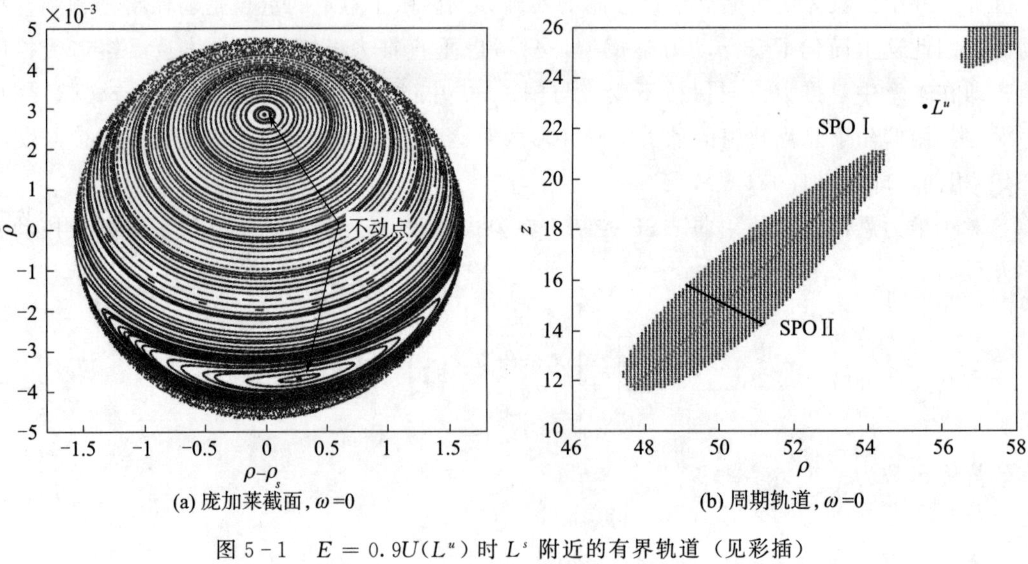

图 5－1　$E=0.9U(L^u)$ 时 L^s 附近的有界轨道（见彩插）

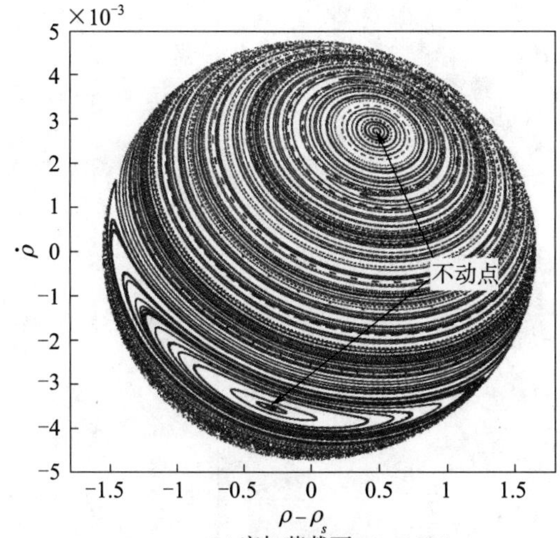

(c) 庞加莱截面，ω=0.001

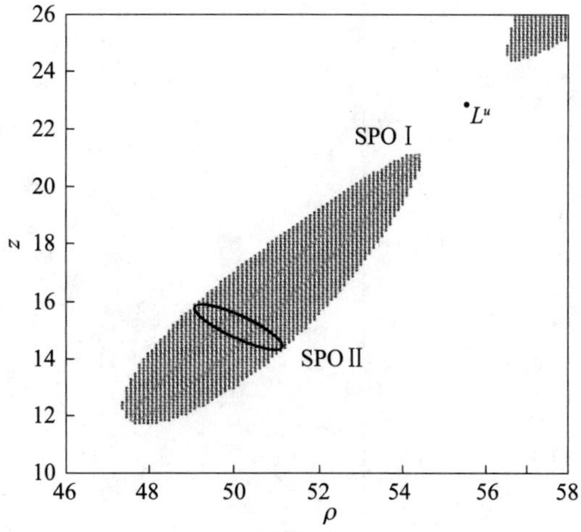

(d) 周期轨道，ω=0.001

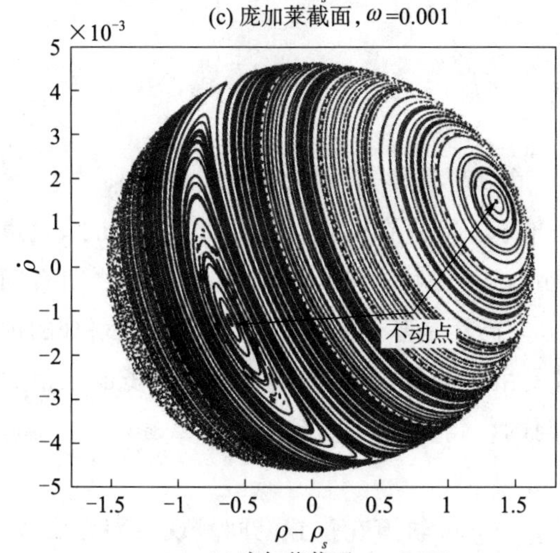

(e) 庞加莱截面，ω=0.005

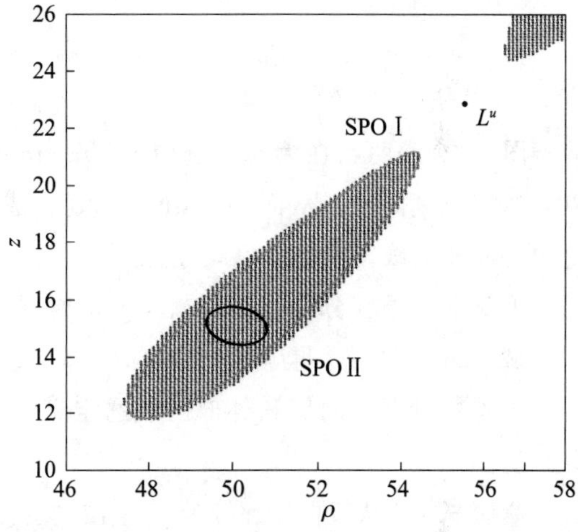

(f) 周期轨道，ω=0.005

图 5-1　$E=0.9U(L^u)$ 时 L^s 附近的有界轨道（续，见彩插）

5.4　双曲型平衡点附近的受控运动

5.4.1　Lyapunov 轨道

依据 3.3.2 节中的微分修正迭代算法，可以生成受控系统下的 Lyapunov 轨道。由于动力系统（5-2）中存在科氏项，Lyapunov 轨道在位形空间上的投影是闭合轨道而不是反复线段。当科氏加速度因子 ω 取值不同时，矩阵 $\mathbf{A}$ 的特征值的数目与符号不变，但是大小改变，这导致周期解呈现出不同尺寸大小的闭合轨迹。在相同的能量 $E=-0.011\ 397$ 下，$\omega=0.005$（绿色曲线）和 $\omega=0$（黑色直线）情况下的 Lyapunov 轨道如图 5-2 所示。

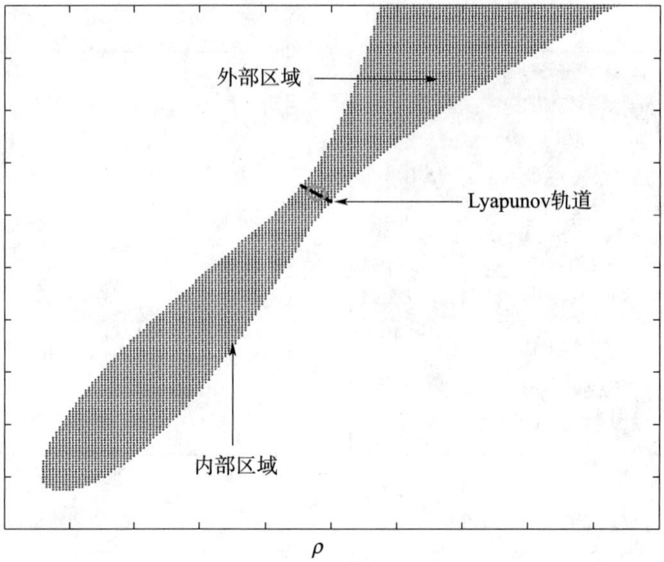

图 5-2 不同 ω 下，从双曲型平衡点衍生出的 Lyapunov 轨道（见彩插）

图 5-2 表明，在无控系统中，Lyapunov 轨道由于其轨道两端端点速度为 0，轨道可以到达零速度曲线，从而将 Hill 区域划分成两部分。但是在受控系统中，Lyapunov 轨道呈闭合周期曲线，轨道上无零速度点，无法到达 Hill 区域边界，与零速度曲线之间有间隔。因此下文中区分受控穿越轨道与非穿越轨道，仍然是基于无控系统下定义和划分的内部区域与外部区域。也就是说内部和外部区域是由系统能量决定的而与 ω 因子的取值无关，相同能量下，内部和外部区域的定义是相同的，均是由无控系统中的 Lyapunov 轨道分割的。

命题 5.1： 从双曲型平衡点衍生出的受控 Lyapunov 轨道在位置空间呈现出闭合曲线，而无控 Lyapunov 轨道呈现出有限往复线段。

双曲型平衡点的 Lyapunov 轨道是周期轨道。控制时 $\omega=0$，积分时间 t 转换为 $-t$，即正向积分时间转换为负向积分时间，不会改变公式（5-2）的动力学结构，这意味着轨道从相同的零速度初始点正向或者负向积分得到的结果相同（零速度点的存在性可参考文献［64］）。因此，$\omega=0$ 情况下，数值积分多个周期，Lyapunov 轨道始终是有限线段。而对于受控系统 $\omega\neq 0$ 时，动力学公式（5-2）不再具有关于时间 t 的对称性，因此完整周期下的 Lyapunov 轨道不再是直线而是闭合曲线。

5.4.2 不变流形

根据双曲轨迹的不变流形定理[118]，可知双曲周期轨道存在渐近趋近的稳定流形和渐近远离的不稳定流形。在合适的初值点，正向或负向数值积分可以得到稳定与不稳定流形，算法可参见 3.3.3 节。值得注意的是不变流形和 Lyapunov 轨道之间的估计距离 d 的取值既要足够小，以免线性近似的失真；但又不能太小，以免因不变流形的渐近本质造成积分时间的无限延长。已知在文献［64］无控系统中，平衡点 L^u 的不变流形是同宿轨道，因此该情况下不变流形重合度和参数 d 之间的关系可作为参考依据，用来确定合适的参数 d 的取值。重合度可由稳定与不稳定流形在庞加莱截面上的位置差值来表征，即 $\Delta\rho=\rho^s-\rho^u$，其中 ρ^s 和 ρ^u 分别是稳定与不稳定流形在庞加莱截面上的 ρ 分量。如图 5－3（a）所示，$\Delta\rho$ 随着参数 d 减小而减小，但是当 $d<10^{-4}$ 之后，$\Delta\rho$ 的变化趋于平缓。考虑到数值误差，10^{-9} 阶的小量 $\Delta\rho$ 近似为 0，则可推出平衡点 L^u 的不变流形完全重合，因此，参数 d 的值取为对应的 10^{-4}。弱 HSP 控制下，Lyapunov 轨道的不变流形在位置空间的投影如图 5－3（b）所示，其中黄色集代表不稳定流形，绿色集代表稳定流形。基于不变流形的走向，提出本章节的命题 5.2。

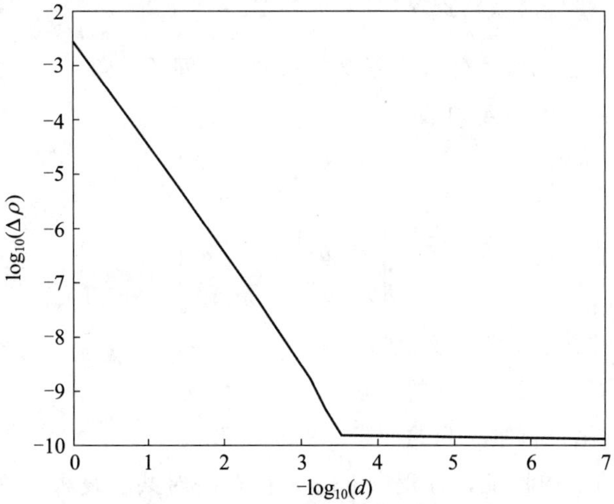

(a) ω=0时L^u不变流形重合度和参数d的关系

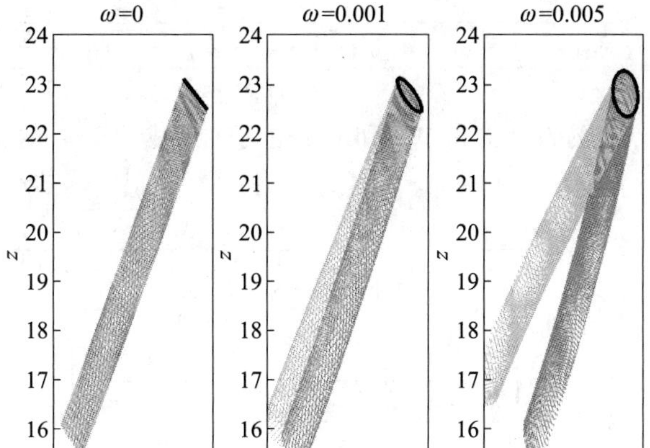

(b) Lyapunov轨道不变流形(未展示完整)（见彩插）

图 5－3　弱 HSP 控制下的不变流形

命题 5.2：弱 HSP 控制导致双曲型平衡点不变流形切线之间有一个夹角存在，该角度可近似为双曲型平衡点稳定特征向量 $\boldsymbol{Y}^{s-}$ 和不稳定特征向量 $\boldsymbol{Y}^{s+}$ 之间的夹角。

依据参考文献［123］和［124］，平衡点附近的非线性解可以表示成周期项（Lyapunov 轨道）和指数项（流形），其中流形的指数展开式为

$$x(t)=\sum_{m=0}^{+\infty} Y_m^{s+} e^{m\lambda t}+\sum_{n=0}^{+\infty} Y_n^{s-} e^{-n\lambda t} \tag{5-6}$$

式中，第一项代表不稳定流形，第二项代表稳定流形。一阶系数 Y_0^{s+} 和 Y_0^{s-} 等于线性特征向量 $\boldsymbol{Y}^{s+}$ 和 $\boldsymbol{Y}^{s-}$。因此，双曲型平衡点稳定与不稳定流形之间的夹角可近似为流形切线之间的夹角，确定为

$$\gamma=\arccos\left(\lim_{t\to 0}\frac{\left(\sum_{m=0}^{+\infty} Y_m^{s+} e^{m\lambda t}\right)\cdot\left(\sum_{n=0}^{+\infty} Y_n^{s-} e^{-n\lambda t}\right)}{\left\|\sum_{m=0}^{+\infty} Y_m^{s+} e^{m\lambda t}\right\|\cdot\left\|\sum_{n=0}^{+\infty} Y_n^{s-} e^{-n\lambda t}\right\|}\right)=\arccos(\boldsymbol{Y}^{s+}\cdot\boldsymbol{Y}^{s-}) \tag{5-7}$$

基于上述极限值，γ 可视为线性特征向量 $\boldsymbol{Y}^{s+}$ 和 $\boldsymbol{Y}^{s-}$ 之间的夹角。

参考公式（5-5），矩阵 $\boldsymbol{A}$ 可表示成

$$\boldsymbol{A}=\begin{bmatrix}0 & 0 & 1 & 0\\ 0 & 0 & 0 & 1\\ a & b & 0 & \omega\\ b & c & -\omega & 0\end{bmatrix} \tag{5-8}$$

式中 a —— $-\boldsymbol{U}_{qq}$ 中第一行第一列的元素；

b —— $-\boldsymbol{U}_{qq}$ 中第一行第二列的元素；

c —— $-\boldsymbol{U}_{qq}$ 中第二行第二列的元素。

考虑到矩阵 $\boldsymbol{A}$ 的结构特征，方程（5-4）存在一对共轭复根和一对实特征值。由于 $\boldsymbol{Y}^{s+}$ 和 $\boldsymbol{Y}^{s-}$ 是实特征值 $\pm\lambda$ 的特征向量，可将 $\pm\lambda$ 表示成关于 ω 的关系式

$$\lambda=\sqrt{\frac{(c+a-\omega^2)+\sqrt{(\omega^2-c-a)^2-4(ac-b^2)}}{2}} \tag{5-9}$$

线性方程在 L^u 点处的特征向量 $\boldsymbol{Y}^{s+}$ 和 $\boldsymbol{Y}^{s-}$ 也可表达成关于 ω 的关系式

$$\boldsymbol{Y}^{s+}=\frac{\begin{bmatrix}\frac{1}{-\lambda} & \frac{1}{-\lambda}\left(\frac{-\omega\lambda+b}{\lambda^2-c}\right) & 1 & \frac{\omega\lambda+b}{\lambda^2-c}\end{bmatrix}^{\mathrm{T}}}{\left|\begin{bmatrix}\frac{1}{-\lambda} & \frac{1}{-\lambda}\left(\frac{-\omega\lambda+b}{\lambda^2-c}\right) & 1 & \frac{\omega\lambda+b}{\lambda^2-c}\end{bmatrix}\right|}$$

$$\boldsymbol{Y}^{s-}=\frac{\begin{bmatrix}\frac{1}{\lambda} & \frac{1}{\lambda}\left(\frac{\omega\lambda+b}{\lambda^2-c}\right) & 1 & \frac{-\omega\lambda+b}{\lambda^2-c}\end{bmatrix}^{\mathrm{T}}}{\left|\begin{bmatrix}\frac{1}{\lambda} & \frac{1}{\lambda}\left(\frac{\omega\lambda+b}{\lambda^2-c}\right) & 1 & \frac{-\omega\lambda+b}{\lambda^2-c}\end{bmatrix}\right|} \tag{5-10}$$

根据公式（5-10），可将角度 γ 的计算公式表示成关于 ω 的函数 $\gamma=\arccos(\boldsymbol{Y}^{s+}\cdot\boldsymbol{Y}^{s-})$。

从 -0.1 到 0.1 遍历 ω 因子，研究 ω 因子与角度 $\gamma=\arccos(\boldsymbol{Y}^{s+}\cdot\boldsymbol{Y}^{s-})$ 之间的关系，如图 5-4 所示。结果表明随着 ω 增加，角度 γ 也会增加，且该角度只与 ω 的绝对值有关，与符号无关。当 $\omega>0.01$ 时，稳定特征向量 $\boldsymbol{Y}^{s-}$ 与不稳定特征向量 $\boldsymbol{Y}^{s+}$ 之间的夹角 γ 的变化趋于平缓。

Lyapunov 轨道的不变流形耦合于平衡点，因此弱 HSP 控制下，在积分初始时刻，Lyapunov 轨道的不变流形走向不同，流形之间的角度可近似通过流形外边界或者中心线之间的角度来衡量。可以预料 Lyapunov 轨道不变流形之间的夹角与 ω 因子之间的关系与图 5－4 相似，ω 绝对值越大，角度越大，ω 增加至 0.01 后，角度变化平缓。

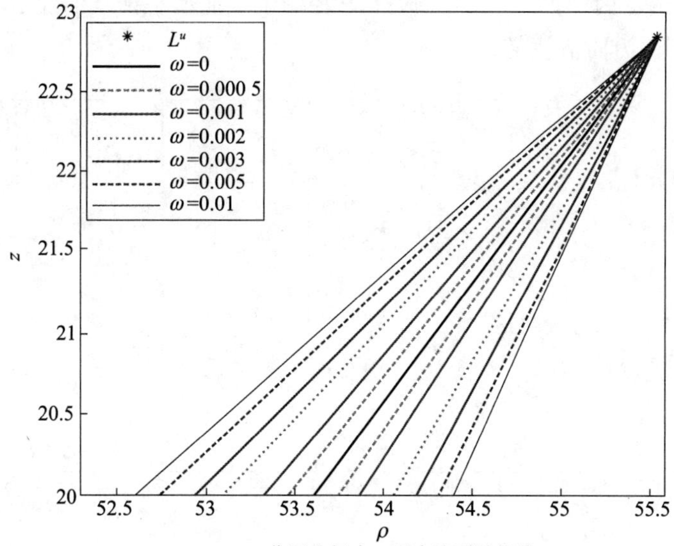

(a) 位置空间中，不变流形的切线

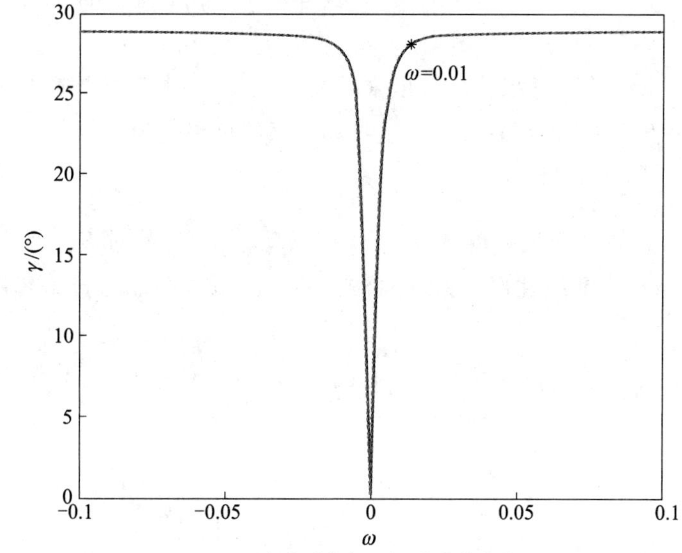

(b) 不变流形夹角 γ 随 ω 的变化规律

图 5－4　双曲型平衡点稳定与不稳定流形切线之间的夹角（见彩插）

5.5　不变流形的同宿性

当系统能量为 $E=U(L^u)$ 时，双曲型平衡点是连接半岛和大陆唯一的点。图 5－5（a）给出了 $\omega=0.005$，$E=U(L^u)$ 时，L^s 附近轨道的基本模式，以及 L^u 的不变流形。图中表明周期轨道 SPO Ⅰ 与双曲型平衡点的不变流形完全覆盖，也就是说，双曲型平衡点的稳定与不稳定流形位置重合，且当能量 E 增加至 $E=U(L^u)$ 时，周期轨道 SPO Ⅰ 可进化为 L^u 在内部区域的不变流形。特别地，图 5-5（b）给出的 $\omega=0$ 的情况也有这个结论，且已在文献［64］中得到了证明，总结如下：

命题 5.3：无论 ω 因子如何取值，弱 HSP 控制下双曲型平衡点的稳定与不稳定流形位置重合，速度相反，为同宿轨道。

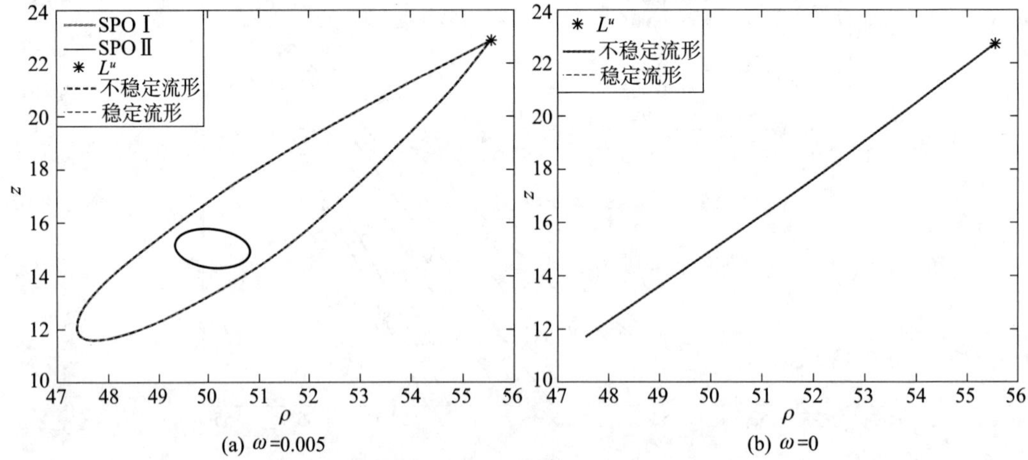

图 5-5 $E=U(L^u)$ 时，L^s 附近轨道的基本模式以及 L^u 的不变流形（见彩插）

由于受控动力系统的不可积性，这里采用文献［125］中建立的微分方程级数解的方法来搜索双曲型平衡点 L^u 的同宿轨道。受控动力系统可表达为

$$\dot{\boldsymbol{X}}=\boldsymbol{f}(\boldsymbol{X})=\boldsymbol{A}\boldsymbol{X}+\boldsymbol{u} \tag{5-11}$$

式中，变量 $\boldsymbol{X}$ 包含位置和速度，即 $\boldsymbol{X}=[\rho \quad z \quad \dot{\rho} \quad \dot{z}]^{\mathrm{T}}$；$\boldsymbol{f}$ 是对 $\boldsymbol{X}$ 求导后的非线性动力学；$\boldsymbol{u}$ 是从 $\boldsymbol{f}$ 中提取出的非线性部分；$\boldsymbol{A}$ 是公式（5-5）定义的 Jacobian 矩阵，本例中，$\omega=0.005$。

将公式（5-2）的初始点转换为（ρ_u，z_u，0，0），然后假设 $\boldsymbol{X}$ 的分量有如下的级数解

$$\rho(t)=\begin{cases}\sum\limits_{k=1}^{+\infty}a_k\mathrm{e}^{k\tau_1 t} & t\geqslant 0\\ \sum\limits_{k=1}^{+\infty}a'_k\mathrm{e}^{k\tau_2 t} & t<0\end{cases},\quad z(t)=\begin{cases}\sum\limits_{k=1}^{+\infty}b_k\mathrm{e}^{k\tau_1 t} & t\geqslant 0\\ \sum\limits_{k=1}^{+\infty}b'_k\mathrm{e}^{k\tau_2 t} & t<0\end{cases}$$

$$\dot{\rho}(t)=\begin{cases}\sum\limits_{k=1}^{+\infty}c_k\mathrm{e}^{k\tau_1 t} & t\geqslant 0\\ \sum\limits_{k=1}^{+\infty}c'_k\mathrm{e}^{k\tau_2 t} & t<0\end{cases},\quad \dot{z}(t)=\begin{cases}\sum\limits_{k=1}^{+\infty}d_k\mathrm{e}^{k\tau_1 t} & t\geqslant 0\\ \sum\limits_{k=1}^{+\infty}d'_k\mathrm{e}^{k\tau_2 t} & t<0\end{cases} \tag{5-12}$$

式中，a_k，b_k，c_k，d_k，a'_k，b'_k，c'_k和d'_k是未知系数；τ_1 和 τ_2 分别是矩阵 $\mathbf{A}$ 的负特征值和正特征值。

首先，考虑通过点（ρ_u，z_u，0，0）的正向积分轨道，将公式（5 - 12）代入公式（5 - 11）中推导得到

$$(\tau_1 \boldsymbol{I} - \boldsymbol{A})\begin{bmatrix} a_1 \\ b_1 \\ c_1 \\ d_1 \end{bmatrix} = 0 \tag{5-13}$$

由于 $\det(\tau_1 \boldsymbol{I} - \boldsymbol{A}) = 0$，公式（5 - 13）存在非零解 $[a_1 \quad b_1 \quad c_1 \quad d_1]^{\mathrm{T}}$，且该解可用参数 ξ 表达。相同的方法可以用来推导 $[a_k \quad b_k \quad c_k \quad d_k]^{\mathrm{T}} (k > 1)$，即

$$(k\tau_1 \boldsymbol{I} - \boldsymbol{A})\begin{bmatrix} a_k \\ b_k \\ c_k \\ d_k \end{bmatrix} = \begin{bmatrix} \dot{\rho}_{k-1} \\ \dot{z}_{k-1} \\ \ddot{\rho}_{k-1} \\ \ddot{z}_{k-1} \end{bmatrix} - \boldsymbol{A}\begin{bmatrix} \sum_{j=1}^{k-1} a_j \\ \sum_{j=1}^{k-1} b_j \\ \sum_{j=1}^{k-1} c_j \\ \sum_{j=1}^{k-1} d_j \end{bmatrix} \tag{5-14}$$

很明显 $\det(k\tau_1 \boldsymbol{I} - \boldsymbol{A}) \neq 0 (k > 1)$，即系数 $[a_k \quad b_k \quad c_k \quad d_k]^{\mathrm{T}} (k > 1)$ 可通过求解公式（5 - 14）唯一确定。继而通过式（5 - 12）～式（5 - 14）可建立起正向积分轨道。

同理，经过点（ρ_u，z_u，0，0）的负向积分轨道也可用上述方法求解。系数 $[a'_k \quad b'_k \quad c'_k \quad d'_k]^{\mathrm{T}} (k > 1)$ 可由 $[a'_1 \quad b'_1 \quad c'_1 \quad d'_1]^{\mathrm{T}}$ 唯一确定，而系数 $[a'_1 \quad b'_1 \quad c'_1 \quad d'_1]^{\mathrm{T}}$ 可由参数 η 表达。参数 ξ 和 η 可通过等式关系 $\sum_{k=1}^{+\infty} a_k = \sum_{k=1}^{+\infty} a'_k$ 加以确定。

级数解中的系数随阶数的变化如图 5 - 6 所示，具体的数值参见附录。由图 5 - 6 可知，8 个系数都随着其阶数的增加逐渐收敛为 0，通过级数法获得的双曲型平衡点 L^u 的不变流形如图 5 - 7 所示，该结果进一步展示了不变流形的同宿性。

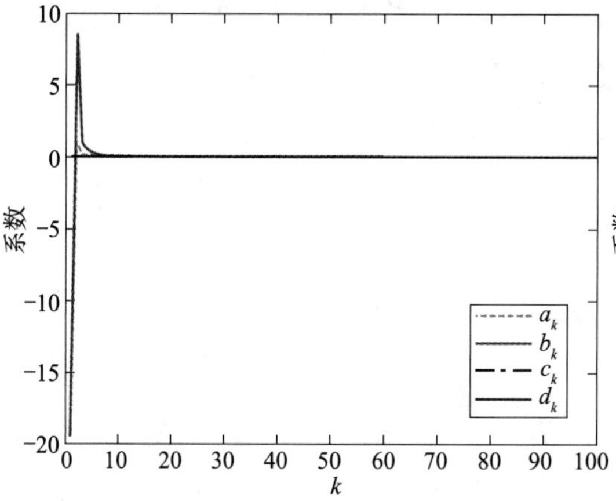

(a) 系数a_k，b_k，c_k和d_k

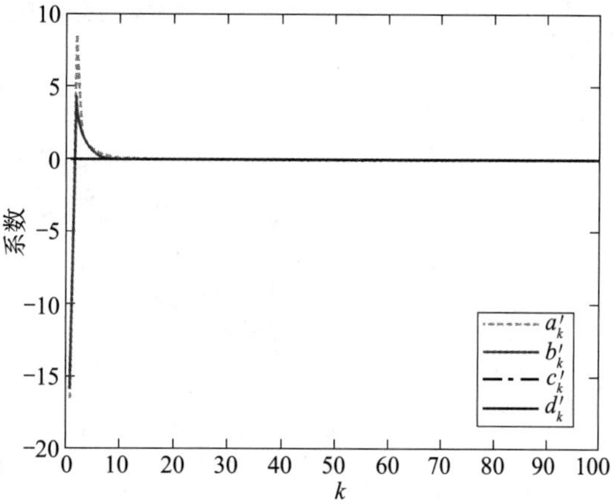

(b) 系数a'_k，b'_k，c'_k和d'_k

图 5 - 6　轨道级数解中的未知系数（见彩插）

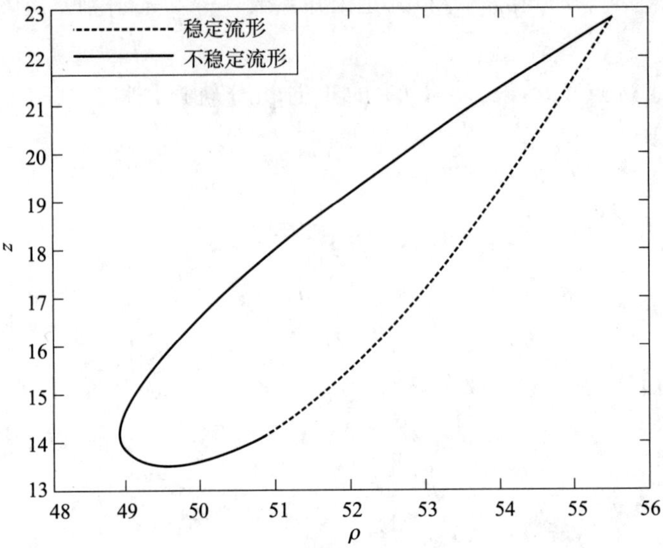

图 5-7　级数解求解双曲型平衡点 L^u 的同宿轨道

上述讨论仅关注动力学模型中 ω 为常值的情况，但是量化科氏加速度的 ω 因子也可以是时变的。这里给出一个简单的例子来说明在时变 ω 下不变流形的动力学行为，ω 的变化规律设计为

$$\omega(t)=\omega_0\cos(\overline{\omega}\cdot t) \tag{5-15}$$

其中，ω_0 和 $\overline{\omega}$ 分别是 ω 变化的幅值和频率，在本例中分别设定为 0.01 和 0.006 6。在上述参数下，积分得到双曲型平衡点 L^u 的稳定和不稳定流形，如图 5-8 所示。结果表明，即使 ω 因子随时间变化，稳定流形和不稳定流形仍然是 L^u 的同宿轨道。

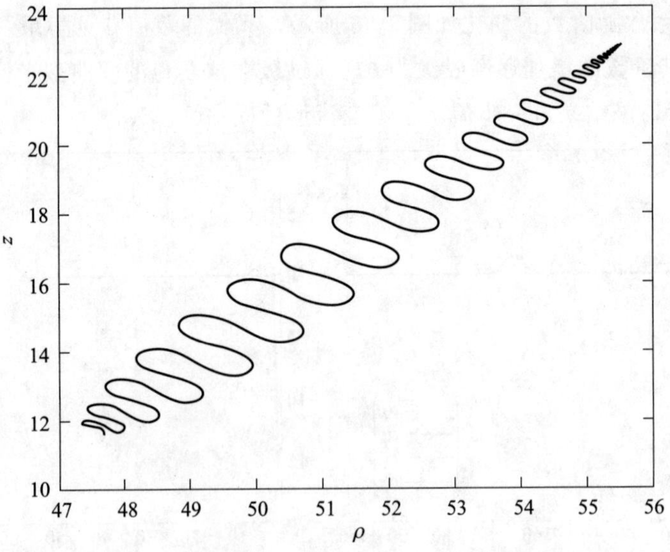

图 5-8　时变 ω 因子下，双曲型平衡点的同宿轨道

然后，本章使用文献［126］和［127］建立的数值方法来研究 Lyapunov 轨道的同宿轨道的存在性。由于 Lyapunov 轨道继承了双曲型平衡点 L^u 的双曲特性，平衡点 L^u 同宿轨迹的存在和 Lyapunov 轨道同宿轨迹的存在也可以相互佐证。

重新定义庞加莱截面的超平面为 $z_p=14$，穿越速度为正，它距离 Lyapunov 轨道相对较远。不同能量下，Lyapunov 轨道的不变流形在 $z_p=14$ 超平面上的投影为微分同胚圆，如图 5－9 所示，其中，$\omega=0.007$，$E_1=-0.011\ 930\ 8$，$E_2=-0.011\ 937\ 16$，$E_3=-0.011\ 938\ 3$，$U(L^u)=-0.011\ 938\ 67$，实线代表稳定流形，虚线代表不稳定流形。

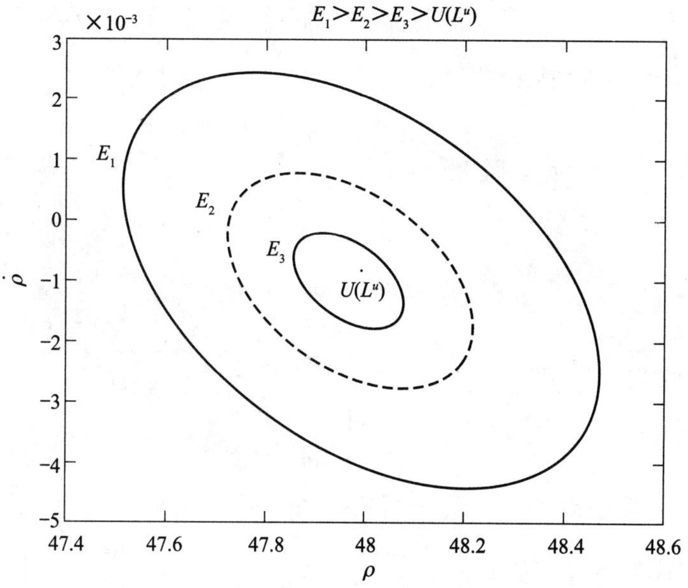

图 5－9　庞加莱截面中，不同能量下 Lyapunov 轨道的同宿轨迹

从图 5－9 的数值结果可以看出，虽然能量是可变的，但是稳定流形和不稳定流形的庞加莱截面始终是重合的，这说明 Lyapunov 轨道的不变流形是同宿轨道。同时还发现，随着能量的降低，庞加莱截面上的闭合轨迹尺寸减小，特别是当能量降低至 $U(L^u)$ 时，轨迹退化为庞加莱截面上的一点，这说明平衡点可以视为 Lyapunov 轨道能量不断减少之后的退化情况，平衡点的不变流形也是同宿轨道。综上，本章提出命题 5.4。

命题 5.4：内部区域中，Lyapunov 轨道的稳定与不稳定流形本质上是 Lyapunov 轨道的同宿轨道。

为了论证 Lyapunov 轨道的稳定流形（绿色集）与不稳定流形（黄色集）彼此同宿，图 5－10 在位置空间画出了四种不同 ω 情况下的不变流形。

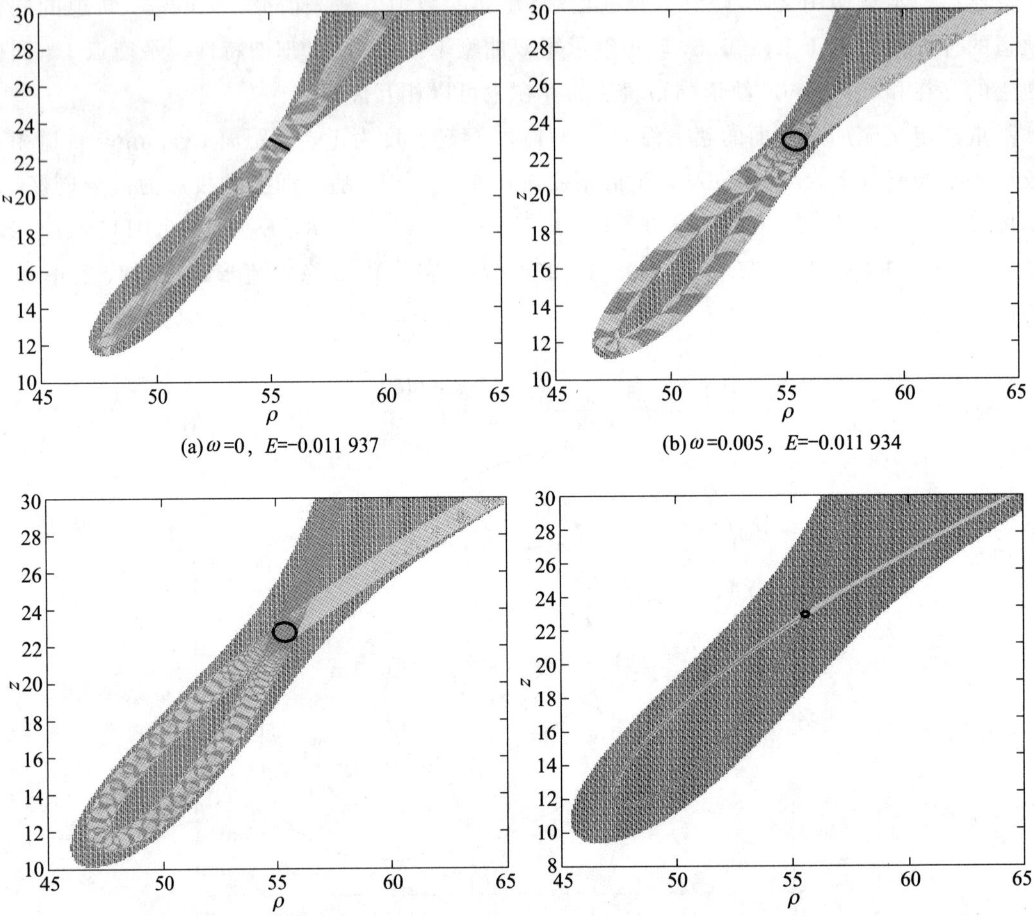

(a) ω=0，E=−0.011 937　　(b) ω=0.005，E=−0.011 934

(c) ω=0.01，E=−0.011 924　　(d) ω=0.05，E=−0.011 908

图 5－10　位置空间中，不同 ω 因子下 Lyapunov 轨道的同宿轨迹（见彩插）

5.6　弱 HSP 控制下的穿越和非穿越轨道

上文研究了弱 HSP 控制下两个平衡点附近的运动，表明在上述控制下，原始系统大部分的动力学特性（如不变流形的同宿性，周期轨道的存在等）都可以保留下来。本节集中研究弱控制对轨道稳定性的影响。

5.6.1　轨道特性及其分类

仿照图 3－11，给出图 5－11，根据不同的轨道特性仍然可将受控悬浮动力学下的运动分为四大类：Lyapunov 轨道（黑色曲线）、稳定/不稳定流形（黄色/蓝色虚线）、非穿越轨道（绿色曲线）、穿越轨道（红色曲线）。

当 $\omega=0$，Lyapunov 轨道作为一个分界线，将内部区域的非穿越轨道和外部区域的非穿越轨道分隔开，若是有轨道越过了 Lyapunov 轨道，则视为穿越轨道。但是不同于 $\omega=0$

情况下，Lyapunov 轨道两端与零速度曲线相接；非零 ω 情况中，Lyapunov 轨道呈现闭合曲线，无零速度点，不与零速度曲线相接。因此在这种情况下，穿越轨道可能会越过 Lyapunov 轨道（如图 5-11 中左边的红色曲线所示），或者是越过 Lyapunov 轨道和零速度曲线之间的间隔（如图 5-11 中右边的红色曲线所示）。

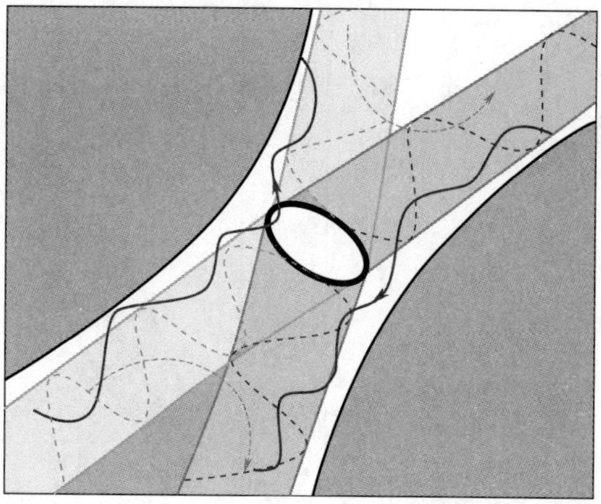

图 5-11　受控相流在位形空间内的投影（见彩插）

稳定和不稳定流形渐近于 Lyapunov 轨道。无控时，Lyapunov 轨道的不变流形可以视为穿越轨道的边界，可作为临界集用以区分穿越和非穿越轨道。而在控制系统中，由于 Lyapunov 轨道不与零速度面相接，穿越轨道也会到达不变流形之外。

为了区分穿越和非穿越轨道，本节沿用 4.3.3 节中的三维穿越流形与非穿越流形的可达区域划分法。Ⅰ、Ⅱ和Ⅲ区的定义与上文相同，然后分别从 (ρ, z) 空间和 $(\rho, \dot{\rho})$ 空间两个场景来讨论Ⅰ、Ⅱ和Ⅲ区的存在性以及其中的穿越与非穿越行为。

5.6.2　基于 (ρ, z) 空间 Hill 区域可达位置的分类法

在 (ρ, z) 空间中，Ⅰ、Ⅱ和Ⅲ区可投影至 Hill 区域以基于 (ρ, z) 位置区分穿越和非穿越轨道。在无控系统中[64]，不变流形与零速度曲线相接，相接的交点将穿越轨道可达的Ⅰ区，以及非穿越轨道可达的Ⅱ和Ⅲ区成功分离，该交点可通过搜索不变流形上的零速度点来确定。然而在大多数受控系统中，不变流形与零速度曲线没有交点，这导致 $\omega \neq 0$ 情况下三个可达区域的分类与 $\omega = 0$ 的情况有所不同。Ⅰ、Ⅱ和Ⅲ区随 ω 的变化如图5-12 所示，图中标注的Ⅰ、Ⅱ和Ⅲ分别代表该区域在 Hill 区域的投影。

第一，不同于 $\omega = 0$ 时，Ⅰ区只出现在半岛的底部，$\omega \neq 0$ 时，Ⅰ区还会出现在颈部区域，通过不变流形与零速度曲线的交点和Ⅱ、Ⅲ区分隔开。底部的Ⅰ区称之为下Ⅰ区，颈部区域的Ⅰ区称为上Ⅰ区，两者始终保持分离直到 ω 因子的取值增加至临界 ω_c，ω_c 定义为使得不变流形与零速度曲线不相接，下Ⅰ区与上Ⅰ区相连通的最小的 ω 值。对于给定的系统能量，ω_c 的取值是唯一的，ω_c 随能量 E 的变化曲线如图 5-13 所示。该图表明当 $E - U(L^a) > 5\times10^{-6}$（其中 $U(L^a) = -0.011\,938\,67$），即 $E > -0.011\,933\,7$

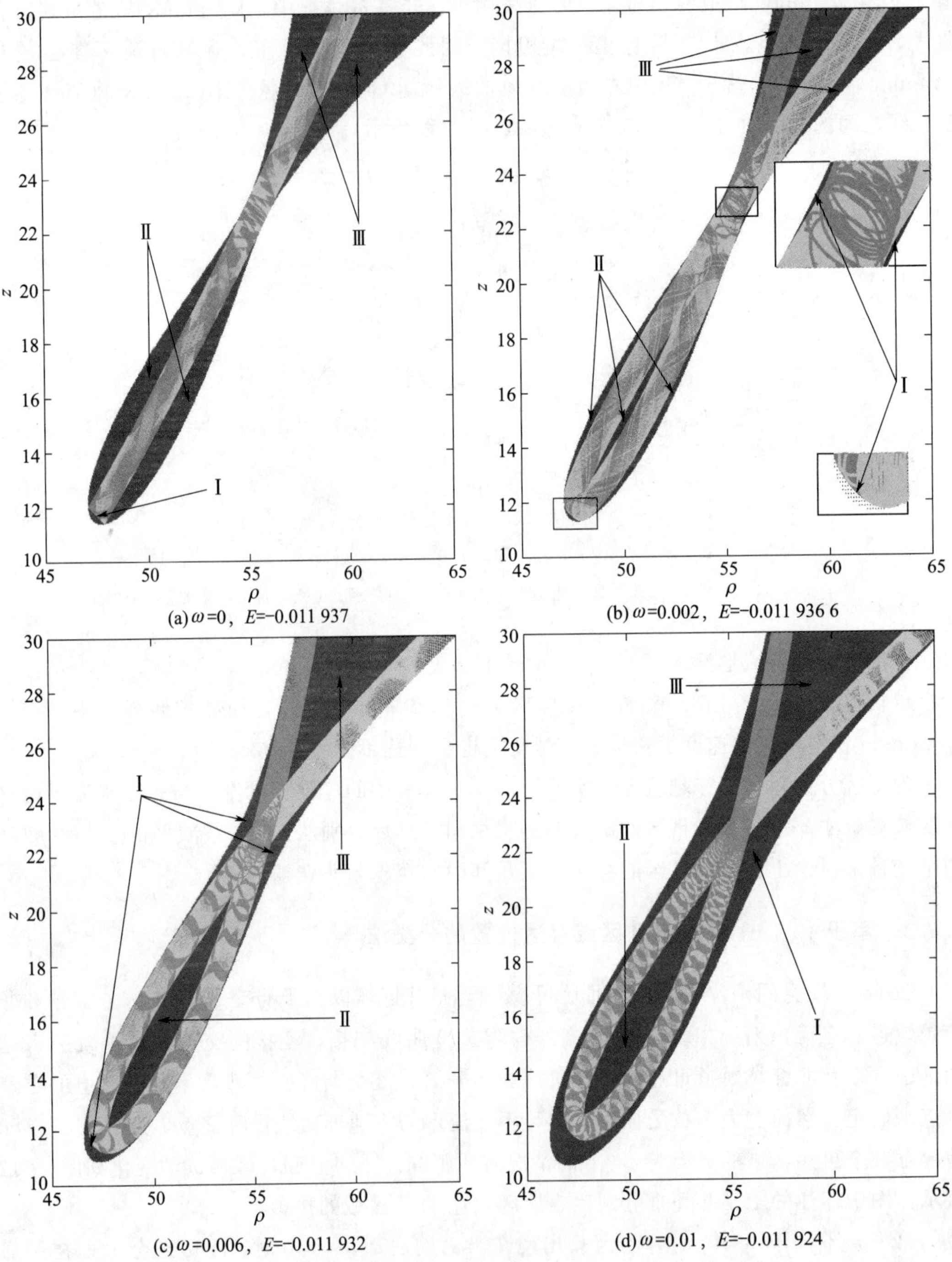

(a) ω=0，E=−0.011 937　　(b) ω=0.002，E=−0.011 936 6

(c) ω=0.006，E=−0.011 932　　(d) ω=0.01，E=−0.011 924

图 5-12　不同 ω 因子下穿越与非穿越轨道的可达位置（见彩插）

时，ω_c 才会出现，且能量 E 越大，ω_c 越小，但当 ω_c 减小至 0.002 时，ω_c 基本保持不变了。因此若控制系统中，ω 因子的取值比临界值大，下Ⅰ区与上Ⅰ区将彼此连通，如图 5-12（d）所示。

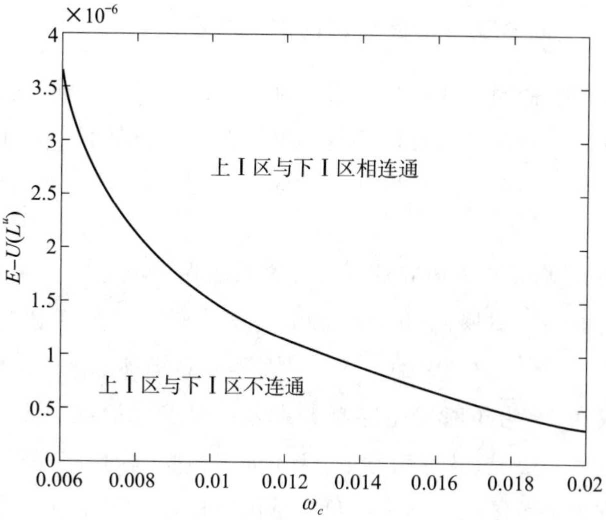

图 5 - 13　临界因子 ω_c 随能量 E 的变化曲线

第二，不同于 $\omega=0$ 时，Ⅱ区只出现在流形的两边（称为侧Ⅱ区），$\omega\neq0$ 时，Ⅱ区还会出现在甜甜圈形状的流形的中间（称为中Ⅱ区）。侧边Ⅱ区的边界是不变流形与零速度曲线，并通过两者的交点与Ⅰ区实现分离，如图5 - 12（a）和图 5 - 12（b）所示。随着 ω 增加至 ω_c，侧Ⅱ区不断变小以至于消失，而中Ⅱ区随着不变流形之间的角度增大而不断扩大。上述结论也同样适用于外部区域的Ⅲ区。

第三，根据图 5 - 4（b）可知，当 $\omega\geqslant0.01$ 后，稳定与不稳定流形之间的夹角变化不超过 1°，也就是说 $\omega\geqslant0.01$ 情况下，不变流形的几何形态和 $\omega=0.01$ 情况下的类似。因此，$\omega>0.01$ 时的Ⅰ、Ⅱ和Ⅲ区的分布也和 $\omega=0.01$ 情况下的分布相同，如图5 - 12（d）所示，下Ⅰ区与上Ⅰ区相连通，侧Ⅱ区消失，只剩下中Ⅱ区，以及Ⅲ区仅仅存在于外部区域 Y 形不变流形的中间。

基于上述讨论的轨道可达位置，对位置空间中Ⅰ、Ⅱ、Ⅲ区中的点进行数值积分，以检验该轨道的穿越行为是否满足上述规律。由于给定能量的约束，任意位置（ρ，z）可反推出一系列四维状态量（ρ，z，$\dot{\rho}$，$\dot{z}$），由该点正向和负向积分足够时间，并检验轨道末点的 z 分量是否大于平衡点 L^u 的 z 分量，若是，则轨道发生了穿越，否则轨道为非穿越轨道。通过对 ω 因子的遍历仿真，提出以下基于（ρ，z）空间 Hill 区域可达位置的穿越与非穿越轨道分类方法。

命题 5.5：在弱 HSP 控制下，（ρ，z）空间中的Ⅰ、Ⅱ和Ⅲ区被流形和零速度曲线的交点分隔开。颈部区域和半岛底部的空隙是Ⅰ区；内部（外部）区域中位于流形侧边或中部的区域是Ⅱ区（Ⅲ区）。在（ρ，z）空间中，轨迹上存在点其位置投影在 Hill 区域的Ⅰ区（Ⅱ区或Ⅲ区）是该轨道穿越（非穿越）的充分必要条件。当轨道穿越到外部区域时，穿越轨迹最终将被限制在外部区域的不变流形内。

5.6.3 基于 $(\rho, \dot{\rho})$ 空间庞加莱截面穿越区域的分类法

在上一节中，我们在命题 5.5 中提出了一种方法，仅通过检查轨道上是否存在位置在Ⅰ区或Ⅱ区的点来确定该轨迹是否可以穿越。由于在受控情况下，并非所有的穿越轨道都被限制在不变流形内部，本节再采用庞加莱截面法（即图 5-14）来研究不变流形与穿越行为之间的关系。

超平面 $z=z_p$ 中以临界圆为边界的任意点都代表两个状态：一个是正向 $\dot{z}_p$，一个是负向 $\dot{z}_p$。本节从这两个状态进行数值积分以得到整条轨迹，然后通过检查轨迹末点的 z 分量是否大于平衡点 L^u 的 z 分量来确定该轨迹是否穿越到外部区域。随后，在 $(\rho, \dot{\rho})$ 空间中，用红点标记仅在 $\dot{z}_p$ 为正时发生穿越的点，用绿点标记仅在 $\dot{z}_p$ 为负时发生穿越的点，并用黄点标记既可在 $\dot{z}_p$ 为正又可在 $\dot{z}_p$ 为负时发生穿越的点。因此，图 5-14 中绘制的所有有色区域都称为穿越区域，其中红色穿越区域称为正向穿越，绿色穿越区域称为负向穿越，黄色穿越区域称为正负向穿越。此外，图 5-14 中左边（或在 $\omega=0$ 的情况下为下方）蓝色圆圈表示不变流形从上到下，负向穿过超平面的交点；右边（或在 $\omega=0$ 的情况下为上方）蓝色圆圈表示不变流形从下到上，正向穿过超平面的交点。两组蓝色曲线都称为“映射流形”。

遍历 ω 因子研究映射流形在庞加莱截面上的位置变化。结果表明，所有的穿越区域只存在两种情况：一种是映射流形位于临界圆内部且与临界圆没有任何交点［如图 5-15（c）中 $\omega=0$］，另一种是映射流形与临界圆相切［如图 5-15（d）中 $\omega=0.01$］。图 5-15 展示了 (ρ, z) 空间中的可达位置与 $(\rho, \dot{\rho})$ 空间中的穿越区域之间的几何联系。图中，横截面位于 $z_p=z_s$ 处；在 (ρ, z) 空间中，黑色直线为庞加莱截面在位置空间的投影，蓝色实线（虚线）表示从负向穿越区域内的点数值积分得到的穿越（非穿越）轨道，红色实线（虚线）表示从正向穿越区域内的点数值积分得到的穿越（非穿越）轨道；在 $(\rho, \dot{\rho})$ 空间中，红色和绿色圆圈分别表示庞加莱截面上的映射流形，黑色圆圈表示临界圆。

在图 5-15（a）和图 5-15（c）所示的第一种情况下，庞加莱截面上的映射流形位于内部，且与 $(\rho, \dot{\rho})$ 空间中的临界圆不相交。根据定义，Ⅱ区是生成非穿越轨道的点的集合。在 (ρ, z) 空间中，Ⅱ区的映射由线段 $\overline{ab}$ 和 $\overline{ef}$ 表示，而在 $(\rho, \dot{\rho})$ 空间中，Ⅱ区完全由位于映射流形外部的区域表示。本质上，三维的区域Ⅱ是相互连接的。因此，位置空间 $\overline{ab}$ 和 $\overline{ef}$ 分段中的点，以及位于 $(\rho, \dot{\rho})$ 空间映射流形外部的点，无论 $\dot{z}_p$ 是负是正，都会生成非穿越轨道。而位于映射流形分支内的点，结合 $\dot{z}_p$ 的符号以及穿越区域为正向或者负向可判断其穿越性。

在图 5-15（b）和图 5-15（d）所示的第二种情况下，映射流形与临界圆内切，并且切点分隔出了两个黄色区域。Ⅱ区在 (ρ, z) 空间中表示为线段 $\overline{cd}$，在 $(\rho, \dot{\rho})$ 空间中表现为映射流形之间的区域；Ⅰ区在 (ρ, z) 空间中表示为线段 $\overline{ab}$ 和 $\overline{ef}$，在 $(\rho, \dot{\rho})$ 空间中表现为映射流形两边的区域；而位于映射流形分支内的点，一样是结合 $\dot{z}_p$ 的符号以及

(a) $\omega=0$，$E=-0.011\,937$　　　　(b) $\omega=0.006\,5$，$E=0.011\,933\,66$

(c) $\omega=0.008$，$E=-0.011\,933\,66$　　　　(d) $\omega=0.01$，$E=-0.011\,924$

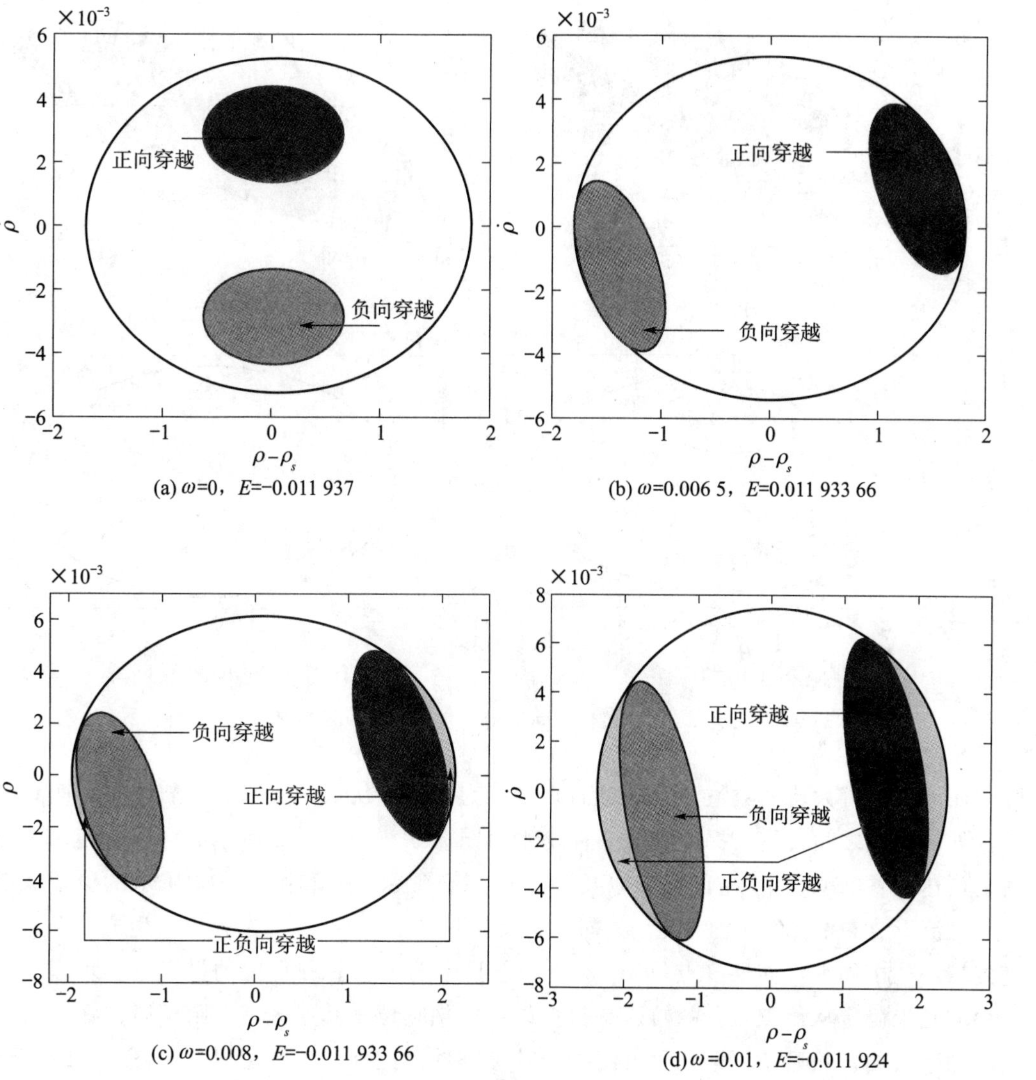

图 5-14　不同 ω 因子下的穿越区域（见彩插）

穿越区域为正向或者负向可判断其穿越性。

　　另外，由于穿越区域的情况与横截面的选取有关，因此可以得出一个有关 ω_c 的结论，即大于其临界值的 ω 因子是产生正负向穿越区域的充分但不必要条件。根据上面的描述，可以从 $(\rho,\dot{\rho})$ 空间总结出一个新的命题：

　　命题 5.6：在受控系统的 $(\rho,\dot{\rho})$ 空间中，初始点位于左分支映射流形内部，且 $\dot{z}_p$ 为负，或者右分支，$\dot{z}_p$ 为正时可以生成穿越轨道；如果临界圆和映射流形之间没有相交，则映射流形的外部区域中的初始点均保持稳定，无法穿越；如果映射流形与临界圆内切，则由相切点分隔出的新区域表示Ⅰ区，其内部的初始点均可生成穿越轨道，而映射流形之外的其他区域表示Ⅱ区，其内部初始点均可生成非穿越轨道。

　　与命题 5.5 相似，命题 5.6 仅根据初始点在庞加莱截面中的位置即可确定轨道的穿越

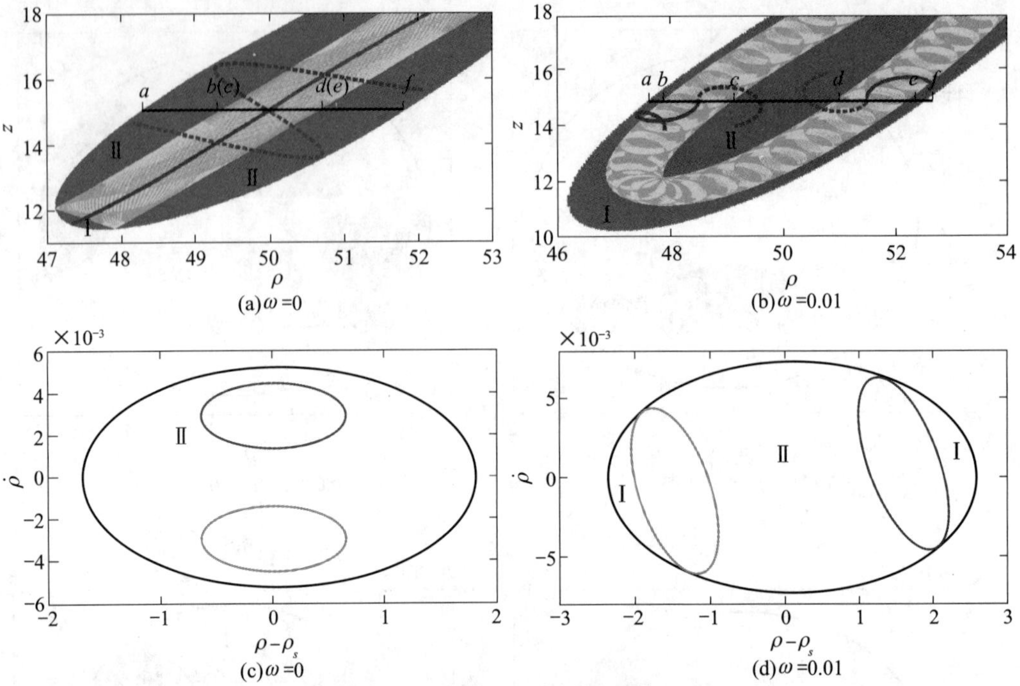

图 5－15　两种不同类型的穿越区域（见彩插）

性，而无须进行大量的数值计算。总而言之，为了确定从初始点积分的轨迹是否可以在内部和外部区域之间转移，提出了第一种基于命题 5.5 和图 5－12 所示的穿越轨道和非穿越轨道可达位置的（ρ，z）空间法，以及第二种基于命题 5.6 和图 5－14 所示的庞加莱截面中映射流形分布的（ρ，$\dot{\rho}$）空间法。然后，确定单个点（ρ_0，z_0）是否可以生成一条穿越轨道的算法列出如下：如果该点位于（ρ，z）空间中的Ⅰ、Ⅱ和Ⅲ区的投影中，可以采用第一种方法来确定从该点积分的轨道是否穿越；如果它位于其他区域，则可以在 $z=z_0$ 处定义庞加莱截面，然后使用第二种方法确定其穿越性。此外，考虑通过引入图 5－15 来解释这两种方法的相关性，以解释庞加莱截面中的初始点如何演化为穿越轨道或非穿越轨道，并揭示三维区域在（ρ，z）空间的投影与（ρ，$\dot{\rho}$）空间的投影之间的对应关系。基于上述研究，可得到结论：在弱 HSP 控制的作用下，可通过改变穿越区域，从而镇定穿越轨迹。

5.7　基于弱 HSP 控制的悬浮轨道转移

5.7.1　KAM 环内的轨道转移

根据上面提出的命题 5.6，穿越区域随 ω 因子的变化而变化，从四维初始点积分得到的轨道其穿越性也是如此。尽管图 5－14 给出的不同 ω 因子下的穿越和非穿越区域具备不同的能量，但上述结论在相同能量下仍然成立。与 3.4 节利用推力俯仰角进行轨道拼接与镇定类似，弱 HSP 控制也可以实现一样的作用，区别在于改变推力方向会改变系统能量，而改变 ω 因子不影响系统能量。因此，在给定能量的约束下，提出使用弱 HSP 控制来改变 5.7.1 节中不同有界轨道之间的运动，并镇定 5.7.2 节中颈部区域的不稳定运动。

由于控制因子 ω 不会改变系统能量，因此通过庞加莱映射方法可以实现以 ω 为特征的两条拟周期轨迹张成的 KAM 环面之间的转移，继而产生大量的人造轨道族。拟周期轨迹转移的具体算法如下：对于任意两个环面，如果存在相交点，则可以通过在该交点上改变 ω 值直接实现两个环面之间的转移。如果没有交叉点，则需要中间轨道来连接这两个分离的环面，以便将这种不相交情况转换为多段相交转移。

控制能量一定，在 $\omega=0$ 的情况下，庞加莱截面中的任何闭合曲线（对应位置空间中的拟周期轨道）都不会有交点。图 5－16 从庞加莱空间 (ρ，$z=z_s$，$\dot{\rho}$，$\dot{z}>0$) 展示了分离的环面＃1 和环面＃3 实现互相转移的典型例子，其中环面＃1 和环面＃3 是由 $\omega=0$ 的拟周期轨迹张成的环面，分别显示为红色曲线和绿色曲线；中间环面＃2 由 $\omega=0.009$ 的拟周期轨道张成，显示为黄色曲线。从图 5－16 可以清楚地看出，从起始环面＃1 到最终环面＃3 的转移可以通过从环面＃1 到环面＃2 的第一次转移：在相交点 P_1（或 P_4）上将 ω 从 0 变更为 0.009，以及从环面＃2 到环面＃3 的第二次转移：在相交点 P_2（或 P_3）处将 ω 从 0.009 恢复为 0 来实现。值得一提的是，四个交点 $P_{1\sim4}$ 形成一个闭合回路，不仅可以实现从环面＃1 到环面＃3 的轨道转移，还可以返回环面＃1 本身。P_1 和 P_2 处的中间轨道只是一个例子，为从初始环面＃1 到最终环面＃3 的转移提供了候选路径。本节提出的方法可在没有任何相交点的情况下获得两个分离的环面之间的转移。

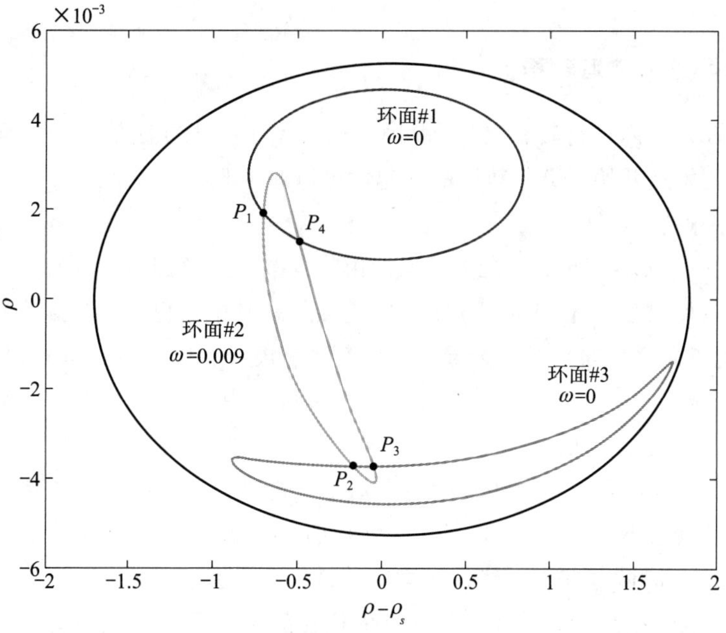

图 5－16　庞加莱截面上的有界轨道转移（见彩插）

图 5－16 中展示的三个闭合曲线在位置空间中对应的轨道形态如图 5－17 所示，它表明在 P_1、P_2 点两次转移之后，SPOⅠ周期轨迹附近的拟周期轨迹可以转换为 SPOⅡ周期轨迹附近的拟周期轨迹。且拼接后的轨迹相比于环面＃1 和环面＃3 可访问更多的

空间。因此，使用弱 HSP 控制可将几个自然轨迹扩展成一条新的人工轨迹，并拓展其可达区域。

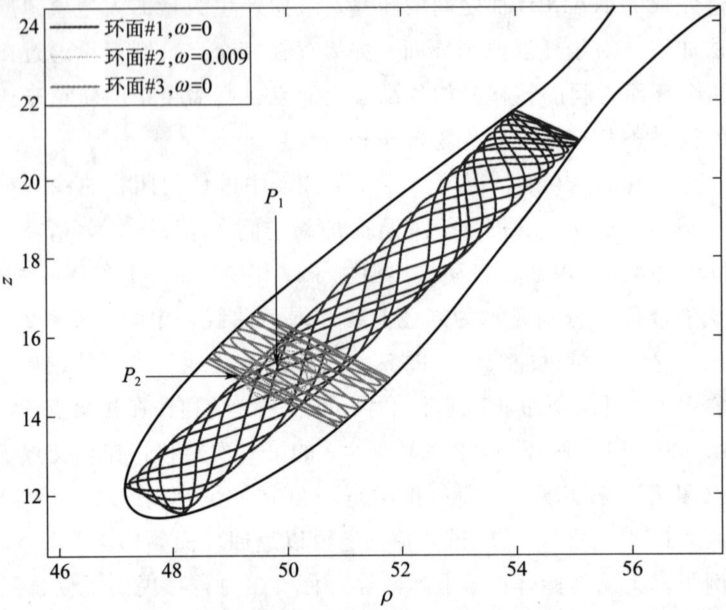

图 5-17　位置空间中，从环面＃1 到环面＃3 的轨道转移（见彩插）

5.7.2　KAM 环外的轨道转移

除了在 KAM 环内进行转移之外，ω 因子也可用于实现穿越轨道与非穿越轨道之间的转移，因为从起始点开始积分的轨道的穿越性可以通过改变 ω 来改变。下面提供一个示例来详细解释这一点。

在图 5-18 中，$z_p=15$ 处的庞加莱截面由临界圆（黑色圆圈）界定，并且在相同能量 $E=0.011\,937\,1$ 下展示了不同 ω 因子下的穿越区域；其中蓝色实心（虚线）圆圈以内表示 $\omega=0$ 情况下的正向（负向）穿越区域，绿色实线（虚线）以内表示 $\omega=0.005$ 情况下正向（负向）穿越区域。当 $\omega=0$ 时，点 A_1 在正向穿越区域中，即从 A_1 积分得到的轨道一定穿越。但是，当 ω 变更为 0.005 时，点 A_1 不在其对应的穿越区域内，从而生成的轨道为非穿越轨道。图 5-19 在位置空间中清楚地显示了穿越轨道从点 A_1 处转移到非穿越轨道的过程；其中，蓝线表示 $\omega=0.005$ 时的 KAM 环面，黑线表示 $\omega=0$ 时的穿越轨道，红线表示 $E=0.011\,937\,1$ 时的零速度曲线。同样，从 A_2 积分的轨道可以在 $\omega=0.005$ 时穿越，但在 $\omega=0$ 时保持为不变环面。由于穿越区域的位置随 ω 因子的变化而变化，因此 ω 可以作为控制参数来控制轨道的穿越或非穿越，这对轨迹设计具有一定的意义。

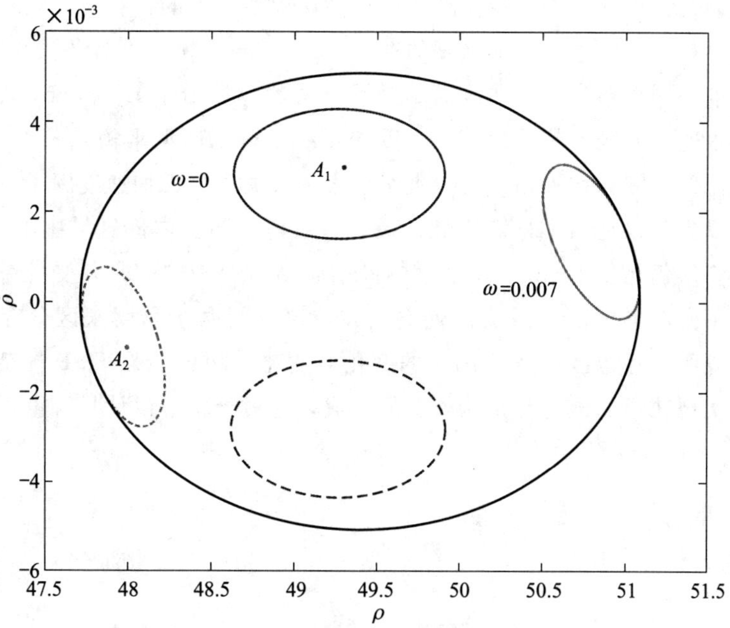

图 5-18 穿越控制的示例（见彩插）

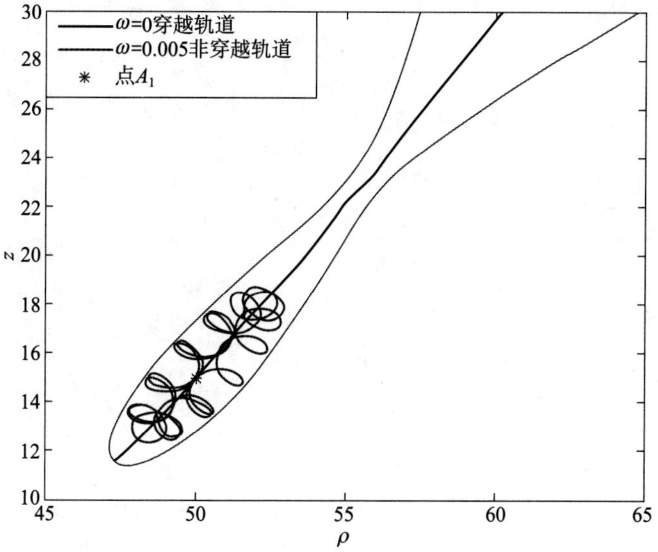

图 5-19 在点 A_1 处的穿越控制（见彩插）

5.8 本章小结

本章通过量化科氏加速度，引用了一个新概念：弱保哈密顿结构控制器，并研究其影响轨道稳定性的动力学机理。研究发现，弱控制器不改变平衡点的数目和 Hill 区域，原始系统大部分的动力学特性（如不变流形的同宿性，周期轨道的存在等）均被保留下来，但也有一些变化。首先，由于科氏加速度的存在，Lyapunov 轨道不具备关于时间的对称性，因此其在位置空间的形态为闭合曲线而不是反复线段，且由于 Lyapunov 轨道上无零速度点，该轨道与零速度曲线不相接；其次，受控系统中，双曲型平衡点及 Lyapunov 轨道的稳定和不稳定流形之间存在夹角，且该夹角可表示成关于科氏加速度因子 ω 的函数，因此轨迹的走向可以更改以远离不稳定区域；最后，数值证明，内部区域中 Lyapunov 轨道的稳定和不稳定流形仍然是 Lyapunov 轨道的同宿轨道，但不同的是，受控系统中穿越轨道族不再局限于不变流形内部，需从位置空间和位速空间两个角度来区分穿越和非穿越轨道。上述研究表明：穿越区域随 ω 因子的变化而变化，相比于强 HSP 控制，弱控制可以以较小的代价实现轨道的镇定与拼接轨道的生成，这对于轨迹设计具有重要的意义。

第 6 章　连续小推力悬浮轨道的解析解

6.1 引言

现有的所有关于非开普勒轨道（NKO）的研究都致力于动力学分析和轨道设计，未关注非开普勒轨道族研究中的另一个关键问题：从 NKO 动力学参数到相应轨道要素之间的解析推导，而其实后者对于支持未来的航天任务探索和轨道理论发展具有非常重要的意义。悬浮轨道受小推力作用悬浮于地球上方，针对开普勒轨道的经典摄动理论不再适用，这使得非开普勒轨道的动力学特性研究、控制与实际应用大多局限于数值分析，无法给出航天器运动轨道的变化规律。因此本章拟类比开普勒轨道，推导悬浮轨道的密切根数（Osculating Keplerian Element，OKE）一阶解析解，并数值检验其解析推导的正确性与精确度。Peloni 等[80]在高能非开普勒轨道（Highly Non - Keplerian Orbit）和经典轨道元素之间建立了封闭的解析映射关系，但是他们研究的轨道局限于圆形周期悬浮轨道，即轨道半径和高度都保持恒定。与他们的研究不同，本章的目的是解析推导一般（周期和准周期）非开普勒悬浮轨道的密切根数。

6.2 基于虚拟地球的动力学模型

本章考虑零俯仰角下小推力悬浮轨道二体问题。悬浮动力学模型如图 6 - 1 所示，动力学方程表示为

$$\begin{cases} \ddot{\rho} - \dfrac{h_z^2}{\rho^3} = \dfrac{\partial U}{\partial \rho} \\ \ddot{z} = \dfrac{\partial U}{\partial z} \end{cases} \tag{6-1}$$

势能函数 U 记为

$$U = \frac{1}{r} + \kappa \cdot z \tag{6-2}$$

式中　h_z ——动量矩，$h_z = \rho^2 \dot{\varphi}$ ；

　　κ ——推力加速度大小。

由上文的研究可知，该动力系统存在两个平衡点：双曲型平衡点 L^u 和椭圆型平衡点 L^s。本章节只考虑稳定平衡点 L^s 附近的轨道。

基于悬浮轨道轨道要素（ρ，z，φ），可计算出航天器在地心惯性坐标系下的位置矢量 $\boldsymbol{r}$ 与速度矢量 $\boldsymbol{v}$，如下

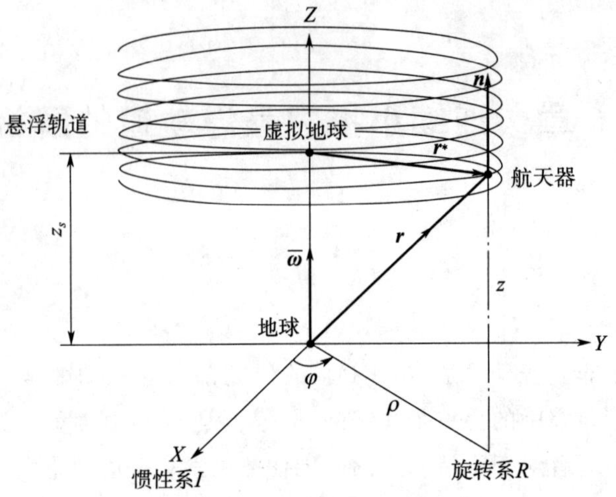

图 6-1 悬浮轨道动力学模型及虚拟地球

$$\boldsymbol{r}=[\rho\cos\varphi \quad \rho\sin\varphi \quad z]^{\mathrm{T}},\ \boldsymbol{v}=[\dot{\rho}\cos\varphi-h_z\sin\varphi/\rho \quad \dot{\rho}\sin\varphi+h_z\cos\varphi/\rho \quad \dot{z}]^{\mathrm{T}} \tag{6-3}$$

继而可根据轨道状态量之间的转换关系，确定轨道六要素[128]

$$\boldsymbol{H}=\boldsymbol{r}\times\boldsymbol{v},\quad \boldsymbol{b}=[-H_y \quad H_x \quad 0]^{\mathrm{T}},\quad \boldsymbol{e}=\frac{\boldsymbol{v}\times\boldsymbol{H}}{\mu}-\frac{\boldsymbol{r}}{r}$$

$$\begin{gathered}
a=\frac{\mu r}{2\mu-rv^2}\\
e=\sqrt{1-H^2/\mu a}\\
i=\arccos(H_z/H)\\
\Omega=\arctan(-H_x/H_y)\\
\omega=\begin{cases}\arccos(\boldsymbol{b}^{\mathrm{T}}\boldsymbol{e}/be), & e_z>0\\ 2\pi-\arccos(\boldsymbol{b}^{\mathrm{T}}\boldsymbol{e}/be), & e_z\leqslant 0\end{cases}\\
u=\begin{cases}\arccos(\boldsymbol{b}^{\mathrm{T}}\boldsymbol{r}/br), & r_z>0\\ 2\pi-\arccos(\boldsymbol{b}^{\mathrm{T}}\boldsymbol{r}/br), & r_z\leqslant 0\end{cases}\\
E=2\arctan\left[\sqrt{(1-e)/(1+e)}\sin\left(\frac{u-\omega}{2}\right)/\cos\left(\frac{u-\omega}{2}\right)\right]\\
M=E-e\sin(E)
\end{gathered} \tag{6-4}$$

式中 μ ——中心天体引力系数；

a ——半长轴；

e ——偏心率；

i ——轨道倾角；

Ω ——升交点赤经；

ω ——近地点幅角；

u ——纬度幅角；

E ——偏近点角；

M ——平近点角。

本章选择（a，e，i，Ω，ω，M）为六个相互独立的轨道要素，至此建立起悬浮轨道（ρ，z，φ）与开普勒轨道密切根数（a，e，i，Ω，ω，M）之间的映射关系。以图 6-2 中的映射结果为例，轨道动力学参数为 $h_z=2.571$，$\kappa=0.000\ 5$，$z_s=0.144\ 87$，其中 z_s 为稳定平衡点的 z 坐标，由图中可看出悬浮轨道的密切根数呈现出短周期和长周期变化。

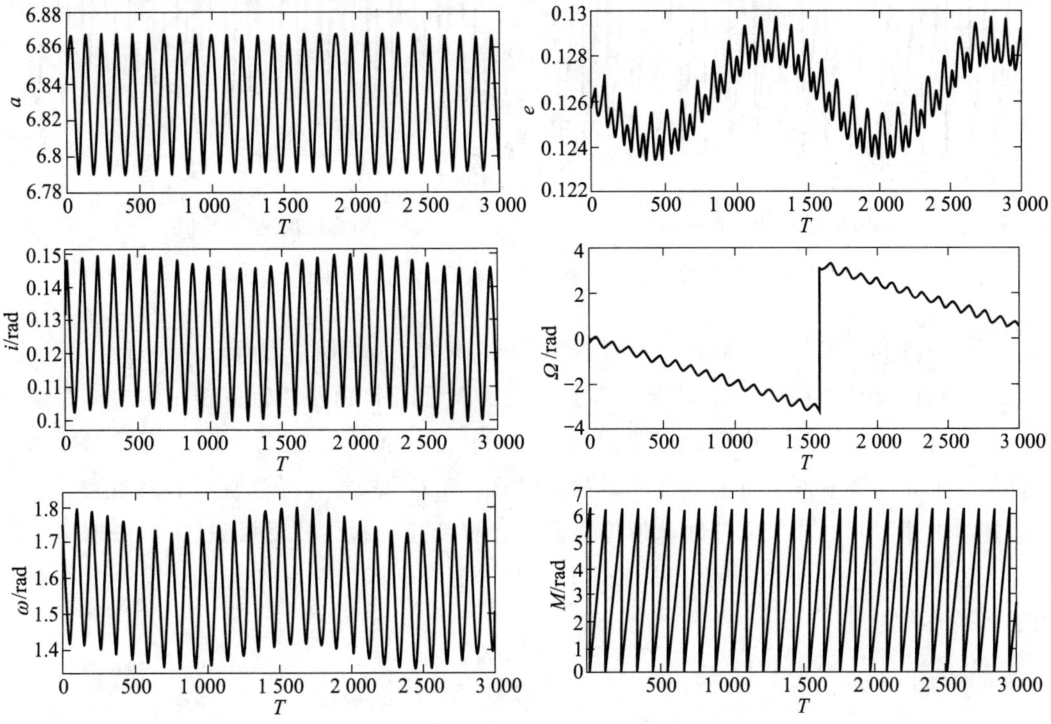

图 6-2　地心惯性坐标系下的悬浮轨道密切根数

轨道根数的变化可按性质分解为长期变化、长周期变化和短周期变化三部分。长周期取决于慢变量 Ω 和 ω 的变化速度，而短周期则由快变量 M 的变化速度所体现。当悬浮轨道的悬浮高度 z 较小时，如图 6-2 中的例子，悬浮轨道十分靠近地球，近地点幅角 ω 和升交点赤经 Ω 在一个短周期内呈现出小幅变化，而平近点角 M 从 0 变化到 2π。而当悬浮高度 z 增加后，密切根数的变化情况则有所不同，也给解析解的求解带来问题。一是近地点幅角 ω 在一个短周期内变化速度类似于快变量 M，变化范围从 0 到 2π，如图 6-3（a），即便此时的悬浮高度（z_s）只有 0.951 8。这种情况下，在短周期项解析解的推导中，ω 变幅大，不能作为常值处理，导致（拟）平均根数法在构造轨道解析解时失效。另一个问题涉及在短周期项推导中起重要作用的平近点角 M。由于解析解中的平均值均是通过对 M 的定积分获得，当 M 的变化区间一致时（均为 $[0,\ 2\pi]$），公式（6-10）可得到一组固定的平均化结果。而对于图 6-4（a）中的例子，M 在 $[2.65,\ 3.62]$ 区间内变化，虽然平均法仍然适用，但是公式（6-10）的平均化结果会随着 M 的取值范围变化而变化，导致推导出的短周期项结果只适用于特定情况下的悬浮轨道，不具备普适性。

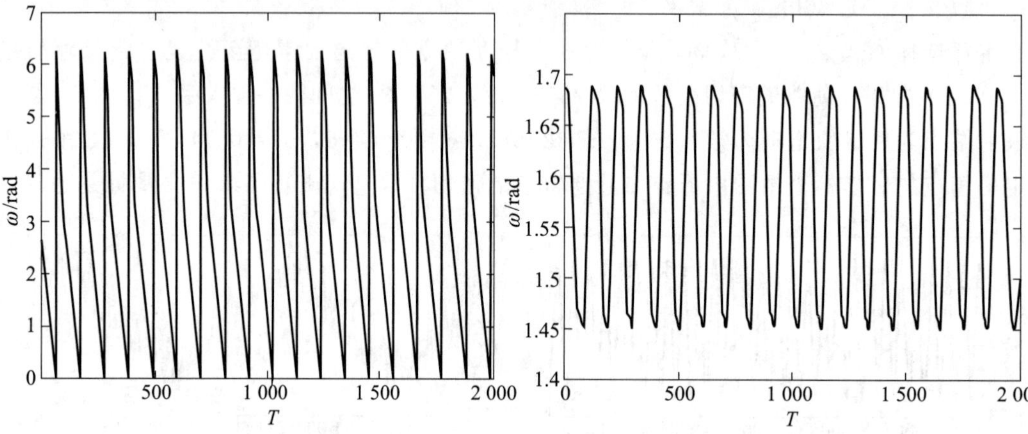

(a) 地心惯性系下的 ω

(b) 虚拟地心惯性系下的 ω

图 6-3 非开普勒悬浮轨道瞬时近地点幅角：$h_z=2.6457$，$\kappa=0.0025$，$z_s=0.9518$

为了解决上述问题，本节建立了“虚拟地球”模型，如图 6-1 所示。通过在（$\rho=0$，$z=z_s$）位置处设置虚拟地球，将悬浮于地球上方的非开普勒悬浮轨道转化为轨道面通过虚拟地球的二体“受摄”轨道。需要说明的是：由于小推力是主动力，并不属于摄动范畴，但为了在下文中采用与 J_2 项摄动问题相似的处理方法来推导悬浮轨道的解析解，本章将小推力加速度和地球与虚拟地球模型之间的坐标变换均视为“受摄源”。虚拟地球旋转坐标系表示为 $V(\rho^*, z^*)$，其坐标轴平行于地心旋转坐标系 R 的坐标轴，两个坐标系之间的转换关系为

$$\begin{cases} z^* = z - z_s \\ \rho^* = \rho \\ r^* = \sqrt{\rho^2 + (z-z_s)^2} \end{cases}, \quad \begin{cases} \dot{z}^* = \dot{z} \\ \dot{\rho}^* = \dot{\rho} \end{cases} \tag{6-5}$$

式中，z_s 是稳定平衡点的 z 坐标，可通过求解 $\dot{\boldsymbol{q}}=\boldsymbol{0}$，$\ddot{\boldsymbol{q}}=\boldsymbol{0}$ 得到。

理论上，虚拟地球可放置于 Z 轴上任意位置，这对密切根数的数值计算结果无任何影响，但是会影响密切根数解析解的通用性、有效性和精度。本章将虚拟地球选在 Z 轴 z_s 处，主要有两个原因。第一，考虑到虚拟地球的作用，相比于其他取值，z_s 既不高也不低，取值合适使得悬浮轨道始终围绕在虚拟地球的周围。即便是不同的悬浮轨道，真近点角 M 的变化边界均可取到 0 和 2π，与开普勒轨道 J_2 摄动的情况一致，保证了平均法的通用性；第二，虚拟地球选在 Z 轴 z_s 处为悬浮轨道和解析解提供了物理意义。当虚拟地球的垂直坐标为 z_s 时，虚拟地球模型是具象的。在标准化的系统中，虚拟地球的赤道平面是圆形周期悬浮轨道所在平面，球体半径为 ρ_s（ρ_s 是稳定平衡点的 ρ 坐标），自转角速度为 $\overline{\omega}^*=h_z/\rho_s^2$，虚拟地球引力系数为 μ^*，$\mu^*=\overline{\omega}^{*2}\rho_s^3=h_z^2/\rho_s$，这样的话，基于虚拟地球的轨道要素和相对于地球的经典轨道六要素具有相同的定义。更重要的是，基于 z_s 处的虚

拟地球轨道要素能够合理地描述悬浮轨道的特征。尤其是对偏心率为 0 的圆形周期悬浮轨道，只有在虚拟地球放置在 z_s 处的模型下，该圆形悬浮轨道的偏心率才满足上述实际情况。

根据公式（6-5），地心旋转坐标系中的悬浮轨道可转换到虚拟地心旋转坐标系下，并且相对于虚拟地球的密切根数数值解可通过向公式（6-4）中代入参数 μ^*，以及转换后的位置和速度计算得到。下面在悬浮高度较高的情况下，对比基于地球和虚拟地球模型数值求解得到的密切根数，以展示虚拟地球模型的优势。图 6-3 比较了非开普勒悬浮轨道瞬时近地点幅角，图 6-4 比较了瞬时平近点角。注意到图中的 ω 和 M 均是连续变化的，只是变幅不同。由于（拟）平均根数法的适用条件为短周期内 ω 小幅变化，M 在 $[0, 2\pi]$ 区间内大幅变化，因此只有虚拟地球模型才能保证（拟）平均根数法仍然适用于悬浮轨道密切根数的解析推导。

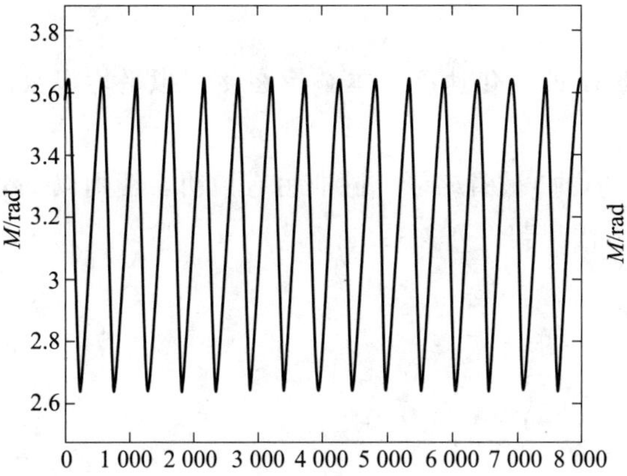

(a) 地心惯性系下的M

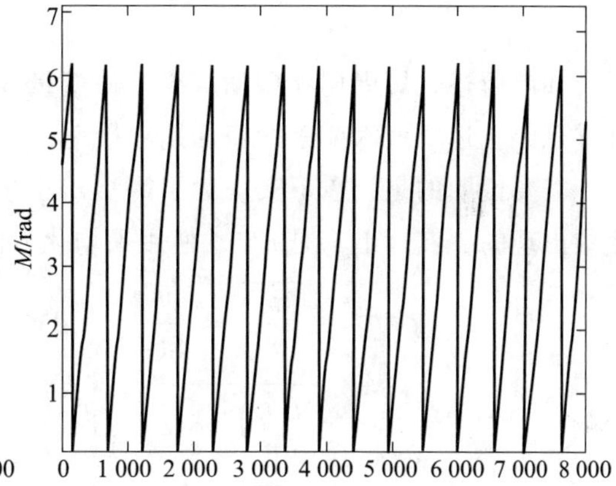

(b) 虚拟地心惯性系下的M

图 6-4　非开普勒悬浮轨道瞬时平近点角：$h_z = 4.4721$，$\kappa = 0.0005$，$z_s = 6.34258$

使用泰勒展开，$\frac{1}{r}$ 可表示成关于新坐标 (ρ^*, z^*) 的函数，即

$$\frac{1}{r} = \frac{1}{r^*} - \frac{z^* z_s}{r^{*3}} - \frac{z_s^2}{2r^{*3}} + \frac{3z^{*2} z_s^2}{2r^{*5}} + o\left[\left(\frac{1}{r^*}\right)^7\right] \tag{6-6}$$

将式（6-6）和 $z = z^* + z_s$ 代入势能函数 $U = \frac{\mu}{r} + \kappa z$ 中，推导出

$$U = \frac{u^*}{r^*} + \frac{\mu - u^*}{r^*} - \frac{\mu z^* z_s}{r^{*3}} - \frac{\mu z_s^2}{2r^{*3}} + \frac{3\mu z^{*2} z_s^2}{2r^{*5}} + \kappa z^* + \kappa z_s + o\left[\left(\frac{1}{r^*}\right)^7\right] \tag{6-7}$$

定义变量 δ 为虚拟地球模型下的赤纬，满足 $\sin\delta = z^*/r^*$。由地球引力和小推力加速度所生成的悬浮轨道可转换成由虚拟地球引力、小推力加速度以及坐标转换摄动生成的二体“受摄”轨道。势能函数可重写为

$$U = \frac{u^*}{r^*} + \frac{\mu - u^*}{r^*} - \frac{\mu z_s \sin\delta}{r^{*2}} - \frac{\mu z_s^2}{2r^{*3}} + \frac{3\mu z_s^2 \sin^2\delta}{2r^{*3}} + \kappa \sin\delta r^* + \kappa z_s + o\left[\left(\frac{1}{r^*}\right)^7\right]$$

得到基于虚拟地球的“摄动函数”为

$$R=\frac{\mu-u^{*}}{r^{*}}-\frac{\mu z_{s}}{r^{*2}}\sin\delta-\frac{\mu z_{s}^{2}}{2r^{*3}}+\frac{3\mu z_{s}^{2}}{2r^{*3}}\sin^{2}\delta+\kappa r^{*}\sin\delta+\kappa z_{s} \tag{6-8}$$

由于 $\sin\delta=\sin i\sin(v+\omega)$，$\sin^{2}\delta=0.5\sin^{2}i[1-\cos(2v+2\omega)]$，基于虚拟地球的摄动函数可进一步表示成关于轨道要素的函数如下

$$\begin{aligned}R=&\frac{\mu-u^{*}}{a}\frac{a}{r^{*}}-\frac{\mu z_{s}}{a^{2}}\sin i\left(\frac{a}{r^{*}}\right)^{2}\sin(v+\omega)-\frac{\mu z_{s}^{2}}{2a^{3}}\left(\frac{a}{r^{*}}\right)^{3}+\frac{3\mu z_{s}^{2}}{4a^{3}}\sin^{2}i\left(\frac{a}{r^{*}}\right)^{3}-\\&\frac{3\mu z_{s}^{2}}{4a^{3}}\sin^{2}i\left(\frac{a}{r^{*}}\right)^{3}\cos(2v+2\omega)+\kappa a\sin i\frac{r^{*}}{a}\sin(v+\omega)+\kappa z_{s}\end{aligned} \tag{6-9}$$

6.3 短周期项摄动

如前所述，短周期项摄动取决于快变量 M 的变化速度。本节旨在使用拟平均根数法推导悬浮轨道轨道六要素的短周期项摄动[129]。

需要说明的是，在下文中为了简洁，r^{*} 中的 * 被省略了；除非另有说明，否则以下公式中出现的 r 实际上都是 r^{*}。使用平均化方法得到下列关系式

$$\begin{aligned}&\overline{\left(\frac{a}{r}\right)}=\frac{1}{2\pi}\int_{0}^{2\pi}\frac{a}{r}\mathrm{d}M=\frac{1}{2\pi}\int_{0}^{2\pi}\frac{a}{r}\frac{r}{a}\mathrm{d}E=1\\&\overline{\left(\frac{a}{r}\right)^{2}\cos v}=\overline{\left(\frac{a}{r}\right)^{3}\cos(2v)}=0\\&\overline{\left(\frac{a}{r}\right)^{p}\sin(qv)}=0\quad(p,q=0,1,2\cdots)\\&\overline{\left(\frac{a}{r}\right)^{3}}=(1-e^{2})^{-\frac{3}{2}},\ \overline{\left(\frac{r}{a}\right)\cos v}=-\frac{3}{2}e\end{aligned} \tag{6-10}$$

摄动项被分为两部分：长期和长周期项摄动 $\overline{R}$，以及短周期项摄动 R_{s}，如下

$$\overline{R}=\frac{\mu-u^{*}}{a}+\left(-\frac{1}{2}+\frac{3}{4}\sin^{2}i\right)\frac{\mu z_{s}^{2}}{a^{3}}(1-e^{2})^{-\frac{3}{2}}-\frac{3}{2}\kappa ae\sin i\sin\omega+\kappa z_{s} \tag{6-11}$$

$$\begin{aligned}R_{s}=&\frac{\mu-u^{*}}{a}\frac{a}{r}-\frac{\mu z_{s}}{a^{2}}\sin i\left(\frac{a}{r}\right)^{2}\sin(v+\omega)-\frac{\mu z_{s}^{2}}{2a^{3}}\left(\frac{a}{r}\right)^{3}+\frac{3\mu z_{s}^{2}}{4a^{3}}\sin^{2}i\left(\frac{a}{r}\right)^{3}-\\&\frac{3\mu z_{s}^{2}}{4a^{3}}\sin^{2}i\left(\frac{a}{r}\right)^{3}\cos(2v+2\omega)+\kappa a\sin i\frac{r}{a}\sin(\nu+\omega)-\frac{\mu-u^{*}}{a}-\\&\left(-\frac{1}{2}+\frac{3}{4}\sin^{2}i\right)\frac{\mu z_{s}^{2}}{a^{3}}(1-e^{2})^{-\frac{3}{2}}+\frac{3}{2}\kappa ae\sin i\sin\omega\end{aligned} \tag{6-12}$$

拉格朗日型的摄动运动方程如式（6-13）所示

$$
\begin{aligned}
&\frac{\mathrm{d}a}{\mathrm{d}t}=\frac{2}{na}\frac{\partial R}{\partial M}\\
&\frac{\mathrm{d}e}{\mathrm{d}t}=\frac{1-e^2}{na^2e}\frac{\partial R}{\partial M}-\frac{\sqrt{1-e^2}}{na^2e}\frac{\partial R}{\partial \omega}\\
&\frac{\mathrm{d}i}{\mathrm{d}t}=\frac{\cos i}{na^2\sqrt{1-e^2}\sin i}\frac{\partial R}{\partial \omega}\\
&\frac{\mathrm{d}\Omega}{\mathrm{d}t}=\frac{1}{na^2\sqrt{1-e^2}\sin i}\frac{\partial R}{\partial i}\\
&\frac{\mathrm{d}\omega}{\mathrm{d}t}=-\frac{\cos i}{na^2\sqrt{1-e^2}\sin i}\frac{\partial R}{\partial i}+\frac{\sqrt{1-e^2}}{na^2e}\frac{\partial R}{\partial e}\\
&\frac{\mathrm{d}M}{\mathrm{d}t}=n-\frac{1-e^2}{na^2e}\frac{\partial R}{\partial e}-\frac{2}{na}\frac{\partial R}{\partial a}
\end{aligned}
\tag{6-13}
$$

其中，n 与半长轴 a 有关，$n^2a^3=\mu^*$ 。在拉格朗日行星摄动方程的一般形式中，完整的 $\mathrm{d}i/\mathrm{d}t$ 应为 $\frac{\mathrm{d}i}{\mathrm{d}t}=\frac{1}{na^2\sqrt{1-e^2}\sin i}\left(\cos i\frac{\partial R}{\partial\omega}-\frac{\partial R}{\partial\Omega}\right)$，但由于本章中 R 与 Ω 无关，$\mathrm{d}i/\mathrm{d}t$ 排除了 $\frac{\partial R}{\partial\Omega}$ 项，简化成公式（6－13）中的形式。

在悬浮轨道解析解推导的过程中，除遇到六个独立根数（a，e，i，Ω，ω，M）外，还会涉及由它们构成的一些函数。必要的函数关系都在公式（6－16）中给出（其详细推导参见附录）。平近点角 M 与其他五个轨道根数相互独立，但是偏近点角 E 和真近点角 v 都是 M 和偏心率 e 的函数。开普勒轨道的平近点角 M 是时间 t 的线性函数，而其他变量如 E 和 v 与 M 没有直接的显示表达式，只推导了 E 和 v 关于 M 和 e 的级数展开式，截止到 e^5 为止，展开式是[130]

$$
\begin{cases}
E=M+e\left(1-\frac{e^2}{8}+\frac{e^4}{192}\right)\sin M+e^2\left(\frac{1}{2}-\frac{e^2}{6}\right)\sin 2M+\\
\quad e^3\left(\frac{3}{8}-\frac{27e^2}{128}\right)\sin 3M+\frac{1}{3}e^4\sin 4M+\frac{125}{384}e^5\sin 5M\\
v=M+e\left(2-\frac{e^2}{4}+\frac{5e^4}{96}\right)\sin M+e^2\left(\frac{5}{4}-\frac{11e^2}{24}\right)\sin 2M+\\
\quad e^3\left(\frac{13}{12}-\frac{43e^2}{64}\right)\sin 3M+\frac{103}{96}e^4\sin 4M+\frac{1\,097}{960}e^5\sin 5M
\end{cases}
\tag{6-14}
$$

$$
\begin{cases}
\frac{r}{a}=\frac{1-e^2}{1+e\cos v}=1-e\cos E\\
\frac{r}{a}\cos v=\cos E-e\\
\frac{r}{a}\sin v=\sqrt{1-e^2}\sin E
\end{cases}
\tag{6-15}
$$

$$\begin{cases}\dfrac{\partial E}{\partial e}=\dfrac{a}{r}\sin E, \quad \dfrac{\partial E}{\partial M}=\dfrac{a}{r}\\ \dfrac{\partial v}{\partial e}=\dfrac{1}{1-e^2}(2+e\cos v)\sin v, \quad \dfrac{\partial v}{\partial M}=\sqrt{1-e^2}\left(\dfrac{a}{r}\right)^2\\ \dfrac{\partial r}{\partial a}=\dfrac{r}{a}, \quad \dfrac{\partial r}{\partial e}=-a\cos v, \quad \dfrac{\partial r}{\partial M}=\dfrac{ae}{\sqrt{1-e^2}}\sin v\end{cases} \tag{6-16}$$

替换式（6-13）中的R为R_s，并保持等式右边的a，n，e，i和ω为常值，对平近点角M定积分以推导一阶短周期项摄动。真近点角v或偏近点角E都是关于时间t的函数，独立变量M可表达为关于E或者v的函数

$$\mathrm{d}M=n\mathrm{d}t=\left(\frac{r}{a}\right)\mathrm{d}E=\frac{1}{\sqrt{1-e^2}}\left(\frac{r}{a}\right)^2\mathrm{d}v \tag{6-17}$$

六个独立根数的积分结果为

$$\begin{aligned}\mathrm{d}a_s(t)&=\int^t\frac{2}{na}\frac{\partial R_s}{\partial M}\mathrm{d}t=\int^t\frac{2}{na}\frac{\partial R_s}{\partial M}\frac{1}{n}\mathrm{d}M=\frac{2}{n^2a}R_s\\&=\frac{2}{n^2a}\left\{\frac{\mu-u^*}{a}\left(\frac{a}{r}-1\right)-\frac{\mu z_s}{a^2}\sin i\left(\frac{a}{r}\right)^2\sin(v+\omega)+\left(-\frac{1}{2}+\frac{3}{4}\sin^2 i\right)\frac{\mu z_s^2}{a^3}\left[\left(\frac{a}{r}\right)^3-(1-e^2)^{-\frac{3}{2}}\right]\right\}+\\&\quad\frac{2}{n^2a}\left[-\frac{3\mu z_s^2}{4a^3}\sin^2 i\left(\frac{a}{r}\right)^3\cos(2v+2\omega)+\kappa a\sin i\left(\frac{r}{a}\sin(\nu+\omega)+\frac{3}{2}e\sin\omega\right)\right]\end{aligned} \tag{6-18}$$

$$\begin{aligned}\mathrm{d}i_s(t)&=\frac{\mu\cos i}{n^2a^2(1-e^2)}\left\{-\frac{z_s}{a^2}\sin(v+\omega)-\frac{3z_s^2\sin i}{2a^3(1-e^2)}\left[\frac{\cos(2v+2\omega)}{2}+\frac{e\cos(3v+2\omega)}{6}+\frac{e\cos(v+2\omega)}{2}\right]\right\}+\\&\quad\frac{\kappa\cos i}{n^2a}\left[\cos\omega\,\frac{\sin E-\dfrac{3Ee}{2}-\dfrac{e\sin(2E)}{4}+e^2\sin E}{\sqrt{1-e^2}}-\sin\omega\left(\frac{e\cos^2E}{2}-\cos E\right)+\frac{3e\cos\omega}{2\sqrt{1-e^2}}M\right]\end{aligned} \tag{6-19}$$

$$\begin{aligned}\mathrm{d}e_s(t)&=\frac{1-e^2}{2ae}a_s(t)-\frac{1-e^2}{e}\tan(i)\,i_s(t)\\&=\frac{1-e^2}{n^2a^2e}\left\{\frac{\mu-u^*}{a}\left(\frac{a}{r}-1\right)-\frac{\mu z_s\sin i}{a^2}\left(\frac{a}{r}\right)^2\sin(v+\omega)+\frac{\mu z_s^2}{a^3}\left(\frac{3}{4}\sin^2 i-\frac{1}{2}\right)\left[\left(\frac{a}{r}\right)^3-(1-e^2)^{-\frac{3}{2}}\right]\right\}+\\&\quad\frac{1-e^2}{n^2a^2e}\left[-\frac{3\mu z_s^2\sin^2 i}{4a^3}\left(\frac{a}{r}\right)^3\cos(2v+2\omega)+\kappa a\sin i\left(\frac{r}{a}\sin(v+\omega)+\frac{3}{2}e\sin\omega\right)\right]+\\&\quad\frac{\mu}{n^2a^2e}\left[\frac{z_s}{a^2}\sin i\sin(v+\omega)+\frac{3z_s^2\sin^2 i}{2a^3(1-e^2)}\left(\frac{\cos(2v+2\omega)}{2}+\frac{e\cos(3v+2\omega)}{6}+\frac{e\cos(v+2\omega)}{2}\right)\right]+\\&\quad\frac{\kappa\sin i(1-e^2)}{n^2ae}\left\{-\cos\omega\,\frac{\left[(1+e^2)\sin E-\dfrac{3Ee}{2}-\dfrac{e\sin(2E)}{4}\right]}{\sqrt{1-e^2}}+\sin\omega\left(\frac{e\cos^2E}{2}-\cos E\right)-\frac{3e\cos\omega M}{2\sqrt{1-e^2}}\right\}\end{aligned} \tag{6-20}$$

$$\mathrm{d}\omega_s(t)= -\frac{\mu z_s\cos^2 i}{n^2a^4(1-e^2)}\left\{\frac{\cos(v+\omega)}{\sin i}+\frac{3z_s}{2a(1-e^2)}\left[v-M-\frac{\sin(2v+\omega)}{2}-\frac{e\sin(3v+2\omega)}{6}+e\sin v-\frac{e\sin(v+2\omega)}{2}\right]\right\}-$$

$$\frac{\kappa\cos^2 i}{n^2a\sin i}\left\{\cos\omega\left(\frac{e\cos^2E}{2}-\cos E\right)+\sin\omega\frac{\left[(1+e^2)\sin E-\frac{3Ee}{2}-\frac{e\sin 2E}{4}\right]}{\sqrt{1-e^2}}+\frac{3e\sin\omega}{2\sqrt{1-e^2}}M\right\}+$$

$$\frac{1}{n^2a^2e}\left\{\frac{\mu-\mu^*}{a}\sin v-\frac{2\mu z_s\sin i}{a^2(1-e^2)}\left[\frac{v\sin\omega}{2}-\frac{\cos v\cos(v+\omega)}{2}+\frac{2e\sin v\ \sin\omega}{3}-\frac{e\cos^2v\cos(v+\omega)}{3}\right]\right\}+$$

$$\frac{3\mu}{n^2a^2e}\left(-\frac{z_s^2}{2a^3}+\frac{3z_s^2}{4a^3}\sin^2 i\right)\left[\frac{\sin v+(2e^2\sin v)/3+ev+e^2\cos^2v\ \sin v/3+e\sin(2v)/2}{(1-e^2)^2}\right]+$$

$$\frac{\mu}{n^2a^2e}\left\{\frac{z_s\sin i}{a^2(1-e^2)}\left[\frac{\cos(2v+\omega)}{2}+v\sin\omega+\frac{e\cos(v-\omega)}{4}+\frac{e\cos(3v+\omega)}{12}\right]\right\}+$$

$$\frac{3\mu z_s^2\sin^2(i)}{2n^2a^5e(1-e^2)^2}\left[\frac{\sin(v+2\omega)}{4}-\frac{7\sin(3v+2\omega)}{12}-\frac{3e\sin(2v+2\omega)}{4}-\frac{3e\sin(4v+2\omega)}{8}-\right.$$

$$\left.\frac{e^2\sin(v-2\omega)}{16}-\frac{7e^2\sin(v+2\omega)}{16}-\frac{11e^2\sin(3v+2\omega)}{48}-\frac{e^2\sin(5v+2\omega)}{16}\right]+$$

$$\frac{\kappa\sin i}{n^2ae}\left[\cos\omega\frac{\cos E(2e-\cos E)}{2}-\sin\omega\sqrt{1-e^2}\left(\frac{3E}{2}-\frac{\sin(2E)}{4}-e\sin E\right)\right]-$$

$$\frac{M}{n^2a^2(1-e^2)^2}\left[-\frac{3\mu z_s^2}{2a^3}+\frac{9\mu z_s^2}{4a^3}\sin^2 i-\frac{3(1-e^2)^{\frac{5}{2}}}{2e}\kappa a\sin i\sin\omega\right]$$

(6-21)

$$\mathrm{d}\Omega_s(t)=\frac{\mu z_s\cos i}{n^2a^4(1-e^2)\sin i}\left\{\cos(v+\omega)+\frac{3z_s\sin i}{2a(1-e^2)}\left[v-M-\frac{\sin(2v+2\omega)}{2}-\right.\right.$$

$$\left.\left.\frac{e\sin(3v+2\omega)}{6}+e\sin v-\frac{e\sin(v+2\omega)}{2}\right]\right\}+$$

$$\frac{\kappa\cos i}{n^2a\sin i}\left\{\cos\omega\left[\frac{e\cos^2E}{2}-\cos E\right]+\right.$$

$$\left.\sin\omega\frac{\left[\sin E-\frac{3Ee}{2}-\frac{e\sin(2E)}{4}+e^2\sin E\right]}{\sqrt{1-e^2}}+\frac{3e\sin\omega}{2\sqrt{1-e^2}}M\right\}$$

(6-22)

$$dM_s(t) = -\frac{\sqrt{1-e^2}}{n^2a^2e}\left\{\frac{\mu-\mu^*}{a}\sin\nu - \frac{2\mu z_s\sin i}{a^2(1-e^2)}\left[\frac{\nu\sin\omega}{2} - \frac{\cos\nu\cos(\nu+\omega)}{2} + \frac{2e\sin\nu\sin\omega}{3} - \frac{e\cos^2(\nu)\cos(\nu+\omega)}{3}\right]\right\} -$$

$$\frac{3\mu}{n^2a^2e}\left(-\frac{z_s^2}{2a^3} + \frac{3z_s^2}{4a^3}\sin^2 i\right)\left[\frac{\sin\nu + (2e^2\sin\nu)/3 + e\nu + e^2\cos^2\nu\,\sin\nu/3 + e\sin(2\nu)/2}{(1-e^2)^{3/2}}\right] +$$

$$\frac{\mu}{n^2a^2e}\left\{\frac{z_s\sin i}{a^2\sqrt{1-e^2}}\left[-\frac{\cos(2\nu+2\omega)}{2} - \nu\sin\omega - \frac{e\cos(\nu-\omega)}{4} - \frac{e\cos(3\nu-\omega)}{12}\right]\right\} -$$

$$\frac{3z_s^2\mu\sin^2 i}{2n^2a^5e(1-e^2)^{3/2}}\left[\frac{\sin(\nu+2\omega)}{4} - \frac{7\sin(3\nu+2\omega)}{12} - \frac{3e\sin(2\nu+2\omega)}{4} - \frac{3e\sin(4\nu+2\omega)}{8} - \right.$$

$$\left.\frac{e^2\sin(\nu-2\omega)}{16} - \frac{7e^2\sin(\nu+2\omega)}{16} - \frac{11e^2\sin(3\nu+2\omega)}{48} - \frac{e^2\sin(5\nu+2\omega)}{16}\right] -$$

$$\frac{\kappa\sin i\sqrt{1-e^2}}{n^2ae}\left\{\cos\omega\,\frac{\cos E(2e-\cos E)}{2} - \sin\omega\sqrt{1-e^2}\left[\frac{3E}{2} - \frac{\sin(2E)}{4} - e\sin E\right]\right\} +$$

$$\frac{\mu M}{n^2a^2(1-e^2)^{3/2}}\left[-\frac{3z_s^2}{2a^3} + \frac{9z_s^2}{4a^3}\sin^2 i - \frac{3(1-e^2)^{5/2}}{2\mu e}\kappa a\sin i\sin\omega\right] + \frac{2(\mu-\mu^*)}{n^2a^3}E -$$

$$\frac{2}{n^2a}\left\{\frac{\mu z_s^2}{a^4(1-e^2)^{3/2}}\left(\frac{3}{2} - \frac{9\sin^2 i}{4}\right)(\nu+e\sin\nu) - \frac{2\mu z_s\sin i}{a^3\sqrt{1-e^2}}\cos(\nu+\omega) + \right.$$

$$\kappa\sin i\left[\frac{\cos\omega(1-e^2)^{5/2}}{2e(e\cos\nu+1)^2} + \sin\omega\left(\sin E - \frac{3Ee}{2} - \frac{e\sin(2E)}{4} + e^2\sin E\right)\right] +$$

$$\left.\frac{9\mu z_s^2\sin^2 i}{4a^4(1-e^2)^{3/2}}\left[\sin(2\nu+2\omega)/2 + e\sin(3\nu+2\omega)/6 + e\sin(\nu+2\omega)/2\right]\right\} +$$

$$\frac{2}{n^2a}M\left(\frac{3\mu z_s^2}{2a^4(1-e^2)^{3/2}} - \frac{9\mu z_s^2\sin^2 i}{4a^4(1-e^2)^{3/2}} - \frac{3}{2}\kappa e\sin i\sin\omega - \frac{\mu-\mu^*}{a^2}\right)$$

$$(6-23)$$

　　使用拟平均根数法推导悬浮轨道的摄动解，轨道根数短周期项摄动的完整形式分别为 $a_s = da_s$，$i_s = di_s - \overline{di_s}$，$e_s = de_s - \overline{de_s}$，$\Omega_s = d\Omega_s - \overline{d\Omega_s}$，$\omega_s = d\omega_s - \overline{d\omega_s}$，$M_s = dM_s - \overline{dM_s}$，其中 $\overline{di_s}$、$\overline{de_s}$、$\overline{d\Omega_s}$、$\overline{d\omega_s}$ 和 $\overline{dM_s}$ 分别是 di_s、de_s、$d\Omega_s$、$d\omega_s$、dM_s 相对于平近点角的平均化结果，所以短周期项 a_s、i_s、e_s、Ω_s、ω_s、M_s 相对于平近点角的两次平均化结果为 0。$\overline{di_s}$、$\overline{de_s}$、$\overline{d\Omega_s}$、$\overline{d\omega_s}$ 和 $\overline{dM_s}$ 的表达式参见附录。

　　需要注意，等号右边出现的 a，e，i，Ω，ω，M，E，ν，n 均为拟平均根数，记为 $\bar{\sigma} = [a，e，i，\Omega，\omega，M]^\mathrm{T}$。拟平均根数 $\bar{\sigma}$ 既包含了长期项，还包含了长周期项，关于拟平均根数解析式 $\bar{\sigma}(t)$ 的推导在下一节中给出。

6.4　长期与长周期项摄动

　　长周期项摄动依赖于慢变量 Ω 和 ω 的变化速度。本章中，长周期项为 $R_l = -\frac{3}{2}\kappa ae\sin i\sin\omega$，长期项为 $R_c = \frac{\mu-u^*}{a} + \left(-\frac{1}{2} + \frac{3}{4}\sin^2 i\right)\frac{\mu z_s^2}{a^3}(1-e^2)^{-\frac{3}{2}} + \kappa z_s$。很

明显，长期项来源于地球与虚拟地球模型间的坐标变换，而长周期项来源于小推力加速度。考虑到 κ 和 z_s 的数值大小，长期摄动 R_c 比长周期项摄动 R_l 大了两个数量级，这和开普勒模型下的 J_2 摄动情况正好相反。如果继续使用（拟）平均根数法推导长期与长周期摄动，则需长周期项摄动 R_l 的一阶导为 0，这与悬浮轨道摄动的实际情况不符，因而该方法失效。

令式（6-13）中 $R=\overline{R}$，可得到密切根数的长期与长周期摄动的微分方程，即式（6-24）～式（6-29）。对于消除了短周期项后的拟平均轨道，运动变化缓慢，故其微分方程可采用大步长的数值积分来计算轨道解 $\bar{\sigma}(t)$，该方法也称为半解析法，相比于数值法，能明显地提升计算效率。但是为了分析运动天体的轨道变化特征，本节将运用线性化方法进一步研究长期与长周期项摄动的解析解。

$$\frac{\mathrm{d}a_l}{\mathrm{d}t}=\frac{2}{na}\frac{\partial\overline{R}}{\partial M}=0 \tag{6-24}$$

$$\frac{\mathrm{d}i_l}{\mathrm{d}t}=\frac{\cos i}{na\sqrt{1-e^2}}\left(-\frac{3}{2}\kappa e\cos\omega\right) \tag{6-25}$$

$$\frac{\mathrm{d}e_l}{\mathrm{d}t}=\frac{\sin(i)\sqrt{1-e^2}}{na}\left(\frac{3}{2}\kappa\cos\omega\right) \tag{6-26}$$

$$\begin{aligned}\frac{\mathrm{d}\omega_l}{\mathrm{d}t}=&\frac{-\cos i}{na^2\sqrt{1-e^2}\sin i}\left(\frac{3\mu}{4a^3}z_s^2\sin(2i)\,(1-e^2)^{-\frac{3}{2}}-\frac{3}{2}\kappa ae\cos i\sin\omega\right)+\\&\frac{3\mu z_s^2}{na^5\,(1-e^2)^2}\left(-\frac{1}{2}+\frac{3}{4}\sin^2 i\right)-\frac{3\sqrt{1-e^2}\kappa\sin i\sin\omega}{2nae}\end{aligned} \tag{6-27}$$

$$\frac{\mathrm{d}\Omega_l}{\mathrm{d}t}=\frac{1}{na^2\sqrt{1-e^2}\sin i}\left(\frac{3\mu}{4a^3}z_s^2\sin(2i)\,(1-e^2)^{-\frac{3}{2}}-\frac{3}{2}\kappa ae\cos i\sin\omega\right) \tag{6-28}$$

$$\begin{aligned}\frac{\mathrm{d}M_l}{\mathrm{d}t}=&n-\frac{3\mu z_s^2}{na^5\,(1-e^2)^{3/2}}\left(-\frac{1}{2}+\frac{3}{4}\sin^2 i\right)+\frac{3(1-e^2)\kappa\sin i\sin\omega}{2nae}-\\&\frac{2}{na}\left(-\frac{\mu-\mu^*}{a^2}+\frac{\mu z_s^2}{a^4\,(1-e^2)^{3/2}}\left(\frac{1}{2}-\frac{3}{4}\sin^2 i\right)-\frac{3}{2}\kappa e\sin i\sin\omega\right)\end{aligned} \tag{6-29}$$

根据式（6-24），半长轴不存在长期和长周期项，也就是说 $a_l=a_0$。令 $\boldsymbol{X}=[i\quad e\quad \omega]^{\mathrm{T}}$，非线性系统［式（6-25）～式（6-27）］有多组平衡解，统记为 $\boldsymbol{X}_r=[i_r\quad e_r\quad \omega_r]^{\mathrm{T}}$。根据式（6-25）和式（6-26），如果 $\omega=\pi/2$ 或 $\omega=3\pi/2$，则 $\frac{\mathrm{d}e_l}{\mathrm{d}t}=0$ 和 $\frac{\mathrm{d}i_l}{\mathrm{d}t}=0$。因此，令平衡解的 $\omega_r=\pi/2$，再根据半长轴 a 和倾角 i_r 的取值确定 e_r，使得它们之间的关系满足 $\frac{\mathrm{d}\omega_l}{\mathrm{d}t}=0$。具体地，$e_r$、$a$ 和 i_r 之间的约束关系可以写成 $\sin(i_r)\mu z_s^2\left(2-\frac{5}{2}\sin^2 i_r\right)=\kappa a^4(e_r^2-\sin^2 i_r)(1-e_r^2)^{\frac{3}{2}}\frac{1}{e_r}$，平衡解中的 e_r 可由其与 a 和 i_r 的关系解得，如图 6-5 所示（$\kappa=0.000\,5$，$z_s=0.144\,87$）。

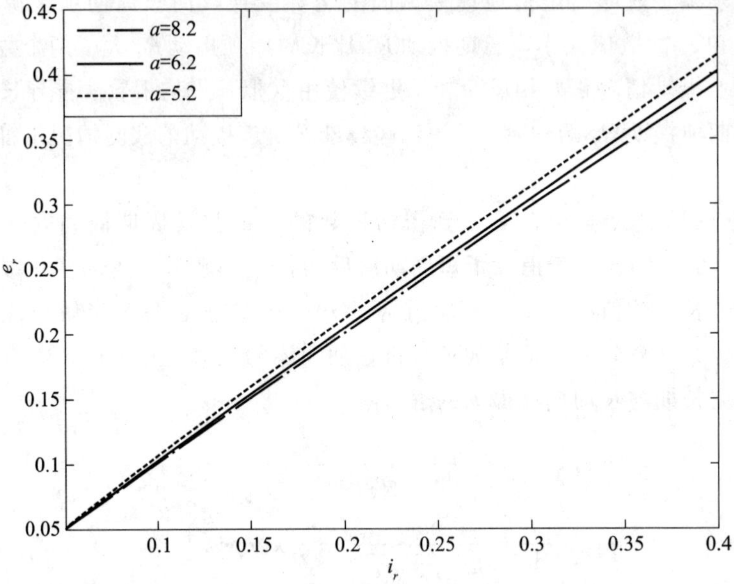

图 6-5　$\mathrm{d}\omega_l/\mathrm{d}t=0$ 情况下，半长轴 a、轨道倾角 i_r 和偏心率 e_r 之间的关系

非线性系统在平衡点 $\boldsymbol{X}_r$ 处的线性近似是 $\dot{\boldsymbol{X}}=\boldsymbol{A}\boldsymbol{X}$，其中 a_{ij} 表示矩阵 $\boldsymbol{A}$ 中第 i 行第 j 列的元素，具体表达式可参见附录。进一步简化，线性方程为

$$\dot{\boldsymbol{X}}=\left.\begin{bmatrix}0 & 0 & a_{13}\\ 0 & 0 & a_{23}\\ a_{31} & a_{32} & 0\end{bmatrix}\right|_{\boldsymbol{X}=\boldsymbol{X}_r}(\boldsymbol{X}-\boldsymbol{X}_r) \tag{6-30}$$

存在一个非奇异矩阵 $\mathbf{V}$，将 $\boldsymbol{A}$ 转换为 $\mathbf{V}^{-1}\boldsymbol{A}\mathbf{V}=\begin{bmatrix}\lambda_1 & 0 & 0\\ 0 & 0 & \lambda_2\\ 0 & \lambda_3 & 0\end{bmatrix}$，其中 λ_1，λ_2，λ_3 是系统的特征根，$\lambda_1=0$，$\lambda_2=\sqrt{-(a_{31}a_{13}+a_{32}a_{23})}$，$\lambda_3=-\sqrt{-(a_{31}a_{13}+a_{32}a_{23})}$，矩阵 $\mathbf{V}$ 由系统的特征向量构成，表达式为

$$\mathbf{V}=\begin{bmatrix}-\dfrac{a_{32}}{\sqrt{a_{32}^2+a_{31}^2}} & 0 & \dfrac{a_{13}}{\sqrt{a_{13}^2+a_{23}^2-a_{31}a_{13}-a_{32}a_{23}}}\\ \dfrac{a_{31}}{\sqrt{a_{32}^2+a_{31}^2}} & 0 & \dfrac{a_{23}}{\sqrt{a_{13}^2+a_{23}^2-a_{31}a_{13}-a_{32}a_{23}}}\\ 0 & \dfrac{\sqrt{-(a_{31}a_{13}+a_{32}a_{23})}}{\sqrt{a_{13}^2+a_{23}^2-a_{31}a_{13}-a_{32}a_{23}}} & 0\end{bmatrix} \tag{6-31}$$

定义一个坐标转换 $\boldsymbol{Y}=\mathbf{V}^{-1}(\boldsymbol{X}-\boldsymbol{X}_r)$，则线性系统（6-30）可被转换为

$$\dot{\boldsymbol{Y}}=\begin{bmatrix}\lambda_1 & 0 & 0\\ 0 & 0 & \lambda_2\\ 0 & \lambda_3 & 0\end{bmatrix}\boldsymbol{Y}$$

求解之后的结果为

$$\boldsymbol{Y}=\begin{bmatrix}e^{\lambda_1 t} & 0 & 0\\ 0 & \cos(-\lambda_2 t) & -\sin(-\lambda_2 t)\\ 0 & \sin(\lambda_3 t) & \cos(\lambda_3 t)\end{bmatrix}\begin{bmatrix}Y_{i_0}\\ Y_{e_0}\\ Y_{\omega_0}\end{bmatrix}$$

其中

$$\begin{bmatrix}Y_{i_0}\\ Y_{e_0}\\ Y_{\omega_0}\end{bmatrix}=\boldsymbol{V}^{-1}\begin{bmatrix}i_0-i_r\\ e_0-e_r\\ \omega_0-\omega_r\end{bmatrix}$$

式中，i_0，e_0，ω_0 是拟平均根数的初值。

最终轨道倾角、偏心率和近地点幅角的一阶近似解析解为

$$\begin{bmatrix}i_l(t)\\ e_l(t)\\ \omega_l(t)\end{bmatrix}=\begin{bmatrix}\dfrac{-a_{32}}{\sqrt{a_{32}^2+a_{31}^2}} & 0 & \dfrac{a_{13}}{\sqrt{a_{13}^2+a_{23}^2+\lambda_2^2}}\\ \dfrac{a_{31}}{\sqrt{a_{32}^2+a_{31}^2}} & 0 & \dfrac{a_{23}}{\sqrt{a_{13}^2+a_{23}^2+\lambda_2^2}}\\ 0 & \dfrac{\lambda_3}{\sqrt{a_{13}^2+a_{23}^2+\lambda_3^2}} & 0\end{bmatrix}\begin{bmatrix}e^{\lambda_1 t}Y_{i_0}\\ \cos(-\lambda_2 t)Y_{e_0}-\sin(-\lambda_2 t)Y_{\omega_0}\\ \sin(\lambda_3 t)Y_{e_0}+\cos(\lambda_3 t)Y_{\omega_0}\end{bmatrix}+\begin{bmatrix}i_r\\ e_r\\ \omega_r\end{bmatrix}$$

(6－32)

根据式（6－28）和式（6－29），Ω_l 和 M_l 的微分方程是关于 a，e，i 和 ω 的函数，且 Ω_l 和 M_l 的变化几乎是线性的。因此 a，Ω 和 M 的一阶近似解析解可表达为

$$a_l(t)=a_0 \tag{6-33}$$

$$\Omega_l(t)=\frac{1}{n_0a_0^2\sqrt{1-e_0^2}\sin i_0}\left[\frac{3\mu}{4a_0^3}z_s^2\sin(2i_0)\ (1-e_0^2)^{-\frac{3}{2}}-\frac{3}{2}\kappa a_0e_0\cos i_0\sin\omega_0\right](t-t_0)+\Omega_0 \tag{6-34}$$

$$\begin{aligned}M_l(t)=\Bigg[&n_0-\frac{3n_0z_s^2}{a_0^2\ (1-e_0^2)^{3/2}}\left(-\frac{1}{2}+\frac{3}{4}\sin^2 i_0\right)+\frac{3(1-e_0^2)\kappa\sin i_0\sin\omega_0}{2n_0a_0e_0}-\\ &\frac{2}{n_0a_0}\left(-\frac{\mu-\mu^*}{a_0^2}+\frac{\mu z_s^2}{a_0^4\ (1-e_0^2)^{3/2}}\left(\frac{1}{2}-\frac{3}{4}\sin^2 i_0\right)-\frac{3}{2}\kappa e_0\sin i_0\sin\omega_0\right)\Bigg](t-t_0)+M_0\end{aligned} \tag{6-35}$$

为了验证式（6－32）～式（6－35）的正确性和精确度，本节将一阶解析解的结果与从公式（6－24）～式（6－29）积分得到的数值结果相比较，动力学参数选取为：$h_z=2.571$，$\kappa=0.000\ 5$，$z_s=0.144\ 87$，结果如图 6－6 所示。此处的轨道根数初值可任意选取，例如取值为 $a_0=6.832\ 9$，$i_0=0.130\ 63$，$e_0=0.125\ 761\ 1$，$\Omega_0=-0.163\ 732$，$\omega_0=$

1.604 46，$M_0=4.921\ 14$，平衡解 $\boldsymbol{X}_r$ 取值为 $\omega_r=\pi/2$，$i_r=i_0$，解出 $e_r=0.132\ 8$。从图 6-6 可看出，一阶解析解的长期与长周期项结果与微分方程的数值积分结果吻合良好，表明上述解析推导的精度较高。

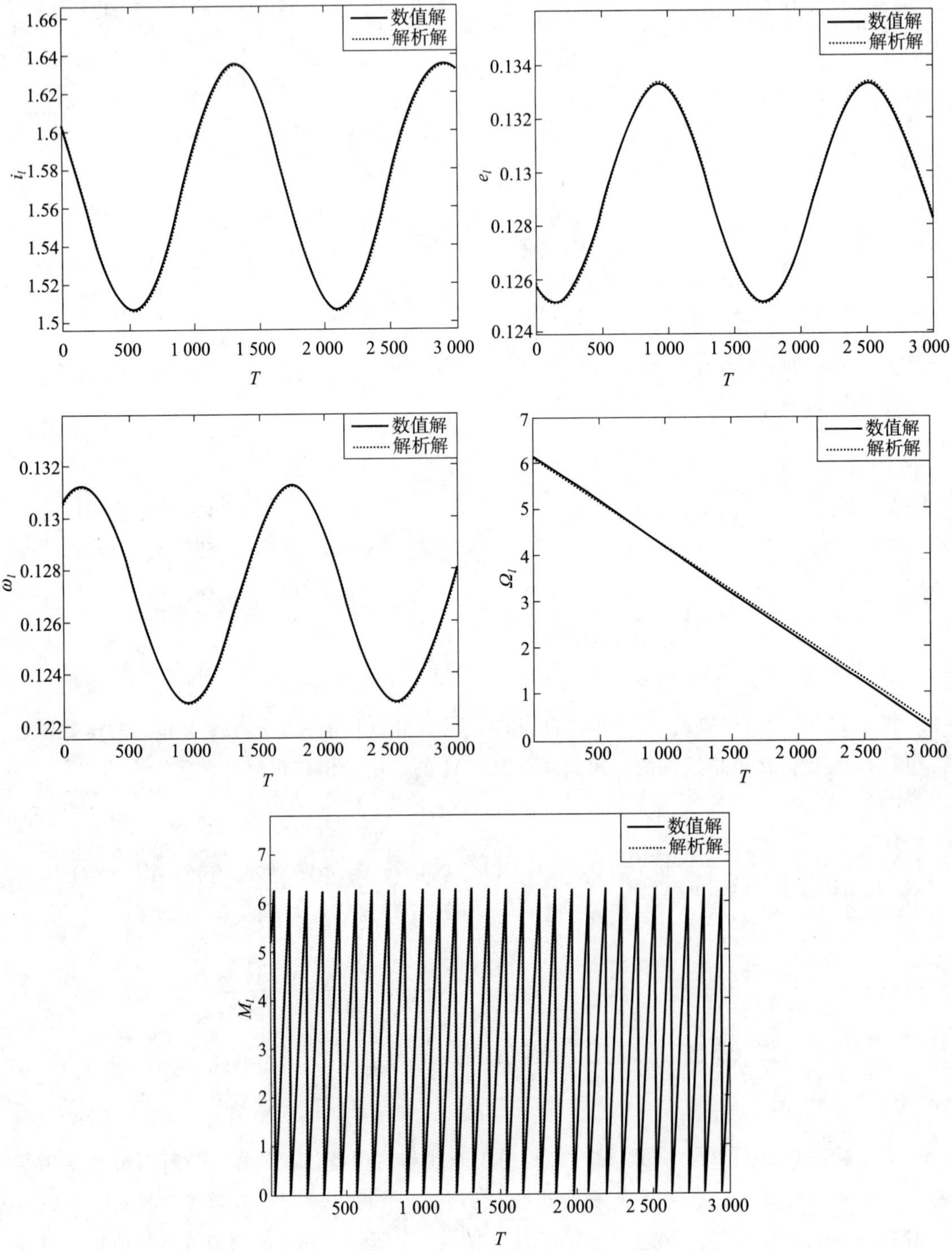

图 6-6　长期与长周期项摄动的一阶解析解与数值积分结果的比较

6.5　结果与分析

6.5.1　密切根数数值解与解析解比较

6.3 节中推导的短周期项摄动解以及 6.4 节中构造的长期与长周期项摄动解析解，合成了悬浮轨道密切根数一阶解析解。结合拟平均根数的初值，即可计算任意时刻悬浮轨道的密切根数。在动力学模型中，每条悬浮轨道均由参数（h_z，κ，ρ_0，z_0，φ_0，$\dot{\rho}_0$，$\dot{z}_0$，$\dot{\varphi}_0$）唯一确定。根据该组参数与轨道根数之间的映射关系［式（6－3）和式（6－4）］，悬浮轨道也可由轨道根数（h_z，κ，α_0，e_0，i_0，Ω_0，ω_0，M_0）唯一表征。此处的 $\sigma_0=[\alpha_0, e_0, i_0, \Omega_0, \omega_0, M_0]$ 是密切根数初值，而计算本章所构造的摄动解析解的初值应为拟平均根数 $\bar{\sigma}_0$。对每一组密切根数 σ_0，可通过下面的迭代关系，唯一转换为拟平均根数 $\bar{\sigma}_0$

$$\bar{\sigma}_0=\sigma_0-\sigma_{s0}(\bar{\sigma}_0) \tag{6-36}$$

其中，$\sigma_{s0}(\bar{\sigma}_0)$ 表示初始时刻的摄动短周期项，显然，σ_{s0} 是关于 $\bar{\sigma}_0$ 的函数。因此式(6－36)可通过迭代方法进行求解，在第一次迭代时，$\bar{\sigma}_0$ 的值可取为 σ_0。定义一个误差范数“error”来判断是否结束迭代，迭代终止条件为 error$<\varepsilon$，$\varepsilon=10^{-15}$，error 定义如下

$$\begin{aligned}\text{error}=&\frac{|\bar{a}_{0,\text{new}}-\bar{a}_{0,\text{old}}|}{\bar{a}_0}+\frac{|\bar{i}_{0,\text{new}}-\bar{i}_{0,\text{old}}|}{\pi}+|\bar{e}_{0,\text{new}}-\bar{e}_{0,\text{old}}|+\\&\frac{|\bar{\Omega}_{0,\text{new}}-\bar{\Omega}_{0,\text{old}}|}{2\pi}+\frac{|\bar{\omega}_{0,\text{new}}-\bar{\omega}_{0,\text{old}}|}{2\pi}+\frac{|\bar{M}_{0,\text{new}}-\bar{M}_{0,\text{old}}|}{2\pi}\end{aligned} \tag{6-37}$$

式中，下标“new”和“old”分别表示当前计算结果与上一次计算结果。

接下来，举例论证本章推导的悬浮轨道密切根数解析解的正确性。仿真参数取为 $h_z=2.571$，$\kappa=0.000\,5$，稳定平衡解为 $\rho_s=6.615\,4$，$z_s=0.144\,9$。任意选择一条悬浮轨道，其密切要素初值为 $\sigma_0=[6.834\,53, 0.128\,40, 0.126\,12, 0, 1.602\,80, 4.937\,14]$，根据式（6－36）迭代获得的拟平均要素初值为 $\bar{\sigma}_0=[6.827\,14, 0.126\,23, 0.123\,80, 0.012\,45, 1.588\,93, 4.922\,2]$。将 $\bar{\sigma}_0$ 代入构造的摄动解析解中，并积分得到密切根数数值解，两组结果对比如图 6－7 所示。

图中仿真时间为 5 000[T]，将近 46.6 天。每幅图均给出了数值与解析密切根数随时间的变化规律，并给出了两者的差值以展示两种结果的吻合程度。以密切根数数值解的幅值变化为分母，以两者差值为分子，计算得到六个轨道要素密切根数解析解相对数值解的误差均小于 7%。该结果表明，在较短的时间内，一阶解析解结果与数值解吻合良好，精度在可接受的范围内。但是随着仿真时间的增加，解析解精度会下降。本章所推导的解析解与数值解的误差主要来源于以下几个方面：第一，虚拟地球模型下的摄动项存在一个截断误差，且解析解只推导到一阶形式；第二，在短周期项的推导中，微分方程是对平近点角 M 进行积分，而积分右式的其他参数 a，e，i 和 ω 均视为常数，而实际上在短周期时间内，这些参数也是有变化的，只是变化幅度很小；第三，在长周期项摄动推导中使用的线

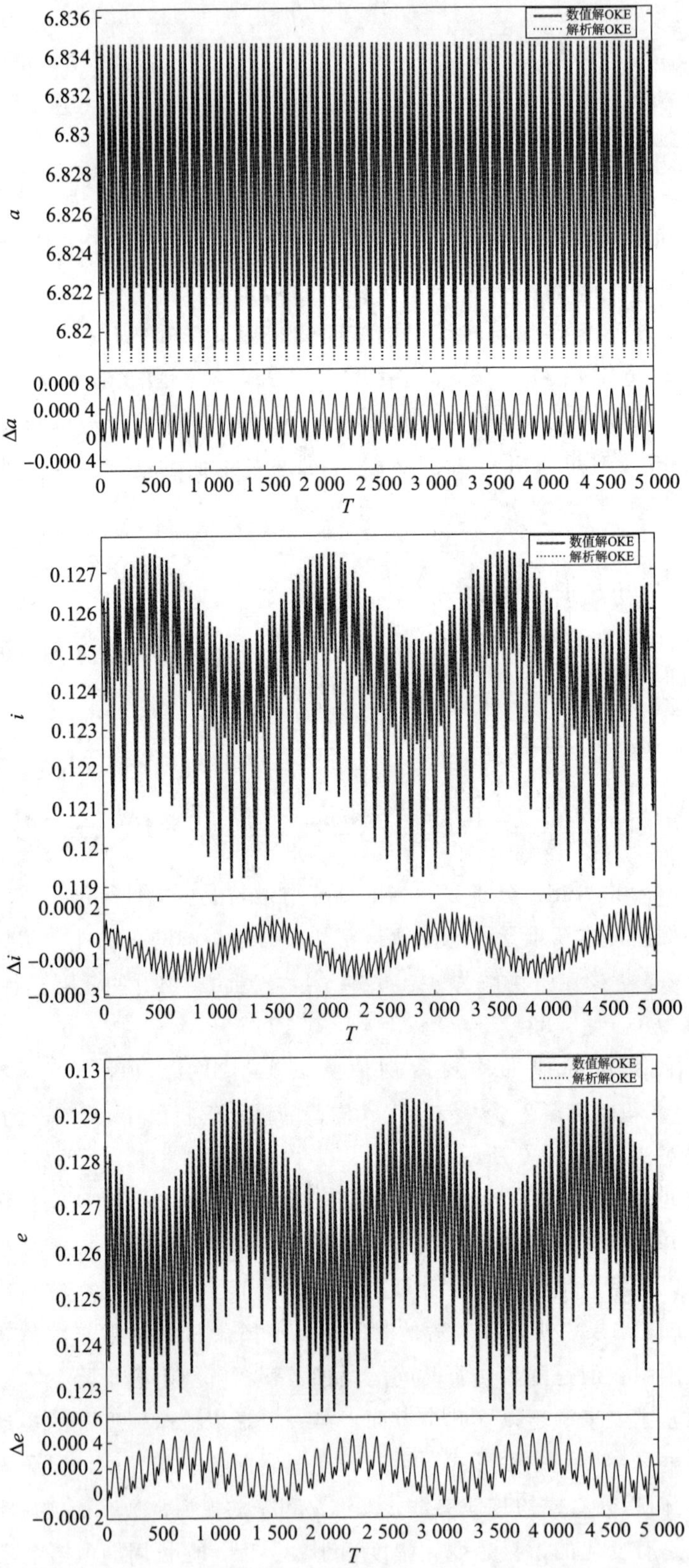

图 6-7　悬浮轨道密切根数一阶解析解与数值积分结果的比较

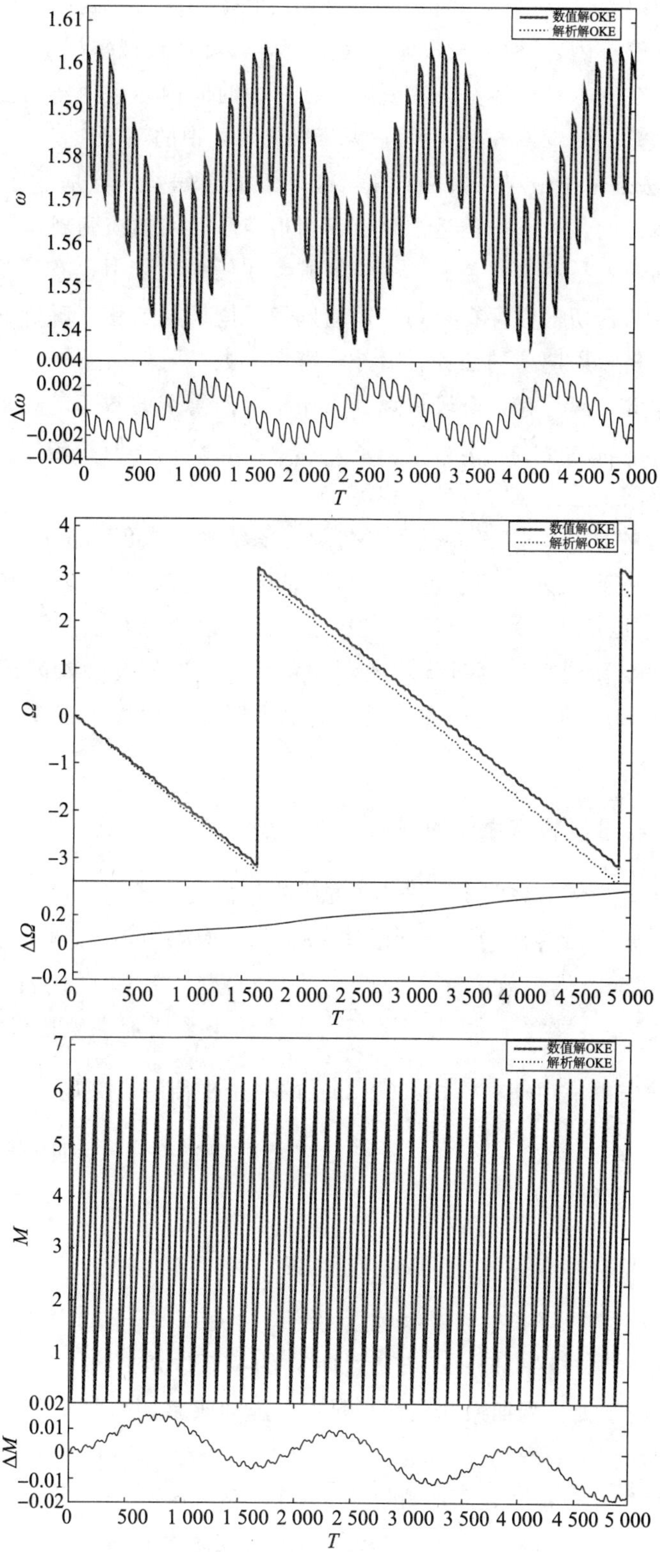

图 6－7　悬浮轨道密切根数一阶解析解与数值积分结果的比较（续）

性化方法也会带来误差。以上这些因素都会导致数值密切根数的初始值与解析的初始值之间存在误差，然而解析的 σ_0 取值与数值的完全一样，会导致拟平根 $\bar{\sigma}(t)$ 出现不平均的误差。不可避免地，在一个长周期里，解析解会在一段时间内与数值解吻合得很好，但在另一段时间里出现偏差，就像图 6-7 中轨道要素 e 或者 ω 中的情况。考虑到这点，另一个求解初始值 $\bar{\sigma}_0$ 的方法是基于最小二乘法来获得结果的最小偏差。但是不管 $\bar{\sigma}_0$ 取什么值，这套解析算法都是适用的，可以描述悬浮轨道密切根数随时间的演变规律。

即便解析解的误差是不可避免的，一阶解析解在任务设计中也有重要的应用。由于本章证实了悬浮轨道的密切根数存在长期、短周期和长周期项变化，解析解可适用于那些只关注长周期项或者是短周期项的任务。另外，密切根数一阶解析解在飞行任务的初始设计阶段也有重要的意义，因为在该阶段快速计算比精确而复杂的数值计算更重要。通常，任务初始阶段的参数（轨道要素、推力、质量）选取需要迭代，但是迭代是费时的，全微分方程的精确数值解法不适合该阶段的迭代需求。

另外值得注意的是，即使解析模型更高阶、更精确，数值对应的半长轴与解析的半长轴也不可能完全一致，这个问题也是现在卫星设计中存在的问题。然而即便一阶长期摄动不够精确，它也可用于覆盖分析，轨迹保持设计以及燃料消耗评估。在初始任务设计之后的全状态仿真阶段，可通过优化或者打靶等方法求解在一阶解析解附近的精确瞬根，以作为火箭的入轨参数，继而在发射之后的实际飞行阶段，误差可以通过控制加以消除。

6.5.2　密切根数与悬浮轨道之间的联系

以周期悬浮轨道为例，说明 $\bar{\sigma}_0$ 对 $\bar{\sigma}(t)$ 的影响。根据公式（6-36），从 $\bar{\sigma}_0$ 推导出的周期轨道的两个密切要素如图 6-8（a）和图 6-8（b）所示；其中实线是密切根数，虚线是长期和长周期项，“N”代表数值解，“A”代表解析解，“S&L”代表长期和长周期项摄动。很明显 $\bar{\sigma}_0$ 的误差会导致 $\bar{\sigma}(t)$ 出现振荡。数值结果表明周期轨道摄动解无长周期项，也就是说，周期轨道的长周期项是式（6-30）的一个平衡解，满足 $\frac{\mathrm{d}e_l}{\mathrm{d}t}=0$，$\frac{\mathrm{d}i_l}{\mathrm{d}t}=0$ 和 $\frac{\mathrm{d}\omega_l}{\mathrm{d}t}=0$。从物理含义上来说，式（6-30）的平衡解满足冻结条件，因此周期悬浮轨道可被看作一条冻结轨道，且等式

$$\sin(i_r)\mu z_s^2\left(2-\frac{5}{2}\sin^2 i_r\right)=\kappa a^4(e_r^2-\sin^2 i_r)(1-e_r^2)^{\frac{3}{2}}\frac{1}{e_r}$$

就是周期轨道的偏心率、半长轴以及倾角之间的冻结关系。分别在周期轨道和拟周期轨道下，做出瞬时偏心率 e 与瞬时近地点幅角之间 ω 的关系以示对比，如图 6-9 所示。针对周期轨道，e 和 ω 由于无长周期摄动项，只有一个震动频率，如图 6-9（a）所示。而拟周期轨道中的 e 和 ω 不仅呈现出周期轨道中的变化，还呈现出长周期项变化趋势，如图 6-9（b）所示。根据这个特征，周期轨道的 $\bar{\sigma}_0$ 可基于式（6-36）进一步修正。图 6-10 分别根据满足冻结条件修正后的 $\bar{\sigma}_0$ 推演周期轨道密切根数，修正后的结果与数值结果吻合良好。

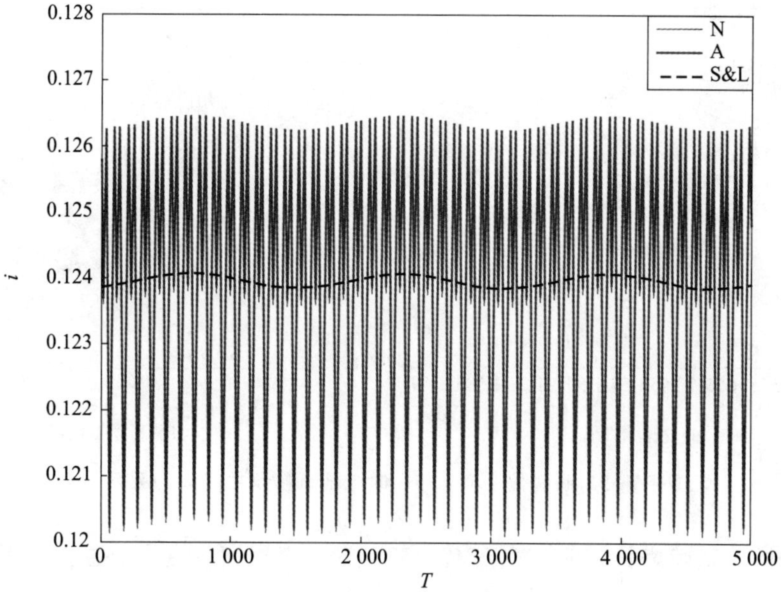

(a) 轨道倾角

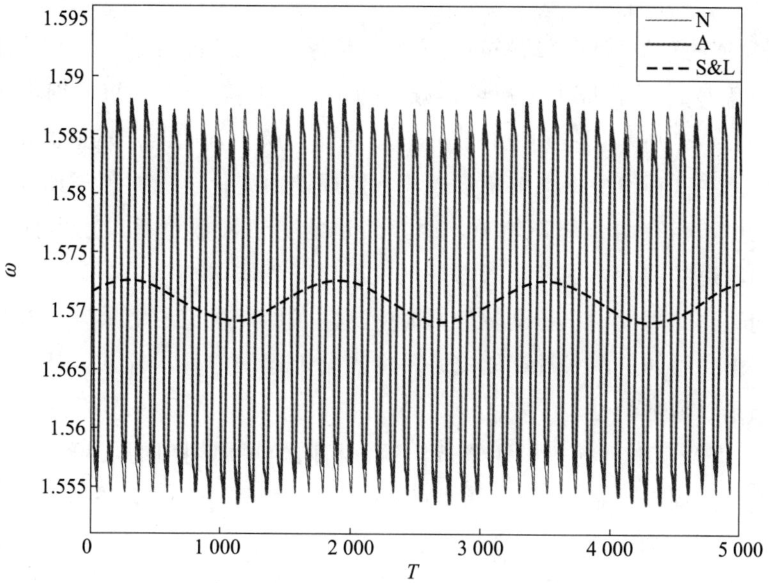

(b) 近地点幅角

图 6-8　悬浮周期轨道的密切根数：$\bar{\sigma}_0$ 由迭代算法得到（见彩插）

此外，悬浮轨道的摄动解中还包含一些物理含义。下面以图 6-11 为例来解释密切根数和悬浮轨道间的联系。

1）长周期摄动的幅值取决于悬浮轨道的拟周期特性。拟周期特性可以通过拟周期轨道在庞加莱截面上的远地点半径来粗略地衡量，远地点半径越大，拟周期特性越强，长周期摄动幅值越大。周期轨道可看作退化的拟周期轨道，其在庞加莱截面上的远地点半径为 0，长周期项摄动消失，正如图 6-11（a）和图 6-11（b）中的蓝线和红线所示，其中图

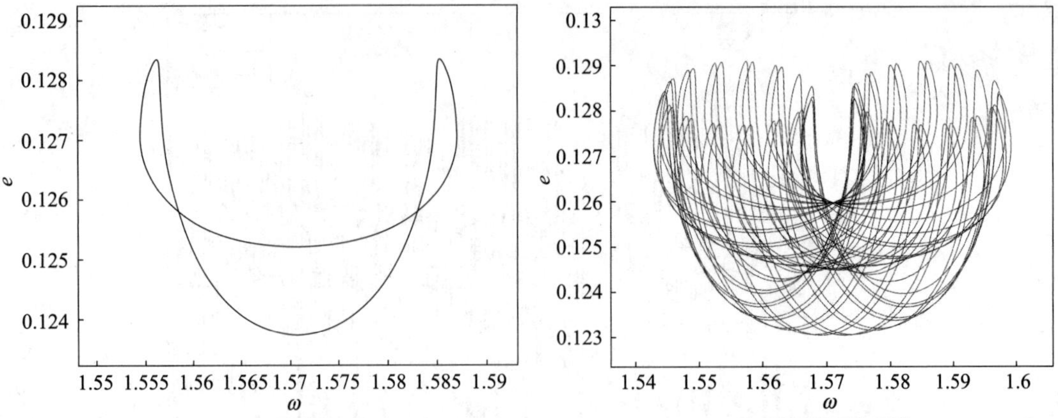

(a) 悬浮周期轨道　　(b) 悬浮拟周期轨道

图 6-9　瞬时偏心率 e 与瞬时近地点幅角之间 ω 的关系

6-11（b）中 T_{long} 代表长周期，T_{short} 代表短周期。拟周期轨道在位置空间距离周期轨道越远时，拟周期性和长周期摄动越明显，如图 6-11（a）和图 6-11（b）中的紫线和绿线所示。

2）周期轨道的短周期项摄动的幅值依赖于悬浮高度 z_s 或者是推力加速度 κ。圆形周期轨道的悬浮高度 z_s 随着推力加速度 κ 减小而减小，且 κ 越小，短周期项摄动的幅值越小，如图 6-11（c）所示。特别地，当 $\kappa=0$，z_s 也为 0，此时悬浮轨道退化为二体问题中的开普勒轨道。在这种情况下，解析解既没有短周期项变化也没有长周期项变化。由于在悬浮动力系统中，存在两条周期轨道，两条轨道的密切根数也呈现出不同的特征。具体地，两条周期轨道的偏心率的变化形态呈现镜面反射，如图 6-11（b）中的蓝线和红线所示，而拟周期轨道的短周期项摄动幅值同时受这两条周期轨道的短周期项幅值影响，这不难理解，根据上文可知这两条周期轨道是平衡点附近运动的基本模式，任何一条拟周期轨道都兼具这两条轨道的特性[64]。

3）周期轨道及其附近的拟周期轨道，具备相同的短周期项的快频率。密切根数的快频率（或者说是短周期）和周期轨道的频率（周期）相等。例如，图 6-11（a）和图 6-11（b），周期轨道（红线）的短周期和附近拟周期轨道（紫线）的短周期相同，均为 108.36（单位化后的时间），而蓝线和绿线所表示的周期及其附近的拟周期轨道短周期一致，为 116.7。对远离周期轨道的拟周期轨道，由于其短周期项的振幅小于长周期项振幅，且由线性化方法得到的解析解的误差会增加，因此本章节暂不考虑。

4）周期轨道中无长周期项变化，而拟周期轨道的长周期项相对比较复杂。根据文献[131]，轨道演化可以用穿越时间间隔 ΔT 来表征，ΔT 定义为连续两次从下往上穿越 z 平面的时间间隔。对周期轨道而言，ΔT 为常值，不随时间变化，而拟周期轨道的 ΔT 是变化的，当拟周期特性较弱时，ΔT 近似是随着穿越次数呈周期变化的，如图 6-11（d）所示，但当拟周期轨道离周期轨道较远时，ΔT 不再呈现严格周期变化。多次仿真发现，拟周期轨道密切根数的长周期近似等于 ΔT 的周期。和短周期的情况类似，靠近 SPOI周期轨道的

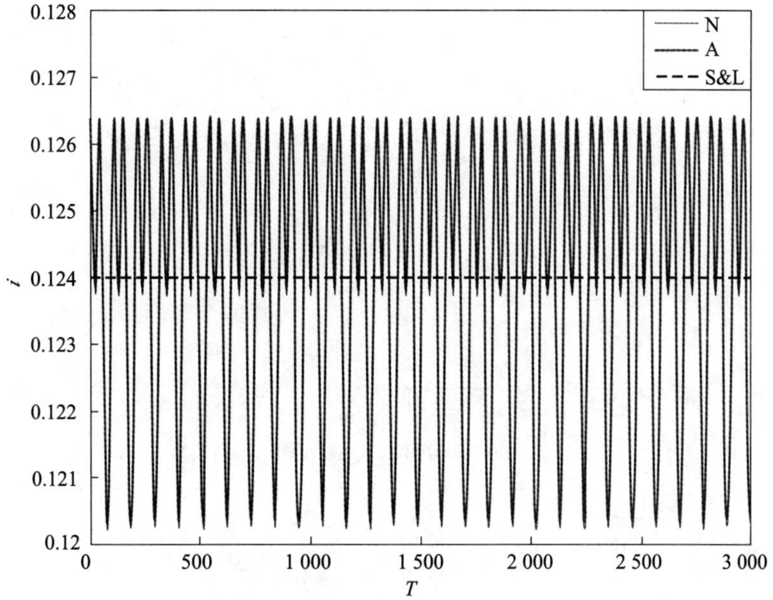

(a) 轨道倾角

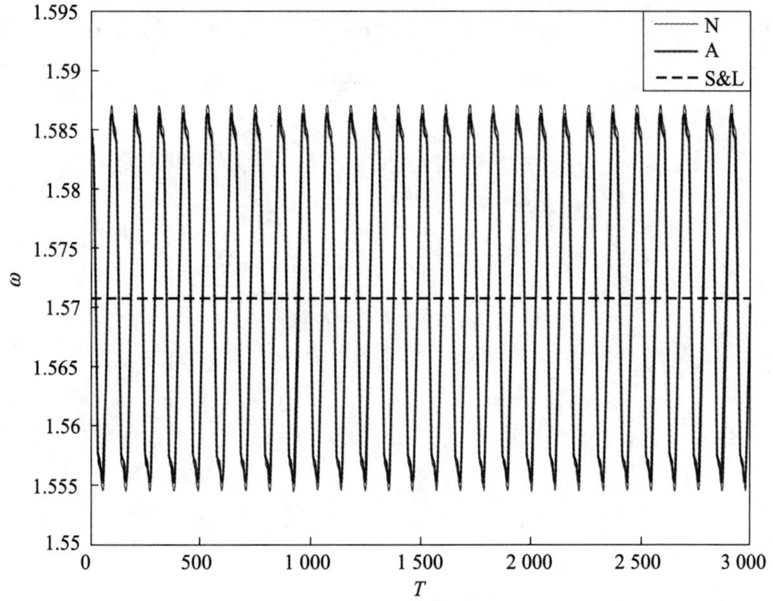

(b) 近地点幅角

图 6－10　悬浮周期轨道的密切根数：$\overline{\sigma}_0$ 由冻结条件修正得到（见彩插）

拟周期轨道族，共享一个相同的长周期为 1 635，而靠近 SPOⅡ周期轨道的拟周期轨道族，共享一个相同的长周期为 1 625。长周期的具体数值和动力系统的参数有关，因此也可以在悬浮轨道编队飞行的数值搜索算法中，用密切根数的长周期来替代 ΔT 进行编队匹配[131]。

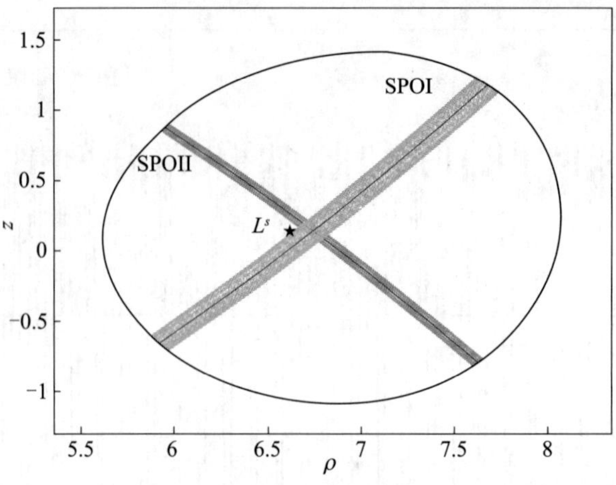

(a) 旋转坐标系下的悬浮轨道

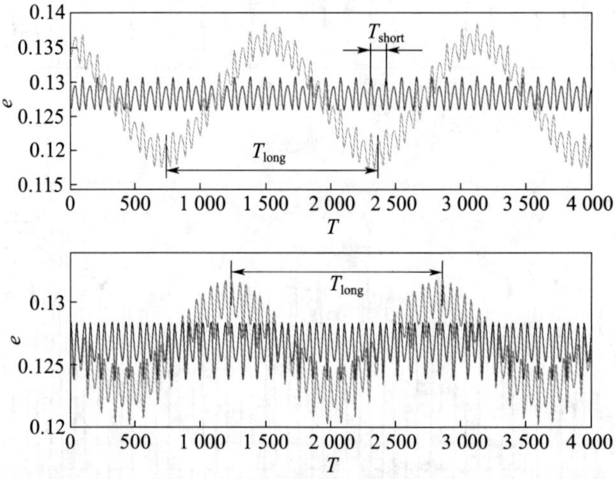

(b) 不同悬浮轨道的偏心率

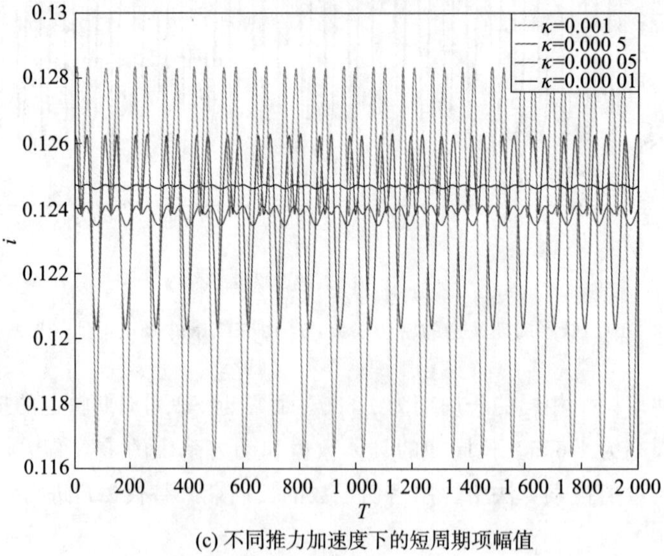

(c) 不同推力加速度下的短周期项幅值

图 6-11 悬浮轨道与密切根数之间的联系（见彩插）

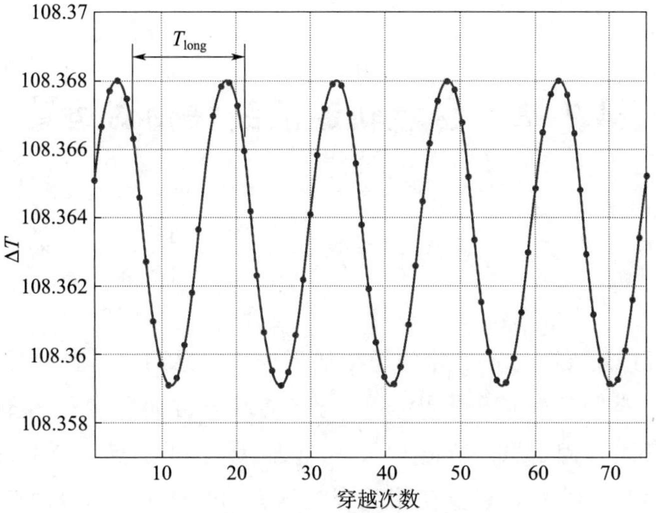

(d) 拟周期轨道 ΔT 随穿越次数的变化规律

图 6-11　悬浮轨道与密切根数之间的联系（续，见彩插）

基于上面四点分析，悬浮轨道在位置空间的几何形态与特性（周期或拟周期性）可由密切根数的演化过程直接推断出来。

6.6　本章小结

本章提供了计算悬浮轨道密切根数的数值法、半解析法和解析法，用以描述零俯仰角下小推力悬浮轨道的非线性运动，并着重于一阶解析解的推导。为使轨道根数的定义仍然适用，本章建立了“虚拟地球”模型，将悬浮轨道动力学方程在稳定平衡点高度展开，将悬浮于地球之上的非开普勒轨道转化为围绕“虚拟地球”的“受摄”开普勒轨道，并将小推力以及坐标变化所导致的附加项视为“受摄源”。对一阶解析解的推导分为两部分：短周期项和长期与长周期项，前者采用拟平均根数法求解拉格朗日行星摄动方程，后者利用线性化方法推导一阶解析解，两者之和即为悬浮轨道的密切根数。另外，本章对悬浮轨道动力学方程进行数值积分，得到每个时刻航天器在惯性坐标系下的位置和速度分量。根据密切轨道根数和直角坐标状态量的转换关系，得到悬浮轨道在“虚拟地球”模型下每个时刻的密切根数。将该结果作为密切根数解析推导的数值验证，以检验悬浮轨道密切根数一阶解析解的正确性和精度。结果表明，解析结果与数值结果吻合良好，一阶解析解在可接受的精度范围之内。本章推导的悬浮轨道密切根数可以实现悬浮轨道的快速计算，这在任务设计初步阶段比通过完整变分方程进行的精确但复杂的数值计算更有意义。

第7章　悬浮轨道的线性相对运动

7.1　引言

太阳帆或电推进航天器可在二体问题框架下生成一系列非开普勒悬浮轨道族，包括：推进加速度下的三类圆形轨道[3,52,111]，沿行星旋转轴方向固定推力下的拟周期悬浮轨道[64]，开环控制下的体固定悬停轨道[132]，先进推力模型下的椭圆悬浮轨道[45]，小脉冲推进下的单个开普勒弧序列[98]，以及使用混合帆推进的悬浮地球静止轨道[6]。McKay 等人提供了围绕行星运动的轨道的详细分类[7]。利用连续小推力来在行星上方生成人工平衡点或悬浮轨道，在航天任务中具有潜在的应用价值，例如在原地观测土星环，监测太阳风，以及在危险小行星上方悬停观测。地球-火星行星间通信中继站也涉及悬浮轨道[133]，该中继站可支持未来的载人火星任务并完成实时观测和通信任务。

然而上述的一些关于悬浮轨道的监测任务需要非常长或分布式的基线，这超出了单个航天器的能力。分布式航天器通过使用多颗卫星彼此相邻工作（即编队飞行）为上述问题提供了可能的解决方案。近年来，开普勒轨道编队飞行问题已被广泛研究，Alfriend 等人在文献［96］中总结了很多结果，但是，对悬浮轨道编队飞行的关注较少。Biggs 和 McInnes[134]考虑了太阳帆椭圆型三体限制问题中的编队，并确定了一个为期一年的周期性轨道族，通过数值连续方法，每个轨道都对应于唯一的太阳帆方向。但是，他们没有解决悬浮轨道的相对动力学问题。龚胜平等人研究了太阳帆日心悬浮编队[59]，以及在地球和火星上的编队情况[97]，通过二体动力学变分方程来拟定相对运动，研究重点是对稳定区域和控制律的分析。与本章节相同的是，研究的相对动力学被线性化，但文献［59］和［97］均未给出线性解析解，也未涉及太阳帆编队的实际应用。McInnes[98]在旋转坐标系下线性化了相对运动并获得了解析解，但相对动力系统中没有包括推进加速度。Wang 等[99]通过定义一组悬浮轨道元素，研究了两个日心圆形悬浮轨道之间的相对运动，并获得了相对距离范围的半解析近似结果。之后，他们还将理论和方法推广到文献［100］中的椭圆轨道，并通过消除经典轨道元素的奇异性进一步扩展分析以避免原方法失效[101]。然而，Wang[99,101]的方法仅适用于周期悬浮轨道的编队，不适用于拟周期轨道。此外，Wang 等人虽然成功地预测了相对运动的内边界和外边界，但是他们没有考虑本章节所阐述的航天器的编队实施和控制策略。

本章拟研究小推力悬浮轨道编队的相对轨道线性动力学特性，从惯性坐标系下的全动力学模型和极坐标系下的简约动力学模型两个方面推导线性化的相对运动解析解，再建立闭环控制器维持相对轨道稳定。最后讨论悬浮轨道编队飞行在地球表面成像和中继通信等对地静止轨道任务中的应用。

7.2　小推力圆形悬浮轨道动力学

悬浮轨道依靠小推力推进系统悬浮在地球上方。根据 2.1 节中的说明，主航天器（在以下各节中简称为主星）在（x，y，z）空间中建模的动力学称为完全动力学，而在（ρ，h，ϕ）空间中建模的动力学称为简约动力学。

7.2.1　小推力圆形悬浮轨道完全动力学模型

在地心惯性坐标系 $I(x_i, y_i, z_i)$ 中，受推力驱动的主航天器的动力学方程为

$$\ddot{\boldsymbol{r}}_i = -\nabla_i U + \boldsymbol{a}_i \tag{7-1}$$

式中　$\boldsymbol{r}_i$ ——航天器在惯性坐标系中的位置矢量；

$\boldsymbol{a}_i$ ——地心惯性坐标系下的推力加速度；

U ——势能函数 $U = -\mu / \| \boldsymbol{r}_i \|$ ；

μ ——地球引力常数；

∇——梯度算子 $\nabla_i = \left[\frac{\partial}{\partial x_i} \quad \frac{\partial}{\partial y_i} \quad \frac{\partial}{\partial z_i} \right]^{\mathrm{T}}$ 。

引入图 7-1 介绍轨道坐标系。图中 E 表示地球，S 表示航天器，$E - x_i y_i z_i$ 是地心惯性坐标系I，$S - x_o y_o z_o$ 是航天器第一轨道坐标系O，$S - x_{o2} y_{o2} z_{o2}$ 是航天器第二轨道坐标系 O_2。其中第一轨道坐标系 $O(x_o, y_o, z_o)$ 的定义是：原点为航天器，x_o 轴指向从地球到航天器的方向，z_o 轴位于由 x_o 轴和 z_i 轴构成的平面内，且与 x_o 轴垂直，y_o 轴可以通过右手定则确定。x_o 轴和 z_i 轴之间的角度定义为θ，而 x_i 轴和(x_o，z_o) 平面之间的角度定义为 ϕ。对于圆形周期悬浮轨道，y_o 轴始终指向主星速度方向，θ 值保持不变，角度 ϕ 是时间的线性函数，满足 $\phi = \omega t$，ω 是圆形悬浮轨道的角速度，t 是飞行时间。

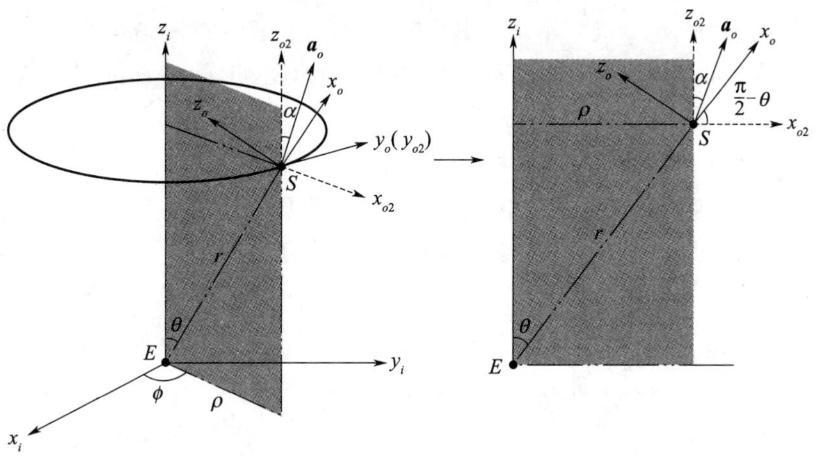

图 7-1　悬浮轨道与参考坐标系

维持一个圆形悬浮轨道，需要一个在 (ρ, h) 平面或者 (x_o, z_o) 平面上具有固定方向的常值推力加速度，其中推力加速度的方向由推力与 z_i 轴之间的夹角 α 来表征。维持圆形悬浮轨道 (ρ, h, ω) 所需的加速度大小 a 和推力俯仰角 α 为[52]

$$a(\rho, h, \omega) = \sqrt{\rho^2 (\omega^2 - \omega_*^2)^2 + h^2 \omega_*^4} \tag{7-2}$$

$$\tan\alpha(\rho, h, \omega) = \frac{\rho}{h}\left[1 - \left(\frac{\omega}{\omega_*}\right)^2\right] \tag{7-3}$$

其中，ω_* 是和圆形悬浮轨道等半径的圆形开普勒轨道的角速度，大小为 $\omega_* = \sqrt{\mu/r^3} = \sqrt{\mu/(\rho^2 + h^2)^{\frac{3}{2}}}$。因此可在第一轨道坐标系 $\boldsymbol{O}$ 下表示出推力加速度 $\boldsymbol{a}_o$ 为

$$\boldsymbol{a}_o = a\left[\cos(\theta - \alpha) \quad 0 \quad \sin(\theta - \alpha)\right]^{\mathrm{T}} \tag{7-4}$$

由于 ω 为常值，$\boldsymbol{a}_o$ 的 y_o 分量一定为 0，以及 $\boldsymbol{a}_o$ 的方向可以通过 $(\theta - \alpha)$ 角度来描述。

7.2.2 小推力圆形悬浮轨道简约动力学模型

使用哈密顿方法，主星在 (ρ, h, ϕ) 空间的简约动力学可推导为

$$\begin{cases} \ddot{\rho} = \dfrac{h_z^2}{\rho^3} - \mu\dfrac{\rho}{r^3} + a\sin\alpha \\ \ddot{h} = -\mu\dfrac{h}{r^3} + a\cos\alpha \\ \ddot{\phi} = -\dfrac{2\dot{\rho}\dot{\phi}}{\rho} \end{cases} \tag{7-5}$$

其中，$h_z = \rho^2\dot{\phi}$ 是沿着 z_i 轴的常值角动量，可从式（7-5）中推导得到。ρ 是投影到 (x_i, y_i) 平面的轨道半径，h 是圆形悬浮轨道的悬浮高度，距离 $r = \sqrt{\rho^2 + h^2}$。

系统的势函数为

$$U = -\mu/r - a\cos\alpha \cdot h - a\sin\alpha \cdot \rho \tag{7-6}$$

(ρ, h) 空间的推力加速度，即式（7-5）中的 $\boldsymbol{a} = a[\sin\alpha, \cos\alpha]^{\mathrm{T}}$ 独立于时间，但是依赖于位置分量 ρ 和 h。因此，本章考虑反馈 ρ 和 h 的闭环控制策略，所有轨道均可由该策略生成，该推力加速度在下文中统称为基本推力加速度（Basic Propulsive Acceleration，BPA）。

动力系统有两个平衡点，一个是椭圆（稳定）型平衡点，另一个是双曲（不稳定）型平衡点[64]。稳定平衡点对应于三维空间下的圆形悬浮周期轨道，是主星的轨道，平衡点附近的轨道对应于三维空间下的悬浮拟周期轨道，是从星的轨道。

简约动力学给出了小推力动力系统在 (ρ, h) 空间中的简单形式，但没有清楚地解释 ϕ 分量的演化。虽然 ρ 和 h 分量的天然有界能使从星始终在主星附近运动，但是不合适的 ϕ 分量有可能导致从星远离主星。为了解决这个问题，下节将从完全动力学推导线性运动来设计有界相对轨道。

7.3　完全动力学模型下的线性相对运动

7.3.1　线性相对运动方程

轨道坐标系 O 到惯性坐标系 I 的坐标变换是

$$\boldsymbol{F}(\theta,\phi)=\boldsymbol{R}_z(-\phi)\boldsymbol{R}_y\left(\frac{\pi}{2}-\theta\right) \tag{7-7}$$

其中，$\boldsymbol{R}_y$ 和 $\boldsymbol{R}_z$ 是沿 y 和 z 轴的基本变换矩阵。在 O 系下的梯度算子是 $\nabla=\left[\frac{\partial}{\partial r}\quad \frac{1}{r}\frac{\partial}{\partial\theta}\quad \frac{1}{r\sin\theta}\frac{\partial}{\partial\phi}\right]^{\mathrm{T}}$。从星对于主星的相对位置矢量在 I 系下表示为 $\Delta\boldsymbol{r}_i$，在 $\boldsymbol{O}$ 下表示为 $\Delta\boldsymbol{r}_o=[x_o,\ y_o,\ z_o]^{\mathrm{T}}$，$\Delta\boldsymbol{r}_i$ 与 $\Delta\boldsymbol{r}_o$ 之间的关系是 $\Delta\boldsymbol{r}_i=\boldsymbol{F}\cdot\Delta\boldsymbol{r}_o$，继而推导出

$$\Delta\ddot{\boldsymbol{r}}_i=\boldsymbol{F}\cdot\Delta\ddot{\boldsymbol{r}}_o+2\dot{\boldsymbol{F}}\cdot\Delta\dot{\boldsymbol{r}}_o+\ddot{\boldsymbol{F}}\cdot\Delta\boldsymbol{r}_o \tag{7-8}$$

从星的引力势函数为

$$U^F=-\frac{\mu}{\sqrt{(r+x_o)^2+y_o^2+z_o^2}} \tag{7-9}$$

当 $\Delta\boldsymbol{r}_o=[0,\ 0,\ 0]^{\mathrm{T}}$ 时，U^F 退化为主星的势函数，即 $U^C=U^F|_{(x,\ y,\ z)=(0,\ 0,\ 0)}$。

主星的推力加速度只包含基本加速度 $\boldsymbol{a}^C$，而从星的推力加速度不仅包含基本加速度 $\boldsymbol{a}^F$ 还包括额外的控制加速度，该控制加速度在 I 系下用 $\boldsymbol{u}_i$ 表示，在 O 系下用 $\boldsymbol{u}_o$ 表示。在惯性坐标系下，相对动力学为 $\Delta\ddot{\boldsymbol{r}}_i=-\nabla U^F+\nabla U^C+\Delta\boldsymbol{a}_i+\boldsymbol{u}_i$，其中 $\Delta\boldsymbol{a}_i$ 是主星基本加速度 $\boldsymbol{a}^C$ 和从星基本加速度 $\boldsymbol{a}^F$ 的差值，$\Delta\ddot{\boldsymbol{r}}_i$ 可由泰勒展开简化为

$$\begin{aligned}\Delta\ddot{\boldsymbol{r}}_i&=-\nabla(U^F-U^C)+\Delta\boldsymbol{a}_i+\boldsymbol{u}_i=-\nabla(\nabla_{\Delta\boldsymbol{r}_o}U^F|_{\Delta\boldsymbol{r}_o=\boldsymbol{0}}\cdot\Delta\boldsymbol{r}_o)+\Delta\boldsymbol{a}_i+\boldsymbol{u}_i\\&=-\boldsymbol{F}\cdot(\nabla\cdot\nabla_{\Delta\boldsymbol{r}_o})U^F|_{\Delta\boldsymbol{r}_o=\boldsymbol{0}}\cdot\Delta\boldsymbol{r}_o+\Delta\boldsymbol{a}_i+\boldsymbol{u}_i\end{aligned} \tag{7-10}$$

其中线性运算子$\nabla_{\Delta r}$定义为 $\nabla_{\Delta r_o}=\left[\frac{\partial}{\partial x}\quad\frac{\partial}{\partial y}\quad\frac{\partial}{\partial z}\right]^{\mathrm{T}}$ 和式（7-8）相组合，运算子∇和$\nabla_{\Delta r}$可以交换运算顺序，推导出

$$\Delta\ddot{\boldsymbol{r}}_o+2\boldsymbol{F}^{-1}\dot{\boldsymbol{F}}\Delta\dot{\boldsymbol{r}}_o+\boldsymbol{F}^{-1}\ddot{\boldsymbol{F}}\Delta\boldsymbol{r}_o+(\nabla_{\Delta\boldsymbol{r}_o}\cdot\nabla)U^F|_{\Delta\boldsymbol{r}_o=\boldsymbol{0}}\cdot\Delta\boldsymbol{r}_o=\Delta\boldsymbol{a}_o+\boldsymbol{u}_o \tag{7-11}$$

主星轨道坐标系下的 $\boldsymbol{a}^C$ 和从星轨道坐标系下的 $\boldsymbol{a}^F$ 具有相同的形式，均为$[\cos(\theta-\alpha),\ 0,\ \sin(\theta-\alpha)]^{\mathrm{T}}$，相对基本加速度为

$$\begin{aligned}\Delta\boldsymbol{a}_o&=[\boldsymbol{F}^{-1}(\theta,\phi^F)\cdot\boldsymbol{F}(\theta,\phi^C)-\boldsymbol{I}]\cdot[a\cos(\theta-\alpha)\quad 0\quad a\sin(\theta-\alpha)]^{\mathrm{T}}\\&=[0\quad -a\cdot\sin\alpha\cdot\Delta\phi\quad 0]^{\mathrm{T}}\end{aligned} \tag{7-12}$$

其中，$\Delta\phi=\phi^F-\phi^C$ 可由主星和从星的相对位置 $\Delta\boldsymbol{r}_o=[x_o,\ y_o,\ z_o]^{\mathrm{T}}$ 推导得到。由 $\tan\phi^C=\rho\sin\phi^C/\rho\cos\phi^C$，以及图 7-2 中的相对几何关系，得到

$$\tan\phi^F=\frac{\rho\sin\phi^C+(x_o\sin\theta-z_o\cos\theta)\sin\phi^F+y_o\cos\phi^F}{\rho\cos\phi^C+(x_o\sin\theta-z_o\cos\theta)\cos\phi^F-y_o\sin\phi^F} \tag{7-13}$$

$$\Delta\rho = x_o \sin\theta - z_o \cos\theta \text{ , } y_o = \rho \cdot \Delta\phi \tag{7-14}$$

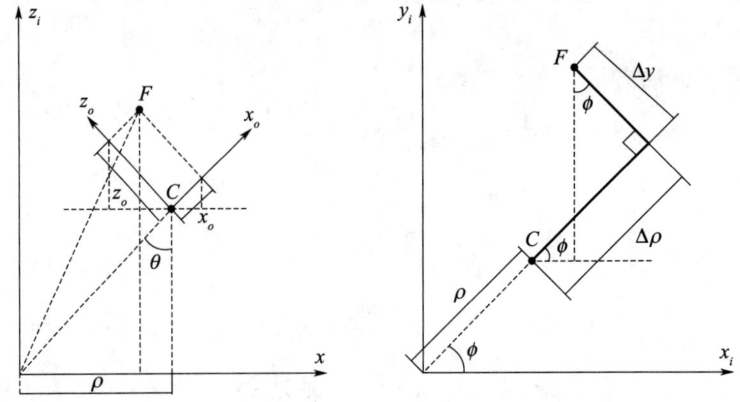

(a) $\Delta\rho$，x_o和z_o在x-z_i平面的关系　　(b) $\Delta\phi$和y_o在x_i-y_i平面上的关系

图 7-2　主星与从星间的相对几何关系

组合式（7-7）、式（7-11）、式（7-12）和式（7-14）推导出线性相对动力学方程

$$\Delta \ddot{\boldsymbol{r}}_o + \boldsymbol{A}\Delta \dot{\boldsymbol{r}}_o + \boldsymbol{B}\Delta \boldsymbol{r}_o = \boldsymbol{u}_o \tag{7-15}$$

式中

$$\boldsymbol{A} = -2\omega\begin{bmatrix} 0 & \sin\theta & 0 \\ -\sin\theta & 0 & \cos\theta \\ 0 & -\cos\theta & 0 \end{bmatrix}$$

$$\boldsymbol{B} = \omega^2\begin{bmatrix} -\sin^2\theta & 0 & \sin\theta\cos\theta \\ 0 & -1 & 0 \\ \sin\theta\cos\theta & 0 & -\cos^2\theta \end{bmatrix} + \omega_*^2\begin{bmatrix} -2 & 0 & 0 \\ 0 & 1 & 0 \\ 0 & 0 & 1 \end{bmatrix} + \frac{\sin\alpha \cdot a}{\rho}\begin{bmatrix} 0 & 0 & 0 \\ 0 & -1 & 0 \\ 0 & 0 & 0 \end{bmatrix} \tag{7-16}$$

对圆形开普勒轨道而言，当悬浮高度 h 退化成 0 时，θ 变为 $\pi/2$，式（7-15）退化为经典的 Clohessy-Wiltshire（C-W）方程。

引入第二个轨道坐标系 $O_2(x_{o2}, y_{o2}, z_{o2})$：$x_{o2}$ 轴指向半径 ρ 方向，z_{o2} 轴沿着 z_i 方向，y_{o2} 轴符合右手定则。O_2 系可看成由 O 系沿 y_o 轴逆时针方向旋转 $\pi/2-\theta$ 角度得到，因此 O_2 系下的相对位置矢量 $\Delta\boldsymbol{r} = [x, y, z]^{\mathrm{T}}$ 可由 $\Delta\boldsymbol{r}_o$ 获得，即 $\Delta\boldsymbol{r} = \boldsymbol{R}_y(\pi/2-\theta)\cdot\Delta\boldsymbol{r}_o$。$O_2$ 系下的相对位置矢量为

$$\Delta\ddot{\boldsymbol{r}} + \tilde{\boldsymbol{A}}\Delta\dot{\boldsymbol{r}} + \tilde{\boldsymbol{B}}\Delta\boldsymbol{r} = \boldsymbol{u} \tag{7-17}$$

其中

$$\widetilde{\boldsymbol{A}}=\omega\begin{bmatrix}0 & -2 & 0\\ 2 & 0 & 0\\ 0 & 0 & 0\end{bmatrix}$$

$$\widetilde{\boldsymbol{B}}=\omega^2\begin{bmatrix}-1 & 0 & 0\\ 0 & -1 & 0\\ 0 & 0 & 0\end{bmatrix}+\omega_*^2\begin{bmatrix}1-3\sin^2\theta & 0 & -3\sin\theta\cos\theta\\ 0 & 1 & 0\\ -3\sin\theta\cos\theta & 0 & 1-3\cos^2\theta\end{bmatrix}+\frac{\sin\alpha\cdot a}{\rho}\begin{bmatrix}0 & 0 & 0\\ 0 & -1 & 0\\ 0 & 0 & 0\end{bmatrix} \tag{7-18}$$

由于 θ 非零，式（7 - 15）和式（7 - 17）的解析解很难求得。下文使用数值方法来对比线性相对运动与非线性运动的结果，以验证线性相对运动的精确性。

假设圆形周期悬浮轨道的悬浮高度为 $h=150$ km，轨道半径为 $\rho=r_{\mathrm{GEO}}=42\ 164.169\ 6$ km，运动角速度为 $\omega=\omega_{\mathrm{GEO}}$，从 O_2 系 $\Delta x=\Delta y=\Delta z=100$ m，$\Delta\dot{x}=\Delta\dot{y}=0$ 和 $\Delta\dot{z}=1$ m/s 的初始条件数值推演线性与非线性相对运动，结果如图 7 - 3 所示。线性相对运动的结果与非线性的结果吻合良好，十个轨道周期内沿迹向的最大相对误差（Maximum Relative Error，MRE）为 2.25%。线性相对运动的精度可通过与描述开普勒轨道编队飞行的 C - W 方程的比较来评估。当悬浮高度为 0 时，本节所推导的线性相对运动方程退化为 C - W 方程，它沿迹向的最大相对误差为 2.22%。由于由 C - W 方程所描述的相对运动的精度已被普遍接受，那么和 C - W 方程精度等阶的悬浮轨道线性相对动力学精度也足够，可以用来描述悬浮编队模型。此外，本节计算了不同悬浮高度下的 MRE 数值，如图 7 - 3（c）所示，精度良好。当需要一个更精确的结果时，线性结果还可作为初始值，进行迭代。

7.3.2　线性相对运动的基础解系

对比于开普勒轨道编队的经典 C - W 方程，线性化的式（7 - 15）和式（7 - 17）很难解析求解，因此本节使用矩阵分解法讨论其解的基本特性。

使用特征值分解来研究式（7 - 15）和式（7 - 17）中涉及的自然频率。以悬浮静止轨道（Geostationary Orbit，GEO）为例，线性方程的特征值由悬浮高度 h 表征。从 0～60 000 km，以步长为 100 km 遍历 h 得到不同悬浮高度下特征值的演化规律，发现存在一个临界高度 h，即 $h_{cri}=18\ 700$ km，可将特征值进行分类。当悬浮高度小于 $h_{cri}=18\ 700$ km 时，特征根的组成包括：一对零根和两对纯虚根，即 0，0，$\pm\omega_2\mathrm{i}$ 和 $\pm\omega_3\mathrm{i}$，ω_2 和 ω_3 称为自然频率，它们随悬浮高度的变化规律如图 7 - 4 所示，对于高度 $h=0$ km 的特殊情况，ω_2 等于 ω_3。当悬浮高度等于 h_{cri} 时，ω_2 退化为 0，此时特征值的组成为：两对零根和一对纯虚根，即 0，0，0，0 和 $\pm\omega_3\mathrm{i}$。当悬浮高度超过 h_{cri} 时，特征值的组成为：一对零根、一对纯虚根和一对实根，即 0，0，$\pm\omega\mathrm{i}$ 和 $\pm\lambda$。由于高度 h 和角度 θ 之间存在一一对应的关系，那也必然存在一个临界的 θ_{cri} 和 h_{cri} 作用相同。下文的结果与分析都是基于不同的悬浮高度 h 下的仿真，换言之，也就是基于不同的角度 θ。此外，所有结果也可推广到满足 $\rho\neq r_{\mathrm{GEO}}$，$\omega\neq\omega_{\mathrm{GEO}}$ 条件的其他相对轨道，此时仍然存在一个 h_{cri} 可区分特征值，只是 h_{cri} 的值变了，不再是本例中的 18 700 km。

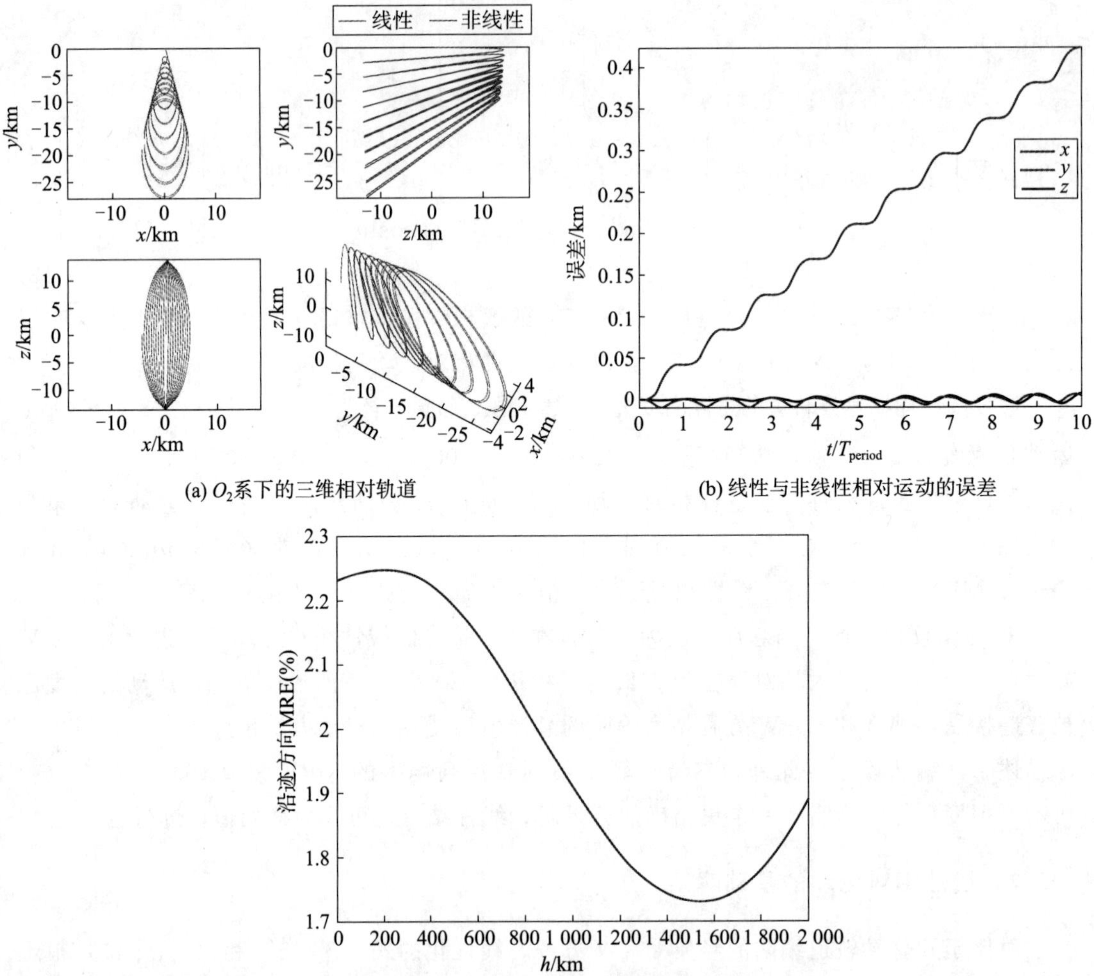

(a) O_2系下的三维相对轨道

(b) 线性与非线性相对运动的误差

(c) 不同悬浮高度下的MRE值

图 7-3 线性相对运动与非线性相对运动的比较（见彩插）

从线性稳定性的角度出发，$h > h_{cri}$ 情况下，正的实特征值 $+\lambda$ 预示了相对运动的不稳定性；而 $h < h_{cri}$ 情况下，零特征根无法得出关于稳定性的明确结论，因此下文继续使用约当分解来深入研究线性相对运动的稳定性。

对于主、从星在同一条悬浮轨道上运动，但是从星领先或落后主星的情况，从式（7-15）或式（7-17）中可以推断出沿轨迹方向存在多平衡点，即 $\Delta x = \Delta z = 0$，$\Delta y \neq 0$，$\Delta \dot{x} = \Delta \dot{y} = \Delta \dot{z} = 0$。将该平衡点代入式（7-15）或式（7-17），得到

$$-\omega^2 + \mu / r^3 = a \sin\alpha / \rho \tag{7-19}$$

式（7-19）也可从式（7-2）中的 a 和 α 推导得到。因此 $\boldsymbol{q}_1 = [0, 1, 0, 0, 0, 0]^{\mathrm{T}}$ 是 $\boldsymbol{\Phi}$ 或者 $\widetilde{\boldsymbol{\Phi}}$ 的一组特征向量，可从 $\dot{\boldsymbol{X}} = \dfrac{\mathrm{d}}{\mathrm{d}t} [\Delta \boldsymbol{r}_o^{\mathrm{T}} \quad \Delta \dot{\boldsymbol{r}}_o^{\mathrm{T}}]^{\mathrm{T}} = \boldsymbol{\Phi X}$ 或者 $\dot{\boldsymbol{X}} = \dfrac{\mathrm{d}}{\mathrm{d}t} [\Delta \boldsymbol{r}^{\mathrm{T}} \quad \Delta \dot{\boldsymbol{r}}^{\mathrm{T}}]^{\mathrm{T}} = \widetilde{\boldsymbol{\Phi}} \boldsymbol{X}$ 中推导得到，其中

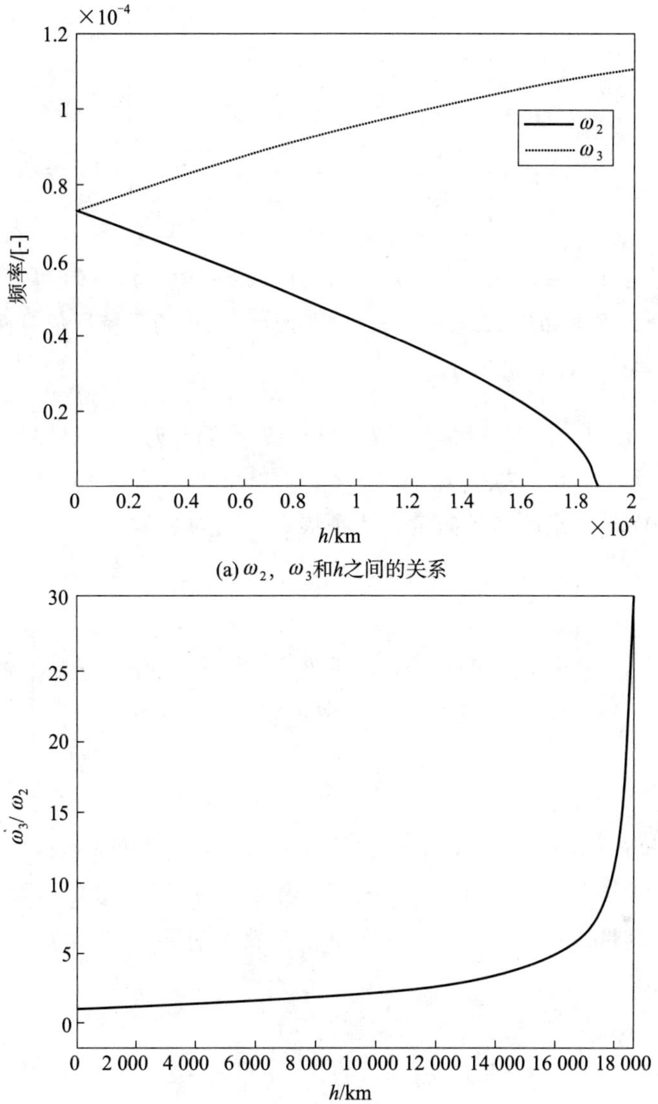

(a) ω_2，ω_3和h之间的关系

(b) ω_3/ω_2随h的变化规律

图 7-4　自然频率与悬浮高度的关系

$$\boldsymbol{\Phi}=\begin{bmatrix}\mathbf{0} & I\\ -\boldsymbol{B} & -\boldsymbol{A}\end{bmatrix},\quad \widetilde{\boldsymbol{\Phi}}=\begin{bmatrix}\mathbf{0} & \boldsymbol{I}\\ -\widetilde{\boldsymbol{B}} & -\widetilde{\boldsymbol{A}}\end{bmatrix} \tag{7-20}$$

基于约当分解，零特征值的几何重数为 1，但代数重数为 2。因此 $\boldsymbol{\Phi}$（或者 $\widetilde{\boldsymbol{\Phi}}$）有如下的约当分解形式

$$\boldsymbol{\Phi}\cdot[\boldsymbol{q}_1,\boldsymbol{q}_2,\boldsymbol{q}_3,\boldsymbol{q}_4,\boldsymbol{q}_5,\boldsymbol{q}_6]=[\boldsymbol{q}_1,\boldsymbol{q}_2,\boldsymbol{q}_3,\boldsymbol{q}_4,\boldsymbol{q}_5,\boldsymbol{q}_6]\cdot\boldsymbol{J} \tag{7-21}$$

$$\boldsymbol{J}=\begin{bmatrix}0 & 1 & & & & \\ & 0 & & & & \\ & & 0 & -\omega_2 & & \\ & & \omega_2 & 0 & & \\ & & & & 0 & -\omega_3 \\ & & & & \omega_3 & 0\end{bmatrix}$$

$\boldsymbol{J}$ 矩阵中的空格都是 0 元素。式（7－21）展开推导得到 $\boldsymbol{\Phi}\cdot\boldsymbol{q}_1=\boldsymbol{0}$，$\boldsymbol{\Phi}\cdot\boldsymbol{q}_2=\boldsymbol{q}_1$，…，且将这两个等式组合，得到 $\boldsymbol{\Phi}^2\cdot\boldsymbol{q}_2=\boldsymbol{\Phi}\cdot\boldsymbol{q}_1=\boldsymbol{0}$。因此，$\boldsymbol{\Phi}^2$ 的零特征值有两个特征向量，其中之一为 $\boldsymbol{q}_1$，另一个特征向量为 $\boldsymbol{q}_2$。

对任意 $\boldsymbol{z}(t)_{6\times1}$，将状态量 $\boldsymbol{X}=[\boldsymbol{q}_1,\ \boldsymbol{q}_2,\ \boldsymbol{q}_3,\ \boldsymbol{q}_4,\ \boldsymbol{q}_5,\ \boldsymbol{q}_6]\cdot\boldsymbol{z}=\boldsymbol{Q}\cdot\boldsymbol{z}$ 代入 $\dot{\boldsymbol{X}}=\boldsymbol{\Phi X}$，根据式（7－21），得到 $\boldsymbol{Q}\cdot\dot{\boldsymbol{z}}=\boldsymbol{\Phi Q}\cdot\boldsymbol{z}=\boldsymbol{QJ}\cdot\boldsymbol{z}$。对简化的系统 $\dot{\boldsymbol{z}}=\boldsymbol{Jz}$ 而言，通解为 $\boldsymbol{z}(t)=\mathrm{e}^{\boldsymbol{J}t}\boldsymbol{z}(0)$，其中 $\boldsymbol{z}(0)$ 是任意的初始向量，$\mathrm{e}^{\boldsymbol{J}t}$ 项展开形式为

$$\mathrm{e}^{\boldsymbol{J}t}=\begin{bmatrix}1 & t & & & & \\ & 1 & & & & \\ & & \cos\omega_2 t & -\sin\omega_2 t & & \\ & & \sin\omega_2 t & \cos\omega_2 t & & \\ & & & & \cos\omega_3 t & -\sin\omega_3 t \\ & & & & \sin\omega_3 t & \cos\omega_3 t\end{bmatrix} \tag{7-22}$$

$\boldsymbol{z}(t)$ 的分量形式求解为 $\boldsymbol{z}_1(t)=\boldsymbol{z}_1(0)+\boldsymbol{z}_2(0)\cdot t$，$\boldsymbol{z}_2(t)=\boldsymbol{z}_2(0)$，$\boldsymbol{z}_3(t)=\boldsymbol{z}_3(0)\cdot\cos\omega_2 t-\boldsymbol{z}_4(0)\cdot\sin\omega_2 t$，…，其中 $\boldsymbol{z}_i(i=1,\ 2,\ \cdots,\ 6)$ 表示 $\boldsymbol{z}$ 的第 i 个分量。第一个分量 $\boldsymbol{z}_1(t)=\boldsymbol{z}_1(0)+\boldsymbol{z}_2(0)\cdot t$ 表明 $\boldsymbol{z}_2(0)=0$ 是唯一能使相对轨道有界的初始条件，称为“0”初始条件。

基于之前的论述，一般状态量 $\boldsymbol{X}$ 可求解为

$$\boldsymbol{X}=[\boldsymbol{q}_1,\boldsymbol{q}_2,\boldsymbol{q}_3,\boldsymbol{q}_4,\boldsymbol{q}_5,\boldsymbol{q}_6]\mathrm{e}^{\boldsymbol{J}t}\cdot\boldsymbol{z}(0) \tag{7-23}$$

其中，$\boldsymbol{q}_i(i=1,\ 2,\ \cdots,\ 6)$ 分别是六个基准运动的初值，$[\boldsymbol{q}_1,\ \boldsymbol{q}_2,\ \boldsymbol{q}_3,\ \boldsymbol{q}_4,\ \boldsymbol{q}_5,\ \boldsymbol{q}_6]\mathrm{e}^{\boldsymbol{J}t}$ 给出了基准运动在任意时刻 t 的演化，$\boldsymbol{z}(0)$ 是 $\boldsymbol{q}_i$ 的线性组合系数，可为特定的任务选择不同的基准运动。

以高度、半径以及角速度分别为 150 km，r_{GEO} 和 ω_{GEO} 的圆形悬浮轨道为例，从 $\boldsymbol{q}_1$ 推演得到的第一个基准运动在迹向保持静止，即 $\Delta y=\boldsymbol{q}_1\cdot\boldsymbol{z}_1(t)=\boldsymbol{z}_1(0)$，如图 7－5（a）所示。从 $\boldsymbol{q}_2$ 推演得到的第二个基准运动使得从星在沿轨迹方向，以最大迹向速度接近或者远离主星，而在其他两个方向上保持相对静止，无相对速度，如图 7－5（b）所示。依据数值结果，$\boldsymbol{q}_2$ 形式为 $\boldsymbol{q}_2=[x_0\quad 0\quad z_0\quad 0\quad \dot{y}_0\quad 0]^{\mathrm{T}}$，悬浮高度 h 和比值 $x_0/\dot{y}_0$ 的关系，以及 h 与 $z_0/\dot{y}_0$ 的关系如图 7－6 所示。在开普勒轨道中，z_0 分量退化为 0，其他分量如 x_0 满足 $x_0=-\dfrac{2}{3}\dfrac{\dot{y}_0}{\omega}$，此时相对运动可表达为经典的 C－W 方程形式[135]

$$\begin{cases} x(t)=\left(4x_0+\dfrac{2\dot{x}_0}{\omega}\right)+\dfrac{\dot{x}_0}{\omega}\sin\omega t-\left(3x_0+\dfrac{2\dot{y}_0}{\omega}\right)\cos\omega t \\ y(t)=\left(y_0-\dfrac{2\dot{x}_0}{\omega}\right)-3(2\omega x_0+\dot{y}_0)t-2\left(3x_0+\dfrac{2\dot{y}_0}{\omega}\right)\sin\omega t+\dfrac{2\dot{x}_0}{\omega}\cos\omega t \\ z(t)=\dfrac{\dot{z}_0}{\omega}\sin\omega t+z_0\cos\omega t \end{cases} \tag{7-24}$$

从 $\boldsymbol{q}_3$ 和 $\boldsymbol{q}_4$ 推演得到的第三和第四个基准运动在位置空间中的轨迹相同，但是彼此相差一个 $\pi/2$ 的相位，如图 7 - 5（c）中实线所示。从线性角度来分析，第三和第四个基准运动均是平面且周期的，运动频率为 ω_2，且动量矩为常值 $\boldsymbol{H}_o=\Delta\boldsymbol{r}_o\times\Delta\dot{\boldsymbol{r}}_o$（或 $\boldsymbol{H}=\Delta\boldsymbol{r}\times\Delta\dot{\boldsymbol{r}}$）。上述结论也适用于从 $\boldsymbol{q}_5$ 和 $\boldsymbol{q}_6$ 推演得到的第五和第六个基准运动，只是这两个周期运动的频率为 ω_3，如图 7 - 5（c）中虚线所示。由 $\boldsymbol{q}_3/\boldsymbol{q}_4$ 和 $\boldsymbol{q}_5/\boldsymbol{q}_6$ 得到的两个动量矩相互垂直。对比于 C - W 方程中周期轨道单一的运动频率，一般的悬浮相对运动轨道在两个相互垂直的方向上表现出 2 个运动频率：ω_2 和 ω_3，如图 7 - 5（d）所示。

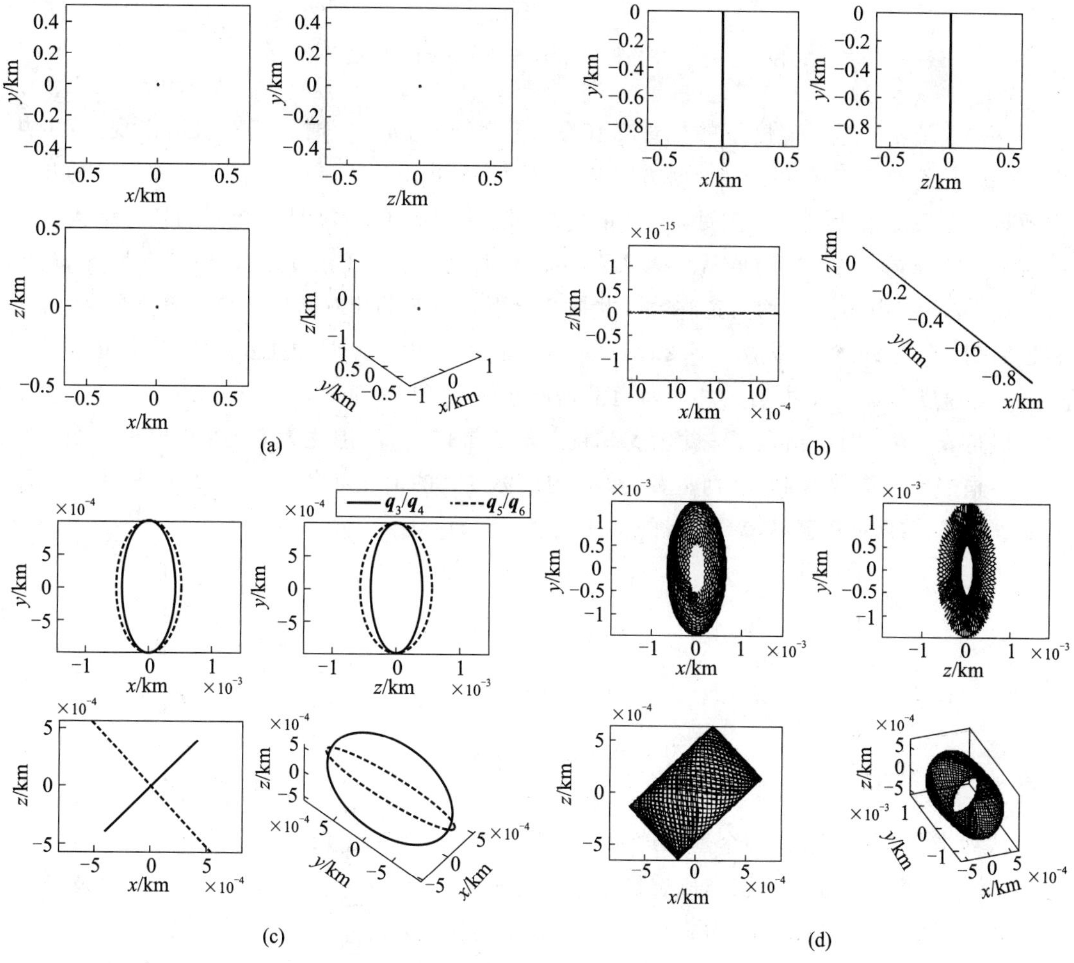

图 7 - 5　O_2 坐标系下的相对基本运动

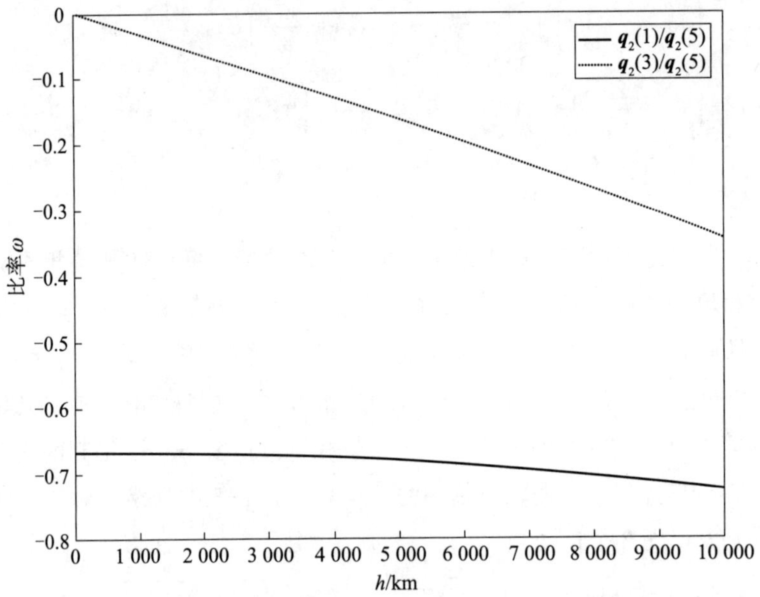

图 7-6　O_2 坐标系下基本相对运动之间的关系

下文验证不同悬浮高度下的相对轨道的稳定性结构。$h=0$ 时，相对轨道出现 1∶1 共振，也就是经典 C-W 方程，此时方程有 3 个两重根：0，$+\omega$ 和 $-\omega$。$+\omega$ 和 $-\omega$ 的几何重数与代数重数均为 2，这表明 $h=0$ 的情况和 $h<h_{cri}$ 的情况具有相同的拓扑结构。在 $h\in[0,\ h_{cri})$ 内，ω_3/ω_2 的值从 1 增加到∞，可取到一些有理数比值，即共振情况 $\omega_2:\omega_3=m:n$，其中 m 和 n 均为正整数。共振情况下，所有的相对轨道有界，且为周期性的，轨道周期为 $n\cdot 2\pi/\omega_2$（或者 $m\cdot 2\pi/\omega_3$），如图 7-7 所示，图中主星的悬浮轨道半径为 r_{GEO}，角速度为 ω_{GEO}，所有的相对轨道都是从 $\boldsymbol{q}_3+\boldsymbol{q}_5$ 推演而来。

但是 $h=h_{cri}$ 时，出现了一个分叉情况，原特征值 $\pm\omega_2$ 退化为 0，方程出现了四重零根。零根的代数重数为 4，几何重数为 2，约当标准型的形式如公式（7-25）中的 $\boldsymbol{J}_1$ 而不是 $\boldsymbol{J}_2$，数值结果可以确认 $\boldsymbol{\Phi}^2$ 所有的特征值都是实数。

$$\boldsymbol{J}_1=\begin{bmatrix}0&1&&&&\\&0&&&&\\&&0&1&&\\&&0&0&&\\&&&&0&-\omega_3\\&&&&\omega_3&0\end{bmatrix},\ \boldsymbol{J}_2=\begin{bmatrix}0&1&&&&\\&0&1&&&\\&&0&1&&\\&&&0&&\\&&&&0&-\omega_3\\&&&&\omega_3&0\end{bmatrix}\tag{7-25}$$

从约当分解中可得到四个基准运动：分别是在轨迹方向上保持静止的 $\boldsymbol{q}_1=[0,\ 1,\ 0,\ 0,\ 0,\ 0]^{\text{T}}$，在轨迹方向上远离或者靠近主星的 $\boldsymbol{q}_2=[x_0,\ 0,\ z_0,\ 0,\ \dot{y}_0,\ 0]^{\text{T}}$，以及以 ω_3 为频率的周期运动 $\boldsymbol{q}_3/\boldsymbol{q}_4$（$\boldsymbol{q}_3$ 和 $\boldsymbol{q}_4$ 存在一个 $\pi/4$ 的相位差）。

对于 $h>h_{cri}$ 的情况，两个零根的几何重数为 1，分别代表从 $\boldsymbol{q}_1$ 和 $\boldsymbol{q}_2$ 推演得到的基准运动，一对纯虚根表示从 $\boldsymbol{q}_3$ 和 $\boldsymbol{q}_4$ 推演得到的以 ω_3 为频率的周期轨道，一对实特征值 $\pm\lambda$

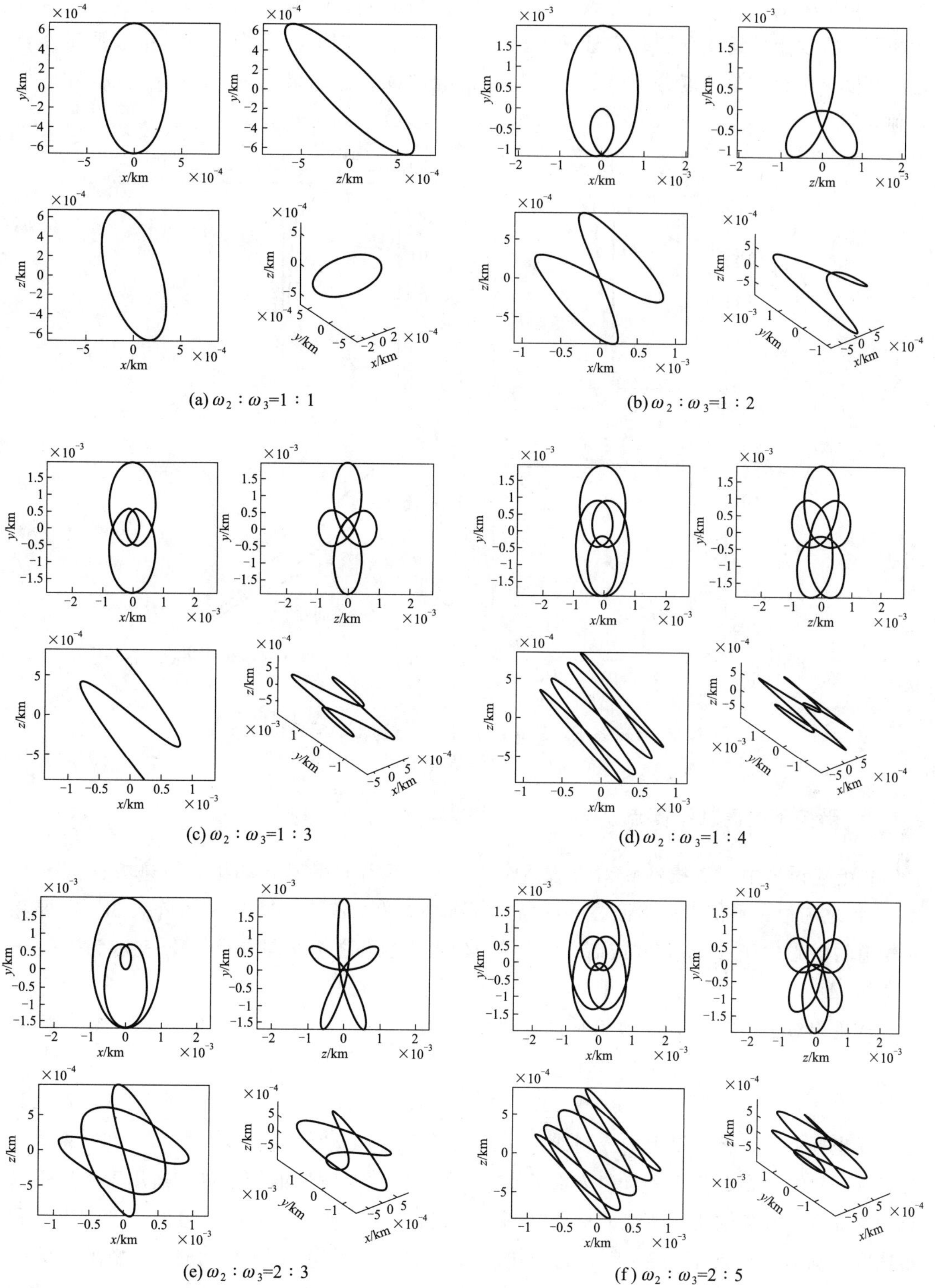

(a) $\omega_2:\omega_3=1:1$　(b) $\omega_2:\omega_3=1:2$

(c) $\omega_2:\omega_3=1:3$　(d) $\omega_2:\omega_3=1:4$

(e) $\omega_2:\omega_3=2:3$　(f) $\omega_2:\omega_3=2:5$

图 7-7　O_2 系下的共振相对轨道

产生不稳定项 $e^{\pm\lambda t}\approx 1\pm\lambda t$，导致从特征向量 $\boldsymbol{q}_5$ 和 $\boldsymbol{q}_6$（除 y_0 和 $\dot{y}_0$ 分量反向外，其余各分量相同）推演出的运动分别有靠近和远离主星的趋势，如图 7-8 所示，其中圆形悬浮轨道的高度、半径和角速度分别为 19 000 km、r_{GEO} 和 ω_{GEO}。结果表明，$\boldsymbol{q}_2$，$\boldsymbol{q}_5$ 和 $\boldsymbol{q}_6$ 彼此相互独立。

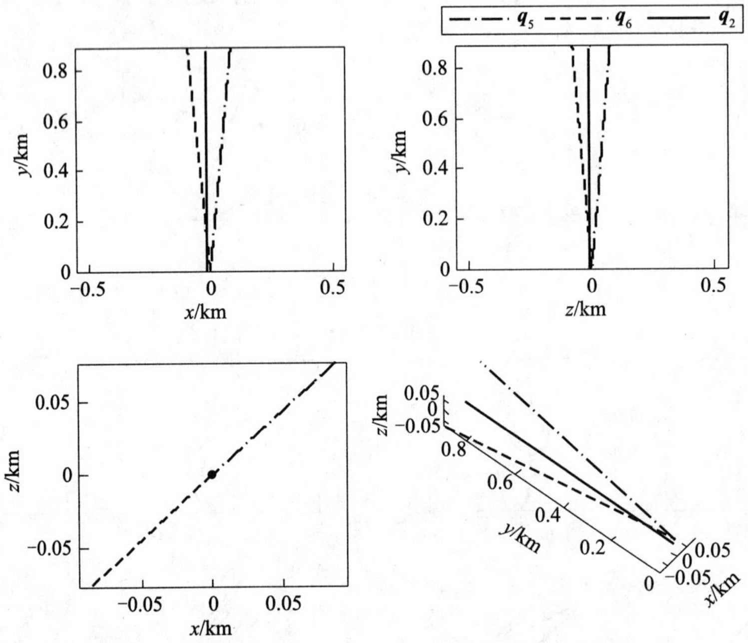

图 7-8　O_2 系下，从 $\boldsymbol{q}_2$，$\boldsymbol{q}_5$ 和 $\boldsymbol{q}_6$ 推演出的无界相对轨道

7.3.3　受控下的离轴平衡点

在上述讨论中，从线性相对方程式（7-15）解出的平衡点都位于轨迹方向（y 轴上），称之为沿迹平衡点。然而在一些航天任务中，例如 7.5 节中的相控阵天线，需要相对轨道的中心位于 y 轴上方或者下方，这样的中心称之为离轴平衡点，表示为 $\Delta\boldsymbol{r}^*=[\Delta x^*, \Delta y^*, \Delta z^*]^{\mathrm{T}}$。

从星相对于离轴平衡点的相对位置表示为 $\delta\boldsymbol{r}=\Delta\boldsymbol{r}_0-\Delta\boldsymbol{r}^*$，代入式（7-15）推导得到

$$\delta\ddot{\boldsymbol{r}}+\boldsymbol{A}\delta\dot{\boldsymbol{r}}+\boldsymbol{B}\delta\boldsymbol{r}=\boldsymbol{u}_o-\boldsymbol{B}\Delta\boldsymbol{r}^* \tag{7-26}$$

O 坐标系下，将从星上的控制器 $\boldsymbol{u}_o$ 设计成开环控制 $\boldsymbol{u}_o=\boldsymbol{B}\Delta\boldsymbol{r}^*$，式（7-26）将退化为式（7-15），那么 7.3.2 节和 7.4.1 节中得到的数值与解析的结果也均适用于离轴平衡点的情况。一些离轴相对轨道的例子如图 7-9 所示，其中圆形悬浮轨道的高度、半径和角速度分别为 150 km，r_{GEO} 和 ω_{GEO}。不同于 $\boldsymbol{q}_3$，$\boldsymbol{q}_4$，$\boldsymbol{q}_5$ 和 $\boldsymbol{q}_6$ 推演得到的悬浮轨道，从 $\boldsymbol{q}_1$ 推演得到的固定点，将在空间保持一个恒定的距离和方位，这在悬浮 GEO 轨道的 InSAR 测量上有重要的潜在应用。

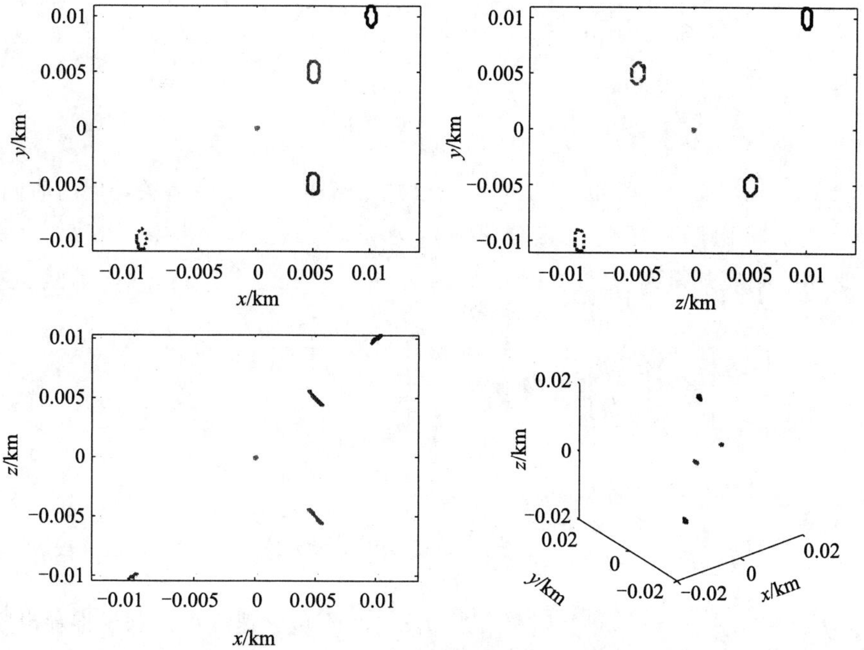

图 7－9　O 系下的离轴相对轨道(见彩插)

因此，可得到在主星轨道坐标系 O 下的小推力从星的期望加速度为

$$\boldsymbol{u}_o=\boldsymbol{B}\Delta\boldsymbol{r}^*+\begin{bmatrix}\cos(\theta-\alpha)\\0\\\sin(\theta-\alpha)\end{bmatrix}-\begin{bmatrix}0\\a\sin\alpha\cdot\Delta\phi\\0\end{bmatrix} \tag{7-27}$$

其中，第一项是控制力，第二项是主星的基本推力加速度，第三项是主从星基本推力加速度差值。

7.4　简约动力学模型下的线性相对运动

7.4.1　线性相对运动解析解

在简约动力学模型中，主星的圆形周期悬浮轨道对应于（ρ，h）空间的一个平衡点，在 R 坐标系里用 ρ_0，h_0 和 ϕ_0（$\phi_0=\omega t$，即沿着 z_i 轴的动量矩为 $h_{z0}=\rho_0^2\omega$）表示。当只有基本推力加速度时，主星沿着 z_i 轴的动量矩为定值，保持不变。然而，从星的动量矩不同，值为 $h_z=h_{z0}+\Delta h_z$，角分量为 $\phi=\phi_0+\Delta\phi$。

为了推导从星相对于主星的线性相对运动，考虑一条中间轨道（ρ_1，h_1），它和从星轨道的动量矩 h_z 相同，（ρ_1，h_1）是式(7－5)的平衡点。令 $\delta\rho=\rho_1-\rho_0$ 和 $\delta h=h_1-h_0$，运用泰勒展开，$\delta\rho$，δh 与主星的参数（ρ_0，h_0）以及 Δh_z 之间有如下的关系

$$\begin{cases}\left(3\dfrac{h_{z0}^2}{\rho_0^4}-3\mu\dfrac{\rho_0^2}{r_0^5}+\dfrac{\mu}{r_0^3}\right)\delta\rho-3\mu\dfrac{\rho_0 h_0}{r_0^5}\delta h=2\mu\dfrac{h_{z0}}{\rho_0^3}\Delta h_z\\ \left(\dfrac{1}{h_0}-3\dfrac{h_0}{r_0^2}\right)\delta h-3\dfrac{\rho_0}{r_0^2}\delta\rho=0\end{cases}\tag{7-28}$$

式中，$r_0=\sqrt{\rho_0^2+h_0^2}$，$\delta\rho$ 和 δh 可从之前的公式中解得，与 Δh_z 有关，但与时间无关。

和中间轨道相比，从星的位置分量表示为 $\rho=\rho_1+\Delta\rho$，$h=h_1+\Delta h$，将其代入式(7-5)，运用泰勒展开得到

$$\begin{bmatrix}\Delta\ddot{\rho}\\ \Delta\ddot{h}\end{bmatrix}=\boldsymbol{M}\begin{bmatrix}\Delta\rho\\ \Delta h\end{bmatrix},\quad \boldsymbol{M}=\begin{bmatrix}-3\dfrac{h_z^2}{\rho_1^4}+3\mu\dfrac{\rho_1^2}{r_1^5}-\dfrac{\mu}{r_1^3} & 3\mu\dfrac{\rho_1 h_1}{r_1^5}\\ 3\mu\dfrac{\rho_1 h_1}{r_1^5} & 3\mu\dfrac{h_1^2}{r_1^5}-\dfrac{\mu}{r_1^3}\end{bmatrix}\tag{7-29}$$

相比于主星，相对角分量简化为

$$\Delta\ddot{\phi}=-2\frac{\omega}{\rho_0}(\Delta\dot{\rho}+\delta\dot{\rho})=-2\frac{\omega}{\rho_0}\Delta\dot{\rho}\tag{7-30}$$

式中，$h_z=h_{z0}+\Delta h_z$，$r_1=\sqrt{\rho_1^2+h_1^2}$。式(7-29)不包含速度项，利于推导出其解析解。因此存在一个实的非奇异矩阵 $\boldsymbol{T}$ 可将矩阵 $\boldsymbol{M}$ 转换成一个由特征值 η_1 和 η_2 构成的对角阵，即 $\boldsymbol{T}^{-1}\boldsymbol{M}\boldsymbol{T}=\begin{bmatrix}\eta_1 & 0\\ 0 & \eta_2\end{bmatrix}$，其中

$$\eta_1=\mu\left[\frac{1}{2r_1^3}-\frac{3}{2\rho_1^3}-\frac{3}{2}\sqrt{\left(\frac{1}{\rho_1^3}+\frac{1}{r_1^3}\right)^2-\frac{4}{\rho_1 r_1^5}}\right],\ \eta_2=\mu\left[\frac{1}{2r_1^3}-\frac{3}{2\rho_1^3}+\frac{3}{2}\sqrt{\left(\frac{1}{\rho_1^3}+\frac{1}{r_1^3}\right)^2-\frac{4}{\rho_1 r_1^5}}\right]\tag{7-31}$$

$$\boldsymbol{T}=\begin{bmatrix}\dfrac{3\mu\rho_1 h_1}{r_1^5} & \dfrac{-3\mu(r_1^2\rho_1^3+r_1^5-2\rho_1^5)}{2r_1^5\rho_1^3}+\dfrac{3\mu}{2}\sqrt{\left(\dfrac{1}{\rho_1^3}+\dfrac{1}{r_1^3}\right)^2-\dfrac{4}{\rho_1 r_1^5}}\\ \dfrac{3\mu(r_1^2\rho_1^3+r_1^5-2\rho_1^5)}{2r_1^5\rho_1^3}-\dfrac{3\mu}{2}\sqrt{\left(\dfrac{1}{\rho_1^3}+\dfrac{1}{r_1^3}\right)^2-\dfrac{4}{\rho_1 r_1^5}} & \dfrac{3\mu\rho_1 h_1}{r_1^5}\end{bmatrix}\tag{7-32}$$

一些关于 η_1 和 η_2 的讨论：

1）当 $h_1=0$ 时，两个特征根均为负数且相等，$\eta_1=\eta_2=-\dfrac{\mu}{\rho_1^3}$，分别用 $-\omega_2^2$ 和 $-\omega_3^2(\omega_2>0,\ \omega_3=\omega_2)$ 来表示；

2）当 $0<h_1<h_{cri}$ 时，

$$h_{cri}=\rho_0\sqrt{\sqrt[3]{\frac{1}{8}\left(1-\rho_1^2\frac{4\mu^2}{9h_z^2}\right)+\sqrt{\frac{1}{64}\left(1-\rho_1^2\frac{4\mu^2}{9h_z^2}\right)^2-\frac{1}{64}}}-\sqrt[3]{\frac{1}{8}\left(1-\rho_1^2\frac{4\mu^2}{9h_z^2}\right)-\sqrt{\frac{1}{64}\left(1-\rho_1^2\frac{4\mu^2}{9h_z^2}\right)^2-\frac{1}{64}}}}$$

(对于 $\rho_1=r_{\mathrm{GEO}}$ 和 $\omega=\omega_{\mathrm{GEO}}$ 的悬浮 GEO 轨道，h_{cri} 的值为 18 700 km)，两个特征根均为负数但不相等，分别用 $-\omega_2^2$ 和 $-\omega_3^2(0<\omega_2<\omega_3)$ 来表示；

3）当 $h_1=h_{cri}$ 时，一个特征根为 0，另一个特征根为负数，分别用 0 和 $-\omega_3^2(\omega_3>0,\ \lambda=0)$ 来表示；

4）当 $h_1 > h_{cri}$ 时，一个特征根为正数，另一个特征根为负数，分别用 $+\lambda^2$ 和 $-\omega_3^2$（$\lambda > 0$，$\omega_3 > 0$）来表示。

考虑 R 坐标系和 O_2 坐标系的几何关系，可推导出一阶近似解

$$\begin{cases}\Delta x = \rho\cos\Delta\phi - \rho_0 \approx \Delta\rho + \delta\rho \\ \Delta y = \rho\sin\Delta\phi \approx \rho_0\Delta\phi \\ \Delta z = \Delta h + \delta h\end{cases} \tag{7-33}$$

表明这两个坐标系等价，且式（7-15）或式（7-17）的解析解可从式（7-28）或式（7-29）中推导得到。

当 $h_1 < h_{cri}$ 时，

$$\begin{cases}\Delta x = \boldsymbol{T}_{11}\cdot a_2\cos(\omega_2 t + b_2) + \boldsymbol{T}_{12}\cdot a_3\cos(\omega_3 t + b_3) + \delta\rho \\ \Delta y = \rho_0\Delta\phi\mid_0 + \boldsymbol{T}_{11}\cdot a_2\dfrac{2\omega}{\omega_2}\sin b_2 + \boldsymbol{T}_{12}\cdot a_3\dfrac{2\omega}{\omega_3}\sin b_3 + (\rho_0\Delta\dot{\phi}\mid_0 + \boldsymbol{T}_{11}\cdot a_2 2\omega\cos b_2 + \boldsymbol{T}_{12}\cdot a_3 2\omega\cos b_3) - \\ \qquad \boldsymbol{T}_{11}\cdot a_2\dfrac{2\omega}{\omega_2}\sin(\omega_2 t + b_2) - \boldsymbol{T}_{12}\cdot a_3\dfrac{2\omega}{\omega_3}\sin(\omega_3 t + b_3) \\ \Delta z = \boldsymbol{T}_{21}\cdot a_2\cos(\omega_2 t + b_2) + \boldsymbol{T}_{22}\cdot a_3\cos(\omega_3 t + b_3) + \delta h\end{cases} \tag{7-34}$$

当 $h_1 = h_{cri}$ 时，

$$\begin{cases}\Delta x = \boldsymbol{T}_{11}\cdot(a_2 + b_2 t) + \boldsymbol{T}_{12}\cdot a_3\cos(\omega_3 t + b_3) + \delta\rho \\ \Delta y = \rho_0\Delta\phi\mid_0 + \boldsymbol{T}_{12}\cdot a_3\dfrac{2\omega}{\omega_3}\sin b_3 + (\rho_0\Delta\dot{\phi}\mid_0 + \boldsymbol{T}_{12}\cdot a_3 2\omega\cos b_3)t - \boldsymbol{T}_{11}\cdot\omega b_2 t^2 - \\ \qquad \boldsymbol{T}_{12}\cdot a_3\dfrac{2\omega}{\omega_3}\sin(\omega_3 t + b_3) \\ \Delta z = \boldsymbol{T}_{21}\cdot(a_2 + b_2 t) + \boldsymbol{T}_{22}\cdot a_3\cos(\omega_3 t + b_3) + \delta h\end{cases} \tag{7-35}$$

当 $h_1 > h_{cri}$ 时，

$$\begin{cases}\Delta x = \boldsymbol{T}_{11}\cdot(a_2 e^{\lambda t} + b_2 e^{-\lambda t}) + \boldsymbol{T}_{12}\cdot a_3\cos(\omega_3 t + b_3) + \delta\rho \\ \Delta y = \rho_0\Delta\phi\mid_0 + \boldsymbol{T}_{11}\cdot\dfrac{2\omega}{\lambda}(a_2 - b_2) + \boldsymbol{T}_{12}\cdot a_3\dfrac{2\omega}{\omega_3}\sin b_3 + \\ \qquad (\rho_0\Delta\dot{\phi}\mid_0 + \boldsymbol{T}_{11}\cdot 2\omega(a_2 + b_2) + \boldsymbol{T}_{12}\cdot a_3 2\omega\cos b_3)t - \\ \qquad \boldsymbol{T}_{11}\cdot\dfrac{2\omega}{\lambda}(a_2 e^{\lambda t} + b_2 e^{-\lambda t}) - \boldsymbol{T}_{12}\cdot a_3\dfrac{2\omega}{\omega_3}\sin(\omega_3 t + b_3) \\ \Delta z = \boldsymbol{T}_{21}\cdot(a_2 e^{\lambda t} + b_2 e^{-\lambda t}) + \boldsymbol{T}_{22}\cdot a_3\cos(\omega_3 t + b_3) + \delta h\end{cases} \tag{7-36}$$

其中，$\boldsymbol{T}_{ij}$ 表示 $\boldsymbol{T}$ 矩阵中第 i 行第 j 列的元素，$\Delta\phi_0$ 和 $\Delta\dot{\phi}_0$ 由初始时刻的位置和速度决定，a_2，a_3，b_2，b_3 的取值由下式决定

当 $h_1 < h_{cri}$ 时，

$$\begin{bmatrix} a_2\cos b_2 \\ a_3\cos b_3 \end{bmatrix} = \boldsymbol{T}^{-1}\begin{bmatrix}\Delta x\mid_0 - \delta\rho \\ \Delta z\mid_0 - \delta h\end{bmatrix},\begin{bmatrix} a_2\sin b_2 \\ a_3\sin b_3\end{bmatrix} = \begin{bmatrix} 1/\omega_2 & 0 \\ 0 & 1/\omega_3\end{bmatrix}\boldsymbol{T}^{-1}\begin{bmatrix}\Delta\dot{x}\mid_0 \\ \Delta\dot{z}\mid_0\end{bmatrix} \tag{7-37}$$

当 $h_1 = h_{cri}$ 时，

$$\begin{bmatrix} a_2 \\ a_3\cos b_3 \end{bmatrix} = \boldsymbol{T}^{-1}\begin{bmatrix} \Delta x\mid_0 - \delta\rho \\ \Delta z\mid_0 - \delta h \end{bmatrix},\begin{bmatrix} b_2 \\ a_3\sin b_3 \end{bmatrix} = \begin{bmatrix} 1/\lambda & 0 \\ 0 & 1/\omega_3 \end{bmatrix}\boldsymbol{T}^{-1}\begin{bmatrix} \Delta\dot{x}\mid_0 \\ \Delta\dot{z}\mid_0 \end{bmatrix} \tag{7-38}$$

当 $h_1 > h_{cri}$ 时，

$$\begin{bmatrix} a_2 + b_2 \\ a_3\cos b_3 \end{bmatrix} = \boldsymbol{T}^{-1}\begin{bmatrix} \Delta x\mid_0 - \delta\rho \\ \Delta z\mid_0 - \delta h \end{bmatrix},\begin{bmatrix} a_2 - b_2 \\ a_3\sin b_3 \end{bmatrix} = \begin{bmatrix} 1/\lambda & 0 \\ 0 & 1/\omega_3 \end{bmatrix}\boldsymbol{T}^{-1}\begin{bmatrix} \Delta\dot{x}\mid_0 \\ \Delta\dot{z}\mid_0 \end{bmatrix} \tag{7-39}$$

从星和主星之间存在的动量矩差值 Δh_z 可以从初值中获得。将初值 $\rho = \rho_0 + \Delta\rho\mid_0 + \delta\rho = \rho_0 + \Delta x\mid_0$ 和 $\dot{\phi} = \omega + \Delta\dot{\phi}\mid_0$ 代入 $h_z = \rho^2\dot{\phi}$，运用泰勒展开简化推导出

$$\Delta h_z = 2\frac{\Delta x\mid_0}{\rho_0} + \frac{\Delta\dot{\phi}\mid_0}{\omega} \tag{7-40}$$

因此，组合式（7-28）、式（7-34）～式（7-40）推导出线性相对运动的解析解。图 7-10 是数值解与解析解的对比，圆形悬浮轨道的高度、半径和角速度分别为 150 km，r_{GEO} 和 ω_{GEO}，该对比结果表明式（7-15）、式（7-17）和式（7-29）是等价的。

一些关于解析解的讨论如下：

a）当 $h_1 = 0$ 时，解析解将退化成式（7-24）；

b）当 $h_1 < h_{cri}$ 时，唯一能使相对运动在迹向有界的"0"初始条件，需满足 $\Delta\dot{\phi}\mid_0 + \boldsymbol{T}_{11}\cdot a_2\dfrac{2\omega}{\rho_0}\cos b_2 + \boldsymbol{T}_{12}\cdot a_3\dfrac{2\omega}{\rho_0}\cos b_3 = 0$ 或者 $\Delta\dot{\phi}\mid_0 + \boldsymbol{T}_{11}\cdot\dfrac{2\omega}{\rho_0}(a_2 + b_2) + \boldsymbol{T}_{12}\cdot a_3\dfrac{2\omega}{\rho_0}\cos b_3 = 0$，当退化成 C-W 方程时，"0"初始条件为 $\Delta\dot{\phi}\mid_0 + \dfrac{2\omega}{\rho_0}\Delta x\mid_0 = 0$。满足上述条件的相对轨道称之为自然有界轨道。

7.4.2 控制下的有界相对轨道

通常，基于编队飞行的科学应用需要飞行器保持在彼此附近运动。但是，与初始值的微小偏差（例如 $\boldsymbol{q}_3$，…，$\boldsymbol{q}_6$ 或者当 $h_0 < h_{cri}$ 时 $\dot{\phi}_0 = 0$）会导致沿轨迹方向相对分量随时间不断增加。因此，本节研究任意初值下的受控有界相对轨道。在实际任务中，从星不仅需要提供基本推力加速度以悬浮于地球之上，还需额外的控制力以生成任何初始值下的有界相对轨迹。

当 $h_0 < h_{cri}$ 时，式（7-34）～式（7-36）揭示出沿 $\Delta\rho$（或者 Δx）以及 Δh（或者 Δz）方向的运动总是有界的，而 $\Delta\phi$（或者 Δy）方向上不然。因此，建立一个 $\Delta\phi$ 方向上的闭环反馈控制，$u = -\omega_1^2\Delta\phi$，得到新的受控相对轨道。$\Delta\phi$ 方向的受控运动为

$$\Delta\ddot{\phi} = -2\frac{\omega}{\rho_0}\Delta\dot{\rho} + u \tag{7-41}$$

式中，$\Delta\dot{\rho} = -\boldsymbol{T}_{11}\cdot a_2\omega_2\sin(\omega_2 t + b_2) - \boldsymbol{T}_{12}\cdot a_2\omega_3\sin(\omega_3 t + b_3)$ 可从式（7-34）中推导得到。因此，从星额外的控制 $\boldsymbol{u} = [0,\ u,\ 0]^{\mathrm{T}}$ 在沿轨迹方向引入了一个新的频率 ω_1，继而式（7-41）的解析解为

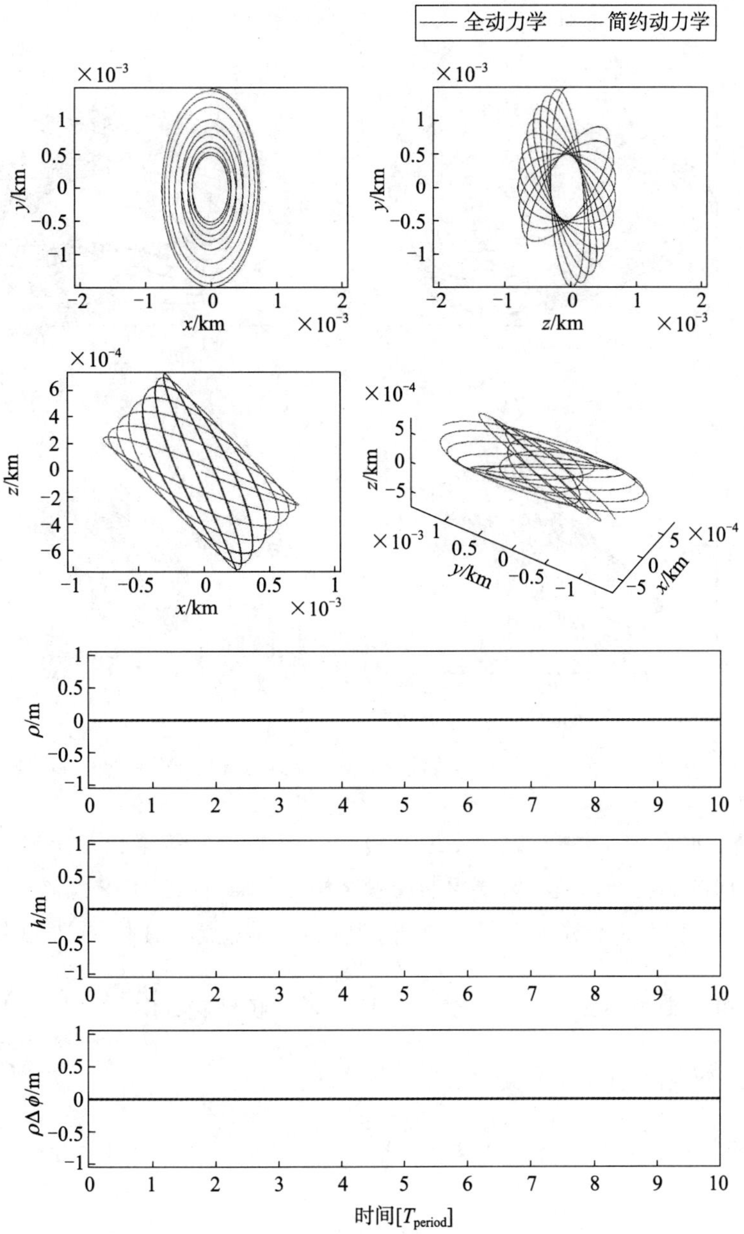

图 7-10　完全动力学线性相对方程数值积分结果与简约动力学线性相对方程解析解的对比（见彩插）

$$\Delta\phi = a_1\sin(\omega_1 t + b_1) + \frac{\boldsymbol{T}_{11}\cdot a_2\omega_2}{\omega_1^2 - \omega_2^2}\sin(\omega_2 t + b_2) + \frac{\boldsymbol{T}_{12}\cdot a_3\omega_3}{\omega_1^2 - \omega_3^2}\sin(\omega_3 t + b_3) \tag{7-42}$$

其中，a_1 和 b_1 由初值决定。为了避免共振，新的频率 ω_1 既不等于 ω_2 也不等于 ω_3。为确保上述控制同样适用于非线性动力学，在控制器中加入一个小量振荡项 $\delta\Delta\dot{\phi}$，控制器更新为 $u = -\omega_1^2\Delta\phi - \delta\Delta\dot{\phi}$，以保持控制极点始终远离虚轴，有界控制相对轨道如图 7-11 所示，其中圆形悬浮轨道的高度、半径和角速度分别为 150 km，r_{GEO} 和 ω_{GEO}，控制参数

ω_1 和 δ 分别是 $2\omega_{GEO}$ 和 1×10^{-6}。

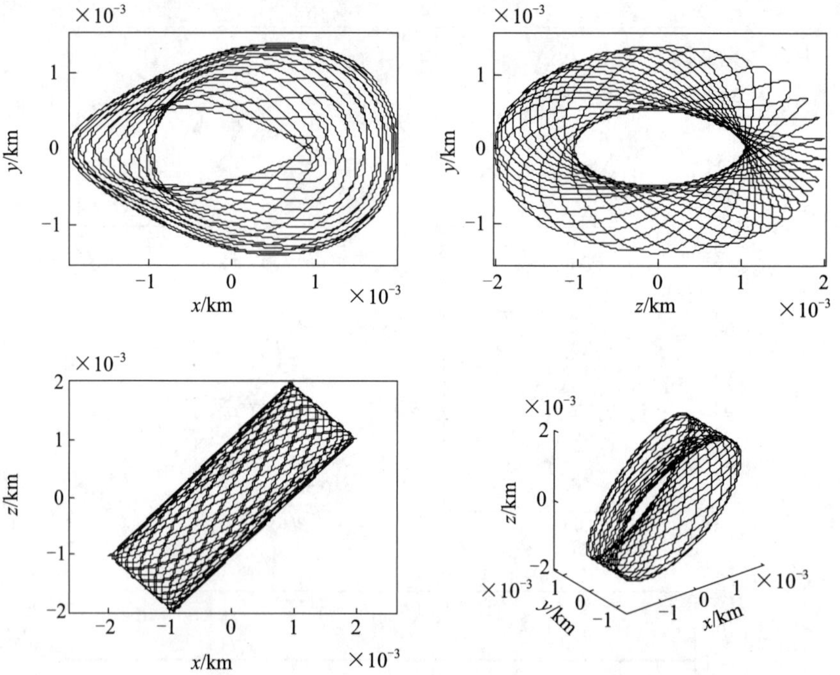

图 7-11　O_2 系中 $h_0<h_{cri}$ 时，非线性动力学中任意初值积分得到的有界控制相对轨道

当 $h_0\geqslant h_{cri}$ 时，控制器在 $\Delta\phi$（或者 Δy）方向上的镇定策略和 $h_0<h_{cri}$ 情况下一样；但是沿其他方向的实特征值 $\pm\lambda$ 需要保哈密顿结构控制器（HSP）来实施镇定。HSP 是一个有用的工具，可以将不稳定平衡点转化为稳定平衡点，具体构造细节可参见文献[119，136]。由于动力系统在（ρ，h）空间具备哈密顿结构，$\begin{cases}\ddot{\rho}=-\partial\overline{U}/\partial\rho\\ \ddot{h}=-\partial\overline{U}/\partial h\end{cases}$，其中 $\overline{U}=U+h_z^2/2\rho^2$，HSP 控制器可设计为

$$\boldsymbol{u}=-\left[G_1\cdot\lambda^2(\boldsymbol{v}_+\boldsymbol{v}_+^{\mathrm{T}}+\boldsymbol{v}_-\boldsymbol{v}_-^{\mathrm{T}})+G_2\cdot\omega_3^2(\boldsymbol{v}\boldsymbol{v}^H+\overline{\boldsymbol{v}}\,\overline{\boldsymbol{v}}^H)\right]\cdot[\Delta\rho\quad\Delta h]^{\mathrm{T}}-\overline{\omega}\boldsymbol{J}\cdot[\Delta\dot{\rho}\quad\Delta\dot{h}]^{\mathrm{T}}\tag{7-43}$$

式中　$\boldsymbol{J}$ ——对称矩阵；

G_1，G_2 ——控制增益；

$\overline{\omega}$—— 科氏项增益；

$\boldsymbol{v}_+$，$\boldsymbol{v}_-$ ——实特征根 $+\lambda$ 和 $-\lambda$ 的特征向量；

$\boldsymbol{v}$，$\overline{\boldsymbol{v}}$ ——纯虚根 $\pm\omega_3$ 的共轭特征向量。

在控制器中，G_1 项用来削弱由 $+\lambda$ 表征的不稳定流形，G_2 项用来加强由 $\pm\omega_3$ 表征的中心流形，$\overline{\omega}$ 项用来加强上述两项的耦合效果。无论初值如何，受控相对轨道始终保持有界，如图 7-12 所示。其中图 7-12（a）中 $h_0>h_{cri}$，圆形悬浮轨道的高度、半径和角速度分别为 19 000 km，r_{GEO} 和 ω_{GEO}，控制参数 ω_1、δ 和(G_1，G_2，$\overline{\omega}$)分别是 $2\omega_{GEO}$、1×10^{-7}和（1，

0，0)；图 7-12 (b) 中 $h_0 = h_{cri}$，圆形悬浮轨道的高度、半径和角速度分别为 h_{cri}，r_{GEO} 和 ω_{GEO}，控制参数 ω_1、δ 和(G_1，G_2，$\overline{\omega}$) 分别是 $2\omega_{GEO}$、1×10^{-7} 和(0，1，1×10^{-7})。

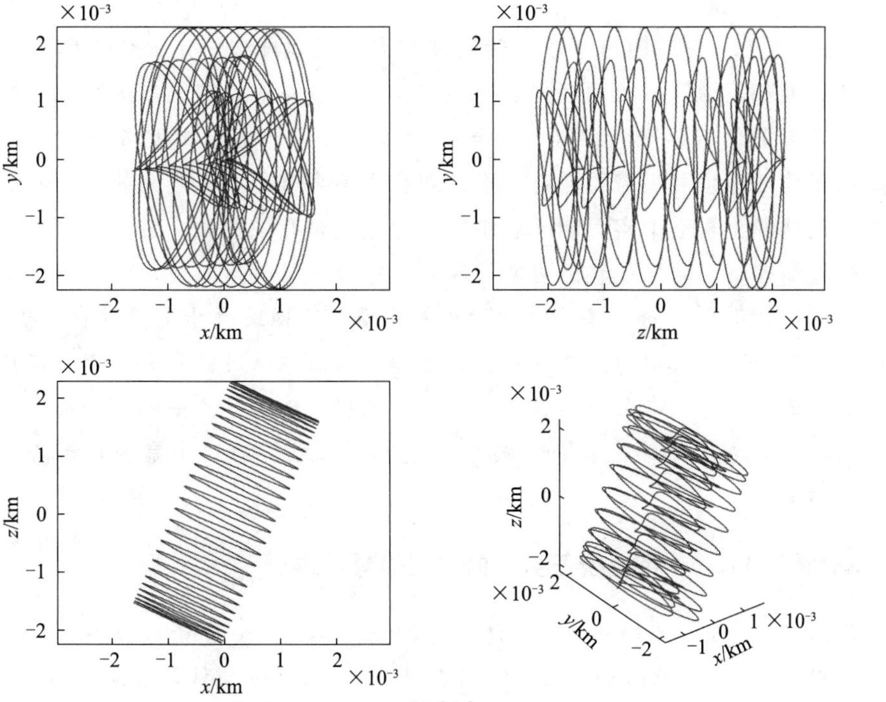

(a) $h_0>h_{cri}$

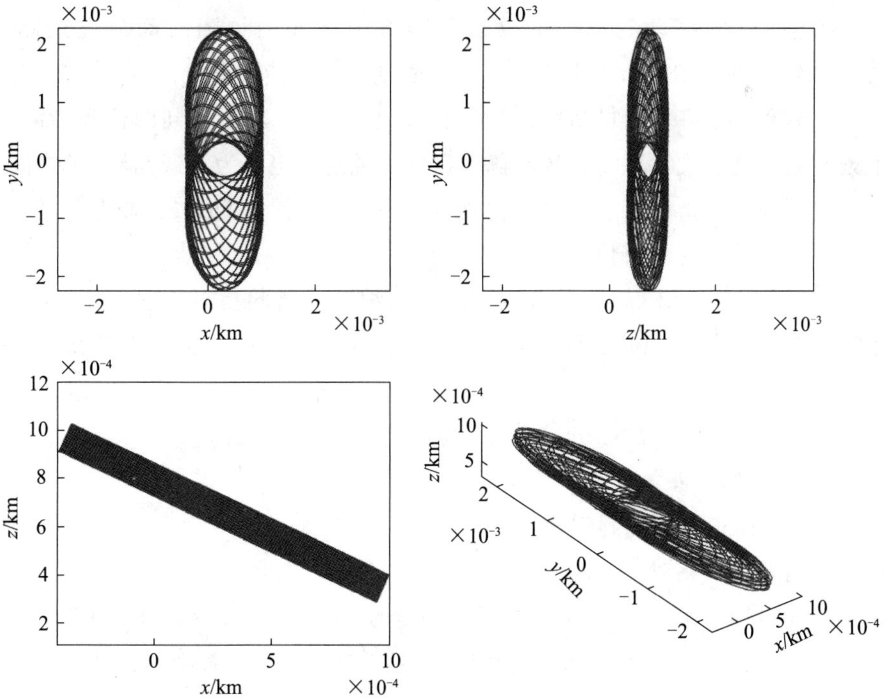

(b) $h_0=h_{cri}$

图 7-12　HSP 控制器生成任意初值下的受控有界相对轨道

7.5 悬浮静止轨道的编队飞行

地球静止卫星[137]是周期与地球自转周期相同、与地球某一定点位置相对静止的同步卫星，具有覆盖范围广、机动性强、轨道寿命长、能够对特定区域进行高精度高重复观测等特点，在通信、导航、中继、科学探测、灾害评估等领域发挥着举足轻重的作用。然而由于地球静止卫星需要保持一定的安全距离来避免卫星之间相互干扰、碰撞的风险，所以地球静止轨道中实际能够容纳的卫星数量是有限的，会随着地球静止卫星的发射而变得逐渐拥堵。而悬浮轨道可使卫星移出原有地球静止轨道，形成新的对地静止轨道。这种方法相当于开辟了多条对地静止的轨道，使地球静止卫星的容量扩大数倍，可以更好地解决地球静止轨道拥堵问题。悬浮静止轨道编队飞行有许多潜在应用，例如地表成像和中继通信等。本节提供悬浮编队在对地静止轨道任务中的两个应用实例：第一个是为 InSAR 测量或地表成像任务提供固定相对基线，第二个是为相控阵天线任务提供重复相对轨迹。

7.5.1 InSAR 和 Fresnel 带透镜任务中的固定相对基线

干涉式合成孔径雷达（Interferometric Synthetic Aperture Radar，InSAR）系统可以在任何天气或光照条件下通过接收回波的幅值和相位信息来生成地球表面的高分辨率雷达图像[138]。不同的接收器配置可用于生成数字高程模型（Digital Elevation Models，DEM），检测地面上的移动物体，生成超分辨率图像或测量随时间变化的地形特征。InSAR 通过在特定的构型上布置多颗卫星，以实现单程干涉测量。而所选取的编队构型决定基线的几何分布，这将对测量精度产生重要影响[139-140]。对于不同的任务，需要设计不同的构型或相对运动方式。通常，从集群到目标的视角（定义为视线与 z_o 轴之间的角度）或波束角倾向于固定的指向。为了最小化测量误差，可以计算 DEM 跨轨基线的最佳长度，该长度取决于雷达设备的波束角。

干涉基线是 InSAR 系统的重要参数，由参与编队卫星的相对位置决定。有效垂直基线 B^n 定义为基线矢量投影到距离-高度平面内之后又在垂直斜距方向上的投影[103]，可由下式表示

$$B^n = \boldsymbol{B} \cdot [\sin\theta_L \quad \cos\theta_L\cos\gamma \quad -\cos\theta_L\sin\gamma]^{\mathrm{T}} \tag{7-44}$$

式中 θ_L ——天线的下视角；

γ ——偏离轨道平面的斜视角；

$\boldsymbol{B}$ ——衡量编队相对位置的基线。

参考文献 [141]，假设 InSAR 进行高程测量时，下视角 $\theta_L=35°$，$\gamma=90°$以及基线长度 $B=5$ km。为了最大化有效垂直基线 B^n，相对基线 $\boldsymbol{B}$ 设计为平行于 $[\sin\theta_L \quad \cos\theta_L\cos\gamma \quad -\cos\theta_L\sin\gamma]^{\mathrm{T}}$，因此，根据 7.3.3 节中构造的额外控制策略设计离轴平衡点 $\Delta\boldsymbol{r}^*=B[-\sin\theta_L,0,\cos\theta_L]^{\mathrm{T}}$，可产生固定的相对基线。

在任务中，雷达安装在主星上，假设雷达相机与推力方向之间存在一个夹角，记为 ξ 。为了观测地表的不同纬度，雷达需要转动一定的角度以始终与视线保持垂直，当 ξ 角度一定时，这就导致推力方向也发生相应的变化。当确定观测区域，继而确定推力方向之后，主星的悬浮半径与高度也可唯一确定下来。InSAR 系统与主、从星之间的定位基线示意图如图 7－13（a）所示。基于空间基线，相对运动与从星的轨道也可求解得到。下面用实例展示悬浮编队如何应用于地表不同纬度区域的观测。

在仿真中，主星轨道的悬浮高度为 150 km，半径为 $\rho = r_{\mathrm{GEO}}$，角速度 $\omega = \omega_{\mathrm{GEO}}$，可用于观测地球表面北纬 0.2°区域；此时推力方向与雷达方向几乎平行，推力与雷达之间的安装角 ξ 为 0.1°。从星轨道的悬浮高度为 $h = 154$ km，半径为 $\rho = 42\ 161$ km，角速度 $\omega = \omega_{\mathrm{GEO}}$，主星轨道坐标系 O 下，相对运动的初始条件为 $[\Delta r^*，0，0，0]^{\mathrm{T}}$。相比于主星所需的基本推力加速度 $7.97 \times 10^{-4}\ \mathrm{m/s^2}$，从星所需的加速度为 $8.20 \times 10^{-4}\ \mathrm{m/s^2}$。为了观测地表的其他区域，例如纬度 5°区域，在固定安装角为 $\xi = 0.1°$的情况下，主星的推力方向由－0.306°转换为－4.892°。保持角速度 $\omega = \omega_{\mathrm{GEO}}$ 不变，悬浮轨道的高度和半径求解为 $h = 3\ 684$ km，$\rho = 42\ 108$ km。观测纬度与主星悬浮轨道位置，在不同安装角 ξ 下的对应关系如图 7－13（b）所示，该图表明观测纬度越高，所需的主星悬浮高度越高。

从干涉测量的角度看，总希望能在整个轨道周期内保持恒定不变的最优基线，即两个卫星始终保持平行飞行，这样就可以在任何时候进行干涉测量。但是传统的编队无法实现主、从星平行飞行，而是从星总在主星的附近运动，相对基线呈现类三角函数的周期变化。传统的自然编队无法获得固定基线，只能利用轨道中的某些位置形成干涉[142]。对比之下，悬浮轨道上的分布式观测器可以很容易地实现平行构型，基线垂直且固定，相比于开普勒轨道编队消除了干涉对时间和位置的限制。

对于图 7－14（a）中地表-主星-从星共线的情况，主星为菲涅尔波带透镜，从星为 CCD 相机，形成一个分布式星载相机。由于菲涅尔波带透镜和 CCD 相机在光学领域中被广泛研究[143]，本章仅从轨道设计的角度来讨论悬浮编队在地表成像中的应用。

在这个任务中，主星（菲涅尔波带透镜）的悬浮轨道假设为：高度 150 km，悬浮半径 $\rho = r_{\mathrm{GEO}}$，角速度 $\omega = \omega_{\mathrm{GEO}}$。离轴平衡点位于 x_o 轴上，$\Delta \boldsymbol{r}^* = f \cdot [1，0，0]^{\mathrm{T}}$，其中 f 为镜头的焦距，该带透镜只能实现对纬度 0.2°区域的连续观测。假设推力方向与镜头之间的夹角仍然为常值，记为 ξ，$\xi = 0.1°$。为了观测其他纬度 δ，主星和从星的轨道也需如上文中一样，进行相应的变化。

主、从星的相对基线示意图如图 7－14（a）所示。偏轴平衡点可设计为 $\Delta \boldsymbol{r}^* = f \cdot [\cos(\eta - \delta)，0，\sin(\eta - \delta)]^{\mathrm{T}}$，其中 δ 是纬度，η 角度可变。对于特定的 η 而言，只存在一条主星的悬浮轨道，满足推力方向与镜头之间的夹角为常值，然后可根据 $\Delta \boldsymbol{r}^*$ 确定相对运动。特别地，当 $\eta = \delta$ 时，也就是上个仿真中，离轴平衡点位于 x_o 轴上，观测纬度 δ 和主星悬浮轨道位置之间的关系和图 7－13（b）一样。对于 $\eta \neq \delta$ 的情况，主星悬浮轨道位置与不同 η 角之间的关系如图 7－14（b）所示。η 角度越大，所需的悬浮高度越高；纬度 δ 越高，所需的轨道半径越小。和悬浮轨道在 InSAR 测量任务中的优势相同，在对地成像

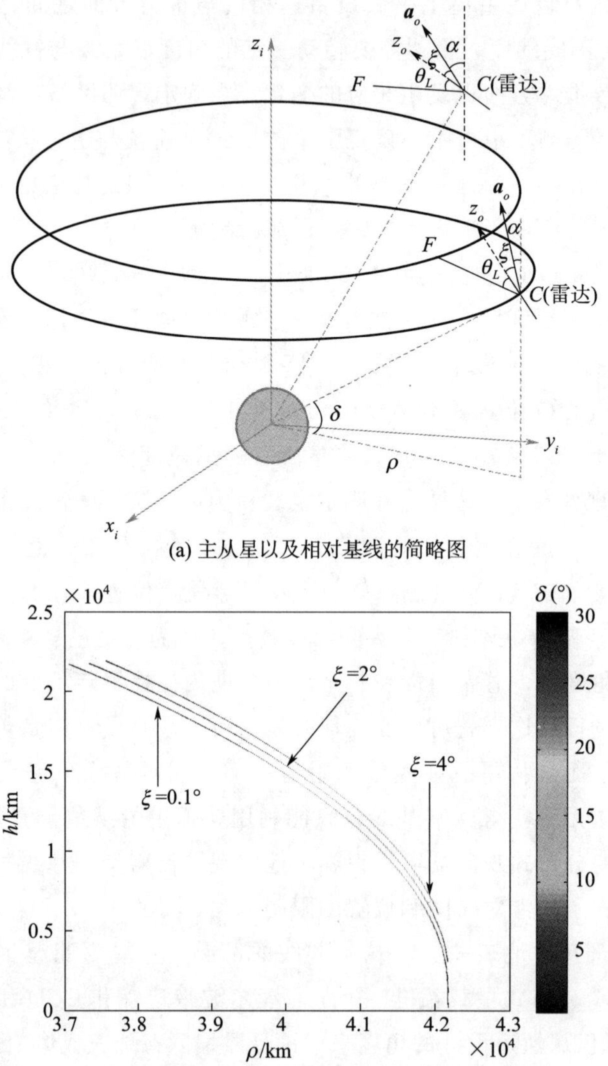

(a) 主从星以及相对基线的简略图

(b) 安装角ξ、观测纬度δ与主星悬浮位置之间的关系

图 7-13　InSAR 任务中的固定相对基线（见彩插）

中，悬浮编队也可以在整个轨道周期内保持固定的相对基线，在任意位置均可实现长时间连续的成像观测。

7.5.2　相控阵天线任务中的重复相对轨迹

相控阵天线采用现代微波集成技术，可以应用同一个辐射阵面，在有限的卫星平台空间条件下，实现独立控制的多个点波束[144]。对于天基相控阵天线任务，对阵列天线的布局有两个基本的要求。第一个要求是在 y_o-z_o 平面，提供重复轨道以重访监视区域，第二个要求是按照一定的规则配置多数量的阵列天线[145]。根据 7.3.2 节，共振悬浮轨道的编队可以产生周期相对轨道而不是拟周期轨道，例如 2∶3 共振情况下的花瓣

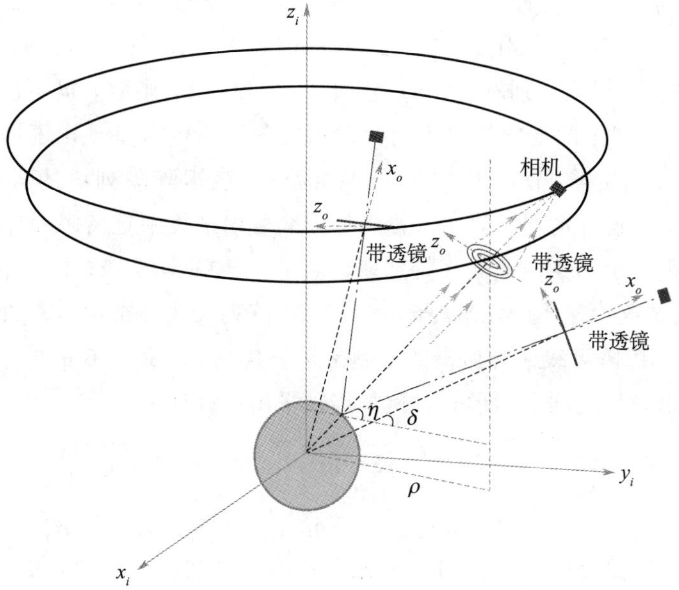

(a) 主从星以及相对基线的简略图

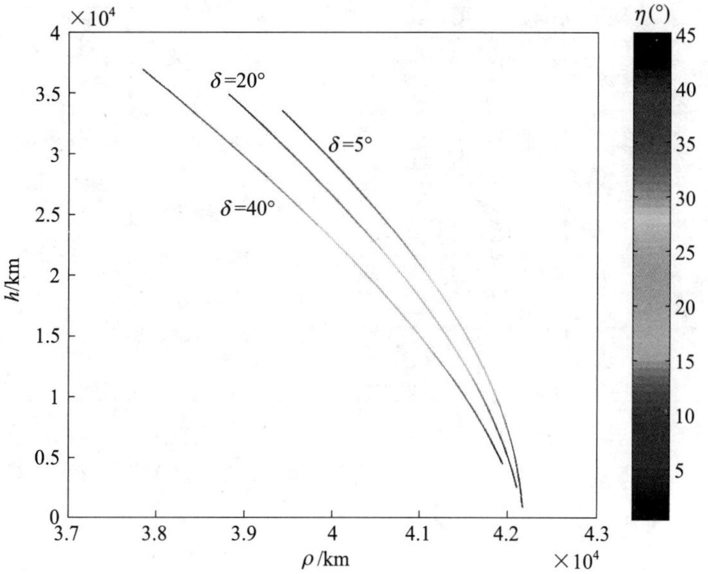

(b) 角度η、观测纬度δ与主星悬浮位置之间的关系

图 7－14　菲涅尔波带透镜任务中的固定相对基线（见彩插）

形相对轨道。基于 7.3.3 节，可利用额外控制生成离轴平衡点，保证将相控阵天线配置在任意位置。

在任务中，假设相控阵天线中的共振轨道和地球静止卫星轨道半径和角速度相同，高度为 $h=5\ 570$ km，共振相对轨道中的频率比值为 $\omega_2:\omega_3=2:3$。阵列可以根据任务需求设计成不同的形状，如矩形或者圆形。下面仅从概念设计的角度举例说明离轴平衡点在相控阵天线任务中的应用。

对于矩阵阵列系统，设置一个 $13\times 21(k=7,\ l=11)$ 阵列，离轴平衡点为 $\Delta\boldsymbol{r}^*=[0\quad (i-k)f(\Delta\overline{y})\quad (j-l)g(\Delta\overline{z})]$，其中 $i=1,\ \cdots,\ 13$，$j=1,\ \cdots,\ 21$，步长 $\Delta\overline{y}$ 和 $\Delta\overline{z}$ 分别为天线之间的行距与列宽，f 和 g 分别是 $\Delta\overline{y}$ 和 $\Delta\overline{z}$ 的函数，既可以为常值，也可以以特定规律变化。f 和 g 的变化规律不同时，相控阵天线也将呈现出不同的布局。以 $f=[1+(i-k)/2]\Delta\overline{y}$，$g=[1+(j-l)/2]\Delta\overline{z}$ 为例，该矩阵阵列中的天线，中心分布密集，四周分布稀疏，这种情况下，中心密集的天线可用来集中且清晰地监测目标，而四周稀疏的天线可粗糙且全局性地监测。特别地，对于 $f=\Delta\overline{y}$，$g=\Delta\overline{z}$，其中 $\Delta\overline{y}=3.22$ km，$\Delta\overline{z}=1.52$ km 的情况，该 $13\times 21(k=6,\ l=10)$ 阵列天线分布均匀，如图 7-15（a）所示。在 O 系下，相控阵天线额外所需的控制是 $\boldsymbol{u}_o=\boldsymbol{B}\Delta\boldsymbol{r}^*$，其中 $\boldsymbol{B}$ 的形式同公式（7-16）相同。阵列也可以设计成同心圆形式，例如离轴平衡点设计为

$$\Delta\boldsymbol{r}^*=\left[0\quad 2\Delta\overline{z}(m-1)\cos\left(\frac{2\pi(n-1)}{2m-1}+\frac{\pi}{7}(m-1)\right)\quad 2\Delta\overline{z}(m-1)\sin\left(\frac{2\pi(n-1)}{2m-1}+\frac{\pi}{7}(m-1)\right)\right]$$

其中，$m=1,\ \cdots,\ 6$，$n=1,\ \cdots,\ 2m-1$。在这个例子中，天线的数量从中心到四周不断增加，相控阵天线系统如图 7-15（b）所示。这些例子都是为了展示天线分布的多样性，离轴平衡点也可依据特定任务的需求设计成其他规律。

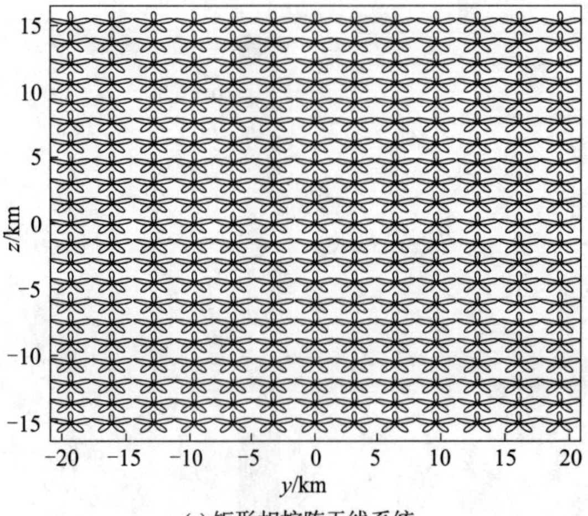

(a) 矩形相控阵天线系统

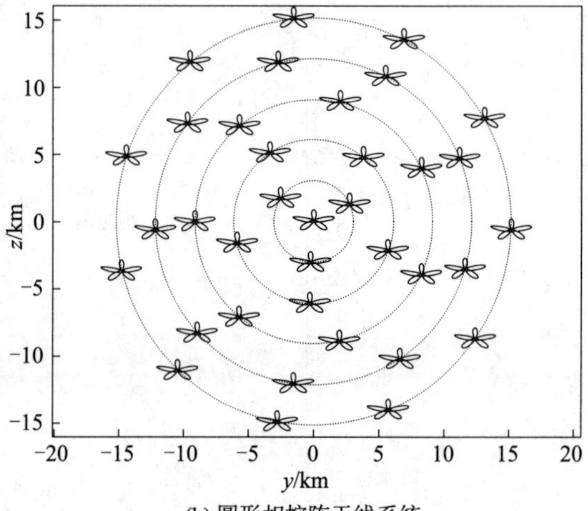

(b) 圆形相控阵天线系统

图 7-15　相控阵天线任务中的重复相对轨迹

7.6　本章小结

与传统的开普勒轨道相比，小推力悬浮轨道编队飞行在南、北半球的观测和成像任务中具有重要的潜在应用价值。本章根据自由度数目的不同，建立小推力悬浮轨道在惯性坐标系下牛顿形式的空间动力学模型和极坐标系下哈密顿形式的简约动力学模型，以研究小推力悬浮相对轨道的线性动力学特性。通过特征值分解的方法，用悬浮高度表征固有频率，并通过临界高度区分出动力系统的稳定性/分叉性和不稳定性，并分别推导了三种情

况下的解析解。利用约当分解得到了相对运动中的静平衡、周期振荡以及趋近和远离等基础运动解系。解析推导能生成自然有界相对轨迹的初始条件，对不满足该初始条件的相对轨道，提出两种闭环控制策略以生成任意初值下的受控相对轨道。

此外，本章讨论了悬浮编队在地球表面成像任务中的应用实例。悬浮编队系统可为 InSAR 或菲涅耳波带透镜任务提供一个固定的相对基线矢量，并在固定的安装角下求解悬浮轨道以实现对地球不同纬度区域的观测。与经典编队相比，可以提供固定相对基线矢量的悬浮编队，消除了干涉测量或成像任务在位置和时间上的限制。共振相对轨迹和离轴平衡点可应用于相控阵天线任务的重复相对轨道设计，针对不同的任务要求可设计不同的天线阵列。

第 8 章　悬浮轨道的非线性编队飞行

8.1　引言

J_2不变相对轨道最早由 Schaub 和 Alfriend 提出[146]，至今已引起了业内学者广泛的关注，取得大量的结果，这些研究对改善天体动力学和编队飞行的若干结论具有重要的应用价值[147-148]。然而，目前对非开普勒悬浮轨道上编队飞行的研究还是较少。Gong 等[59]使用线性数学模型来研究太阳帆绕日心悬浮轨道的相对运动，因此编队飞行只能应用于短距和短期飞行任务。McInnes[98]推导了旋转坐标系下相对运动的解析解，但悬浮轨道是线性化的，且没有考虑诱导推力。Wang 等[100]通过一组悬浮轨道元素研究了两个悬浮轨道之间的相对运动。他们获得了一阶封闭形式的近似解和相对位置的界限，但是没有给出满足有界相对运动的轨道元素的筛选方法。显然，以上大多数研究都是建立在线性动力学模型或是获得了近似解。即使这些相对运动是解析性的，但由于动力学的近似，它们仍无法在远距离和长期任务中保持编队构型。因此，本章拟在第 7 章悬浮编队线性相对运动解析推导的基础上，通过数值方法进一步研究悬浮编队的非线性相对运动，以克服线性化方法在编队构型长期维持上的困难，适应大尺寸，长时间的编队飞行任务。

通常，有界编队飞行是通过闭环反馈控制来实现的[149-150]，名义上的相对轨迹可通过从星的时变加速度来跟踪。但是，即使配备了高比冲离子推力器，推力在标称值附近的振荡也会消耗更多的燃料。为了节省燃料，可采用非开普勒悬浮轨道中的航天器，以保持轨道坐标系下推力大小和方向不变，并且有利于飞行操控和推力方向的姿态控制。显然，开环控制策略对于在悬浮轨道上的有界编队更为实用。因此，为了搜索悬浮轨道中开环编队飞行的有界相对运动，本章采用简化动力学和数值的庞加莱映射方法，开发一种精确选择主、从星轨道变量的数值方法。此外，与早先 Schaub 和 Alfriend[146]所否定的编队飞行必须接近地面的论点类似，本章从动力学角度进行的研究也可以澄清对悬浮编队飞行的一些误解，例如，悬浮轨道有界编队不需要主、从星具备相同的能量或角动量。

8.2　悬浮轨道非线性动力学

本章考虑任意推力方向下的悬浮轨道的非线性编队飞行问题。轨道的非线性动力学方程为公式（2－14），航天器推力方向 $\boldsymbol{n}$ 与纵轴 Z 轴之间存在俯仰角 α，推力加速度大小为 κ，动量矩为 h_z。航天器和小推力非开普勒悬浮轨道的参考系包括：地心惯性坐标系 $I(x, y, z)$，旋转坐标系 $R(\rho, z, \varphi)$，以及轨道坐标系 $O(x_o, y_o, z_o)$，如图 8－1 所示，三个坐标系的定义可参见 2.1 节和 7.2 节。Z 轴和 x_o 轴之间的角度定义为 θ。通过定

义角度 φ 和 θ ，旋转坐标系 R 和轨道坐标系 O 可以彼此转换。

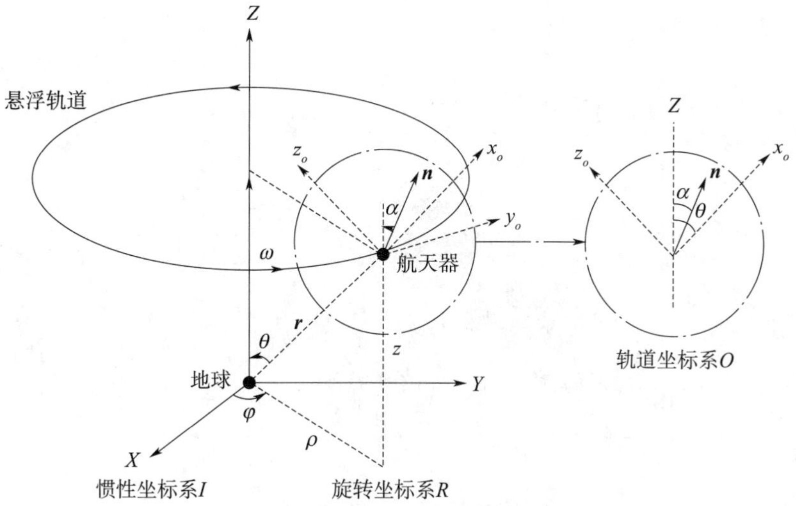

图 8-1　非开普勒悬浮轨道的参考系

动力学方程（2-14）存在两个平衡点，平衡点可通过求解函数（2-21）的零根得到。在惯性坐标系 $I(x, y, z)$ 中，平衡点表示其轨道平面平行于黄道的圆形非开普勒轨道，且根据势能二阶导数矩阵 $\boldsymbol{U}_{qq}$ ，平衡点可分类为：不稳定的双曲型平衡点 L^u 和稳定的椭圆型平衡点 L^s 。本章仅讨论稳定平衡点 L^s 附近轨道的编队任务，L^s 的位置由动力学变量 (h_z, κ, α) 表征，具体的关系如图 8-2 所示。其中图 8-2（c）中，固定 $h_z=2.4495$（或者 $h_z=2.5495$），黑色（绿色）曲线为 κ-等值线，从下往上 κ 值从 0.001 到 0.003 均匀变化，蓝色（黄色）曲线为 α-等值线，从左往右 α 值从 $-90°$ 到 $90°$ 均匀变化。对于给定动量矩 h_z， 由推力加速度 (κ, α) 到 L^s 的位置的映射为双射，但对于 (h_z, κ, α) 的不同组合，有可能得到相同的 L^s 。

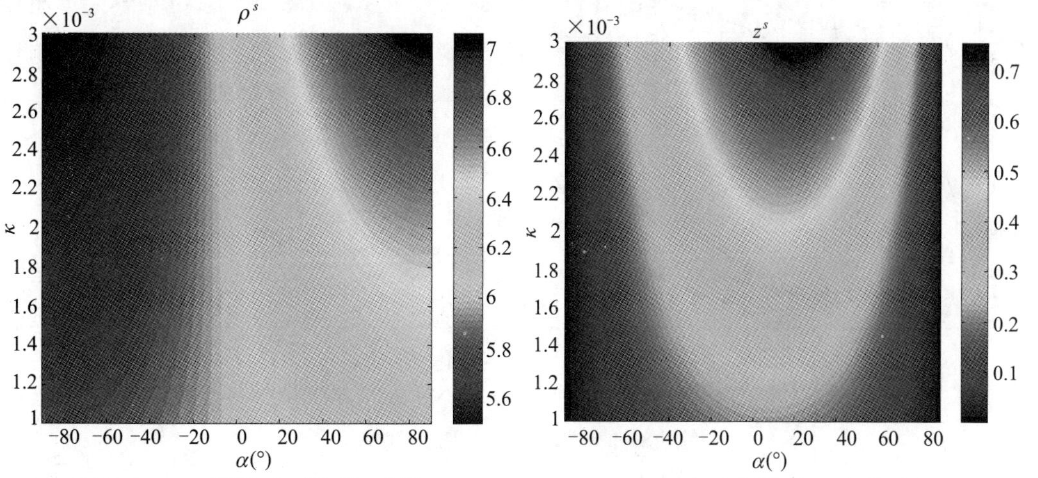

(a) $h_z=2.449\,5$，不同 κ 和 α 下 L^s 的 ρ 坐标　　(b) $h_z=2.449\,5$，不同 κ 和 α 下 L^s 的 z 坐标

图 8-2　稳定平衡点的位置与推力加速度的关系（见彩插）

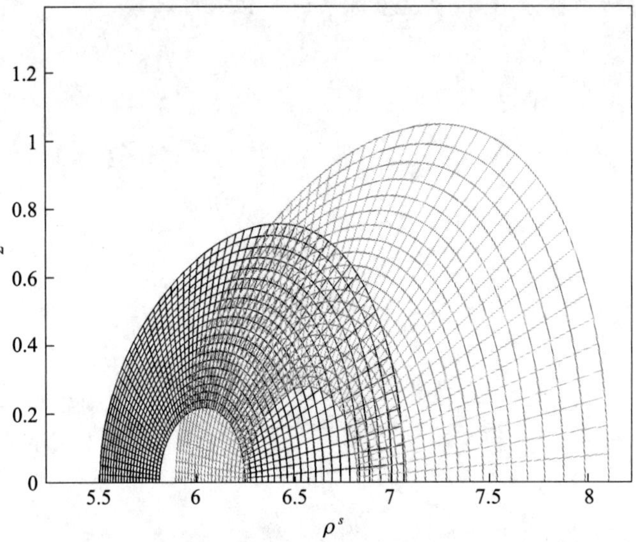

(c) L^s的位置与h_z，κ和α的关系

图 8-2　稳定平衡点的位置与推力加速度的关系（续，见彩插）

同样，动力系统的等能量面为 $\Re(\kappa,\alpha,E_0)=\{(\rho,z,\dot{\rho},\dot{z})\,|E(\rho,z,\dot{\rho},\dot{z})=E_0\}$， Hill 区域定义为 $\hbar(\kappa,\alpha,E_0)=\{(\rho,z)\,|U(\rho,z)\leqslant E_0\}$ ，$\hbar(\kappa,\alpha,E_0)$ 的边界是零速度曲线。由于本节只考虑稳定平衡点，系统的能量局限在 $E\in[U(L^s),\ U(L^u)]$ 之间，其中 L^s 附近的可行区域，称之为“岛屿”。为了研究 Hill 区域的拓扑性质，图 8-3 画出了不同（h_z，κ，α）组合下的岛屿零速度曲线。图 8-3 表明，推力俯仰角 α 是决定岛屿几何形状的关键因素，影响系统的拓扑性质，而推力大小 κ 以及角动量 h_z 仅仅影响系统的能量，也就是 Hill 区域的大小。

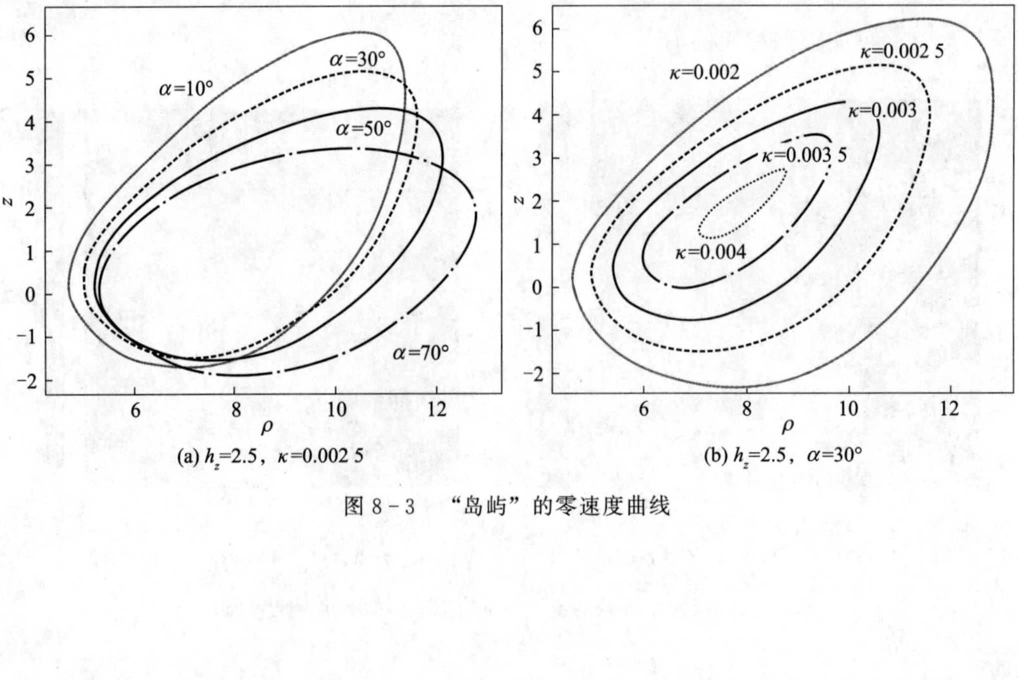

(a) h_z=2.5，κ=0.002 5　　(b) h_z=2.5，α=30°

图 8-3　“岛屿”的零速度曲线

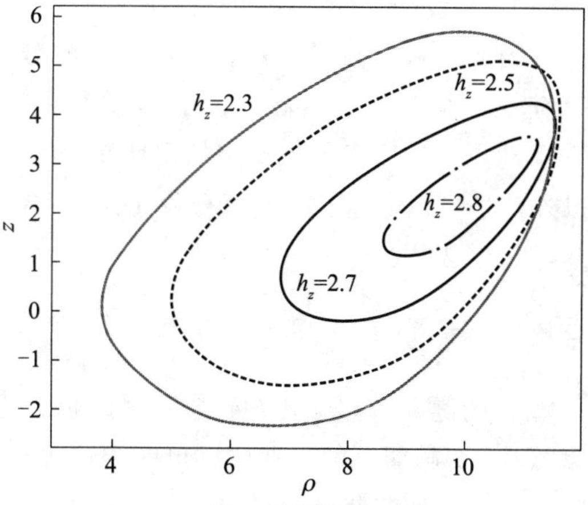

(c) $\kappa=0.002\,5$, $\alpha=30°$

图 8－3　“岛屿”的零速度曲线（续）

8.3　周期与拟周期悬浮轨道

8.3.1　庞加莱截面与微分修正

本节仍然使用庞加莱截面法来揭示椭圆型平衡点 L^s 附近的有界轨道族。庞加莱截面定义为 $(\rho,\ z=z_s,\ \dot{\rho},\ \dot{z}>0)$，如图 8－4（a）所示。庞加莱截面上的两个不动点分别对应于位置空间的两条周期轨道，如图 8－4（b）中的实线轨迹和虚线轨迹所示，庞加莱截面上围绕不动点的曲线对应于位置空间的拟周期轨道。

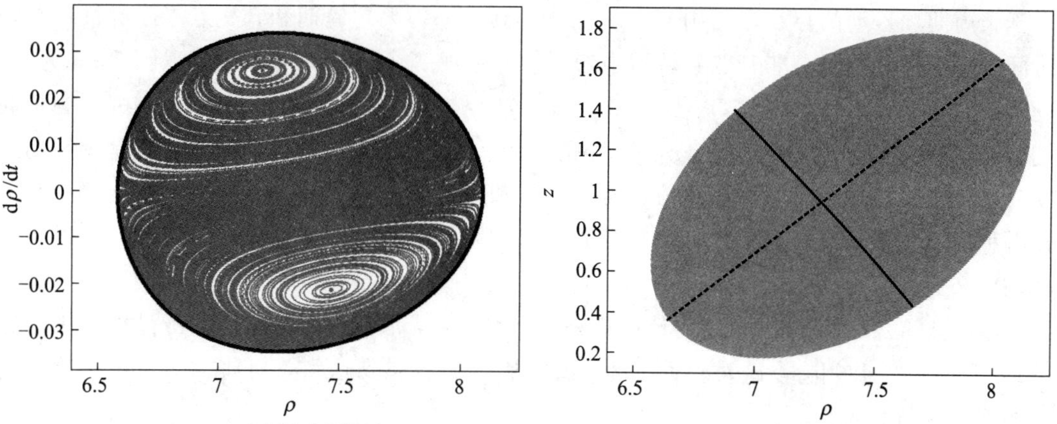

(a) $(\rho,\ z)$空间的有界轨迹　　(b) $(\rho,\ \dot{\rho})$空间的有界轨迹

图 8－4　稳定平衡解 L^s 附近的有界运动

由于庞加莱截面上的任意一点都对应于轨道上某一状态值，不存在一个点同时对应两条轨道，即庞加莱截面上任意两条曲线不可能存在相交点。在给定参数组 $(h_z,\ \kappa,\ \alpha,\ E)$

下，庞加莱截面上所有围绕不动点的闭合曲线都可由 Δr 表征，Δr 定义为闭合曲线右侧最远点到不动点的水平距离。因此，所有轨道均可由一组五维参数（h_z，κ，α，E，Δr）表征，其中（h_z，κ，α，E）定义不同的庞加莱截面，Δr 定义同一截面上的不同轨道，特别地，$\Delta r=0$ 代表截面上的不动点，对应于位置空间的周期轨道。

除了庞加莱截面法以外，还可以通过迭代与微分修正法[104]来推演出图 8-4（b）中的周期轨道，具体方法可参考 3.3.2 节，此处不再赘述。

8.3.2　穿越时间间隔与角度漂移

在惯性系下，由于角度 φ 的漂移，非开普勒轨道不再闭合。为了描述轨道演化，引进四个术语：穿越时间间隔 ΔT，穿越间隔的周期 T，角度漂移 $\Delta\Omega$，以及角度漂移总和 Ω，其中 ΔT 表示相邻两次穿越某一庞加莱截面的时间间隔，T 表示穿越间隔 ΔT 的周期。在一个 ΔT 后，若角度 φ 增加 2π，则轨道没有漂移，否则漂移角定义为 $\Delta\Omega=\varphi\big|_0^{\Delta T}-2\pi$，$\Omega$ 表示在一个周期 T 内角度 φ 的漂移总和 $\Omega=\varphi\big|_0^{T}-2n\pi$，$n$ 是周期 T 内的穿越次数。基于上述定义，存在下列关系

$$T=\sum_{i=1}^{n}\Delta T^i,\quad \Omega=\sum_{i=1}^{n}\Delta\Omega^i \tag{8-1}$$

$$T^{j+\Delta N}=T^j,\ \Omega^{j+\Delta N}=\Omega^j \tag{8-2}$$

式中，i，j，n 和 ΔN 均为正整数。

周期轨道的 ΔT 和 $\Delta\Omega$ 始终为常值，保持不变，因此

$$T_p=\Delta T_p,\ \Omega_p=\Delta\Omega_p \tag{8-3}$$

其中，下标“p”和后文出现的“q”分别代表周期和拟周期轨道。而拟周期轨道的 ΔT 和 $\Delta\Omega$ 随轨道演化或者说穿越次数变化而变化，不是恒定不变的。在 J_2 摄动下的哈密顿系统中，由于长周期项摄动的存在，利用 Brouwer 法得到的平均天龙周期和升交点赤经漂移量是随时间严格周期的，但是非开普勒轨道中的周期与角度变化情况有所不同。以图 8-5 为例，动力学参数为 $h_z=2.449\,5$，$\kappa=0.0014$，$\alpha=70^\circ$，$E=-0.088\,049$，$\Delta r=0.405$，当拟周期轨道靠近周期轨道，也就是 Δr 比较小的时候，ΔT_q 和 $\Delta\Omega_q$ 基本随穿越次数呈现周期性变化。而当拟周期轨道远离周期轨道时，ΔT_q 和 $\Delta\Omega_q$ 不再是严格周期变化的。但无论是上述哪种情况，下文的编队筛选方法都是适用的，因为拟周期轨道的 ΔT_q 和 $\Delta\Omega_q$ 可以用其平均值来代替。

根据式（2-23），能量 E 的计算依赖于参数（h_z，κ，α），因此很难凸显独立于参数（h_z，κ，α）之外的能量 E 对轨道特性的直接影响。考虑到这点，可将动力系统中周期轨道的能量重新表述为

$$E=U(L^s)+\Delta E \tag{8-4}$$

其中，ΔE 是能量差值，决定周期轨道的尺寸大小。

在不同的参数组（h_z，κ，α）下，可解得不同的稳定平衡点 L^s，能量 $U(L^s)$ 也不同。很难在不同（h_z，κ，α）参数下取得相同的周期轨道能量 E，但却容易使不同周期轨道具有相同的 ΔE。而且 ΔE 与（h_z，κ，α）相互独立，可以通过控制变量的方式来研究能量

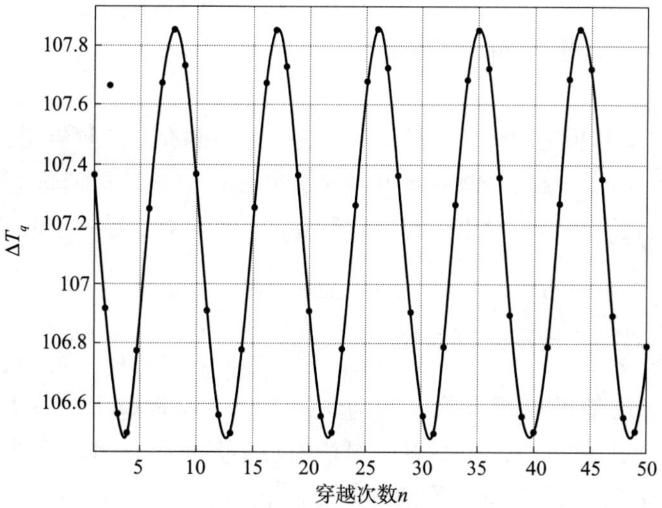

(a) 穿越时间间隔ΔT

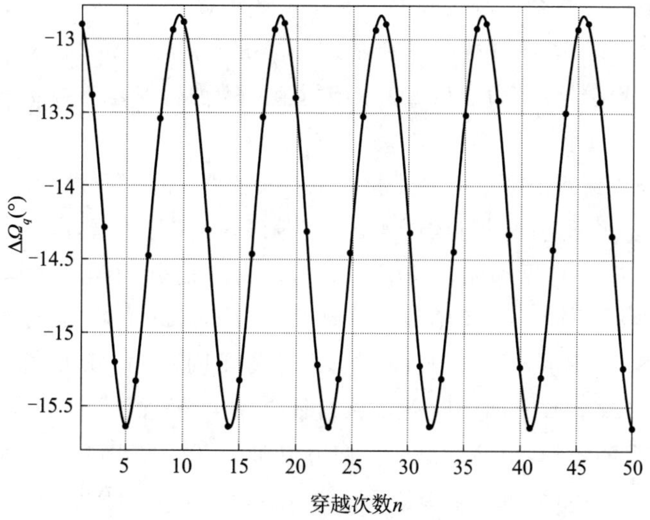

(b) 角度漂移$\Delta\Omega$

图 8－5　拟周期轨道的穿越间隔和角度漂移随穿越次数的变化规律

ΔE 对 ΔT 和 $\Delta\Omega$ 的影响。因此，从有界轨道到 ΔT 和 $\Delta\Omega$ 的映射创建为 f：$(h_z, \kappa, \alpha, \Delta E, \Delta r) \rightarrow (\Delta T, \Delta\Omega)$，成功地将五维参数压缩为二维平面。总结来说，五维参数中，(h_z, κ, α) 确定平衡点 L^s，ΔE 确定系统能量、Hill 区域和庞加莱截面，Δr 确定轨道的拟周期特性。对任意一条由 $(h_z, \kappa, \alpha, \Delta E, \Delta r)$ 定义的周期轨道($\Delta r=0$)或者拟周期轨道($\Delta r \neq 0$)而言，存在唯一映射 $(\Delta T, \Delta\Omega)$。但对一组 $(\Delta T, \Delta\Omega)$ 而言，可能存在不同的有界轨道，其穿越间隔和角度漂移相同。因此，映射 f：$(h_z, \kappa, \alpha, \Delta E, \Delta r) \rightarrow (\Delta T, \Delta\Omega)$ 总是满射但非单射，即便是在 $\Delta r=0$ 的周期轨道的情况下。

8.4 编队飞行的相对有界轨道

本章考虑由主星与从星构成的二星编队系统。该编队存在三种类型：第一种是主、从星皆在周期轨道上运动，第二种是主星和从星分别在周期与拟周期轨道上，第三种是主、从星均在拟周期轨道上运动。对不同的运动类型，有界相对轨道的编队条件和结果也有所不同。

8.4.1 类型Ⅰ：周期×周期悬浮轨道

所有的周期轨迹都可以用向量（h_z，κ，α，ΔE）或是（ΔT_p，$\Delta\Omega_p$）来表征。向量（h_z，κ，α，ΔE）到（ΔT_p，$\Delta\Omega_p$）的映射是满射但不是单射，因此通过选择（h_z，κ，α，ΔE）参数，很容易找到两条不同的周期轨道具有相同的穿越间隔和角度漂移量，这一点和J_2不变相对轨道的情况不同[105]。

首先，考虑到轨道参数的个数较多，下面来研究（h_z，κ，α，ΔE）向量中每个参数对（ΔT_p，$\Delta\Omega_p$）的影响，结果如图 8-6 所示。h_z，ΔE 和κ 对（ΔT_p，$\Delta\Omega_p$）的影响相似，h_z 或 ΔE 或κ 增加，均会导致 ΔT_p 和 $\Delta\Omega_p$（绝对值）增加，但是参数 α 增加会导致 ΔT_p 增加，$\Delta\Omega_p$（绝对值）减小。

由于可展示出的维度有限，可在主星（v_1 -等值线，v_2 -等值线，$v_3=v_{3A}$，$v_4=v_{4A}$）在（ΔT_p，$\Delta\Omega_p$）平面的映射与从星（v_1 -等值线，v_2 -等值线，$v_3=v_{3B}$，$v_4=v_{4B}$）的映射的重叠部分中搜索有界编队，其中 v_1，v_2，v_3，v_4 分别是（h_z，κ，α，ΔE）向量中的参数。下面展示两个（κ -等值线，α -等值线，h_z，ΔE）映射下的例子来搜索周期相对轨道。正如图 8-7 所示，不同颜色的曲线代表着不同 h_z 和 ΔE 取值下的κ -等值线与α -等值线在（ΔT_p，$\Delta\Omega_p$）平面的映射，从右往左的 κ -等值线取值从 0.001 均匀增加至 0.002 5，从下往上的 α -等值线取值从 0°均匀增加至 70°。在图 8-7（a）中，固定 ΔE 为 0.005，分别画出 $h_z=2.345\ 2$ 下 κ -等值线（蓝线）和 α -等值线（红线）在（ΔT_p，$\Delta\Omega_p$）平面的映射，以及 $h_z=2.449\ 5$ 下 κ -等值线（黄线）和 α -等值线（绿线）的映射。由于 h_z 取值不同，两组映射也不同，但存在重叠的部分。在图 8-7（b）中，固定 $h_z=2.449\ 5$，$\Delta E=0.01$ 下κ -等值线（蓝线）和α -等值线（红线）在（ΔT_p，$\Delta\Omega_p$）平面的映射也和 $\Delta E=0.005$ 下 κ -等值线（黄线）和 α -等值线（绿线）的映射有重叠的部分。所有在重叠区的点都对应于两条不同的周期轨道，可以作为主、从星的运动轨道，形成编队。举例来说，图 8-7（b）中标注的黑点，分别对应于周期轨道 A 和 B，这两条轨道可由下面的参数表征

主星的周期轨道 A：$h_{zA}=2.449\ 5$，$\kappa_A=0.001\ 5$，$\alpha_A=31°$，$\Delta E_A=0.01$
从星的周期轨道 B：$h_{zB}=2.449\ 5$，$\kappa_B=0.002\ 057\ 6$，$\alpha_B=52.447\ 7°$，$\Delta E_B=0.005$

利用式（8-5）中的坐标转换，将旋转坐标系 R 中由（h_{zA}，κ_A，α_A，ΔE_A）和（h_{zB}，κ_B，α_B，ΔE_B）表征的两条周期轨道转换到主星轨道坐标系 O 下

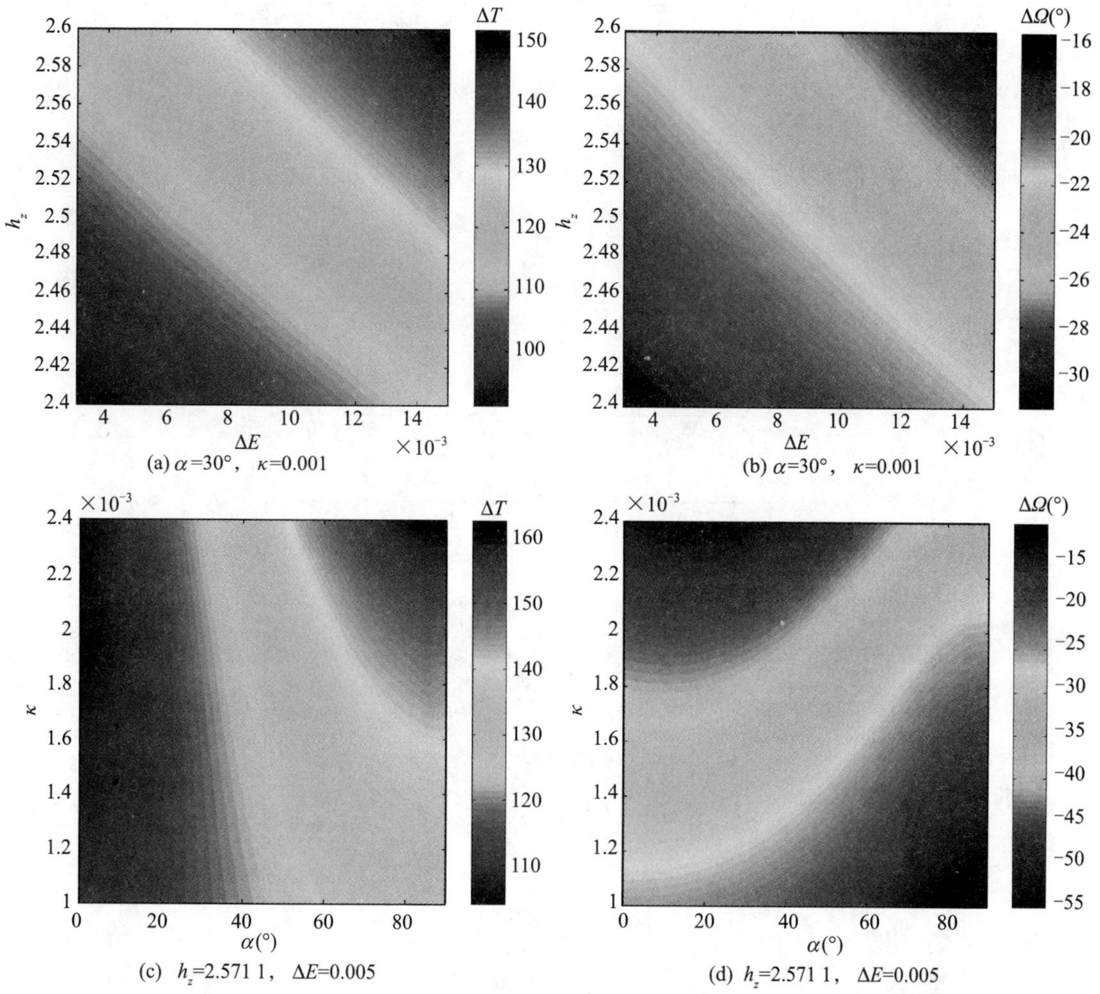

图 8-6　(h_z，κ，α，ΔE) 参数对周期轨道 (ΔT_p，$\Delta\Omega_p$) 的影响（见彩插）

$$R \xrightarrow{\boldsymbol{M}_x(\varphi)} I \xrightarrow{\boldsymbol{M}_y\left(\frac{\pi}{2}-\theta\right)^{\mathrm{T}} \boldsymbol{M}_z(-\varphi)^{\mathrm{T}}} O \tag{8-5}$$

其中，$\boldsymbol{M}_x$，$\boldsymbol{M}_y$ 和 $\boldsymbol{M}_z$ 是沿 x 轴，y 轴和 z 轴的基本变换矩阵，变换中涉及的 φ 和 θ 都是主星的角度。图 8-8 展示了相对轨道，表明当主星和从星的轨道均为周期轨道时，其相对运动也是周期的。

8.4.2　类型Ⅱ：周期×拟周期悬浮轨道

当主星沿周期轨迹运动而从星沿拟周期轨迹运动时，也可以找到有界的相对轨道。在这种情况下，有界相对轨道的编队条件与类型Ⅰ的条件略有不同，但本质上都是要求任务轨道在相同时间间隔内，具备相同的穿越时间间隔和角度漂移量，即

$$\Delta T_{pA} m_{pA} = T_{qB} = \Delta \overline{T}_{qB} m_{qB}\text{，}\Delta\Omega_{pA} m_{pA} = \Omega_{qB} = \Delta\overline{\Omega}_{qB} m_{qB} \tag{8-6}$$

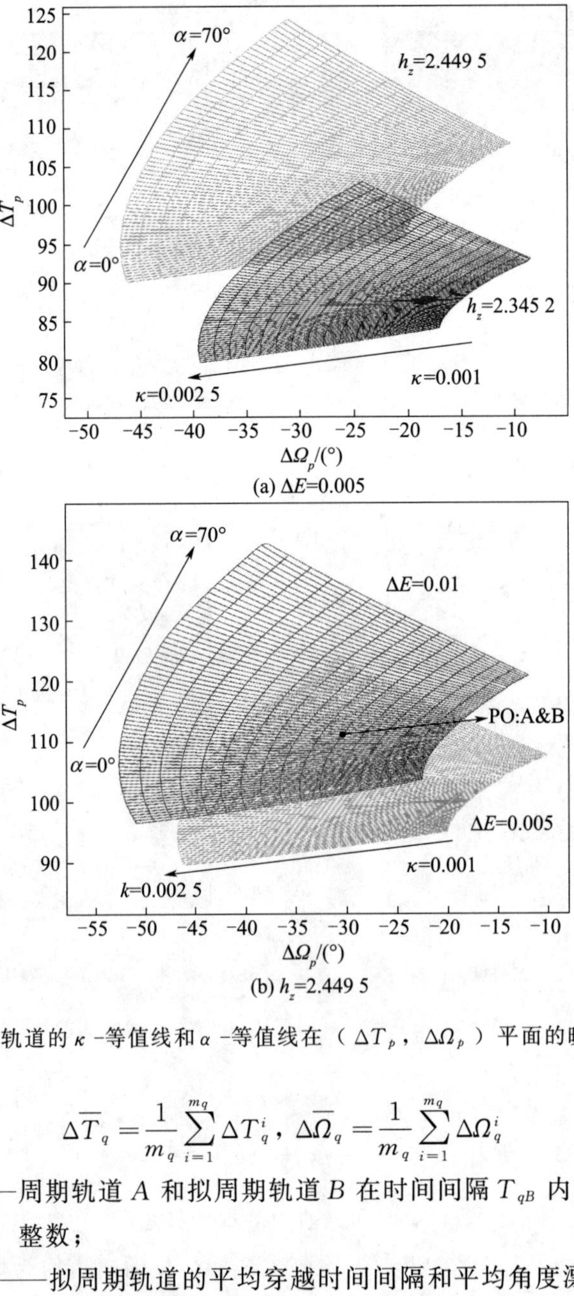

(a) $\Delta E=0.005$

(b) $h_z=2.449\ 5$

图 8-7　周期轨道的 κ-等值线和 α-等值线在（ΔT_p，$\Delta\Omega_p$）平面的映射（见彩插）

$$\Delta\overline{T}_q=\frac{1}{m_q}\sum_{i=1}^{m_q}\Delta T_q^i,\ \Delta\overline{\Omega}_q=\frac{1}{m_q}\sum_{i=1}^{m_q}\Delta\Omega_q^i \tag{8-7}$$

式中　m_{pA}，m_{qB} ——周期轨道 A 和拟周期轨道 B 在时间间隔 T_{qB} 内的穿越次数，均为正整数；

$\Delta\overline{T}_{qB}$，$\Delta\overline{\Omega}_{qB}$ ——拟周期轨道的平均穿越时间间隔和平均角度漂移量。

计算方法见公式（8-7）。因此，编队条件是周期轨道的两个指标分别与拟周期轨道的两个平均指标成比例，且比例相同，即

$$\frac{\Delta T_{pA}}{\Delta\overline{T}_{qB}}=\frac{\Delta\Omega_{pA}}{\Delta\overline{\Omega}_{qB}}=\frac{m_{qB}}{m_{pA}} \tag{8-8}$$

特别地，令 $m_{pA}=m_{qB}$，编队条件可以简化为

$$\Delta T_{pA}=\Delta\overline{T}_{qB}\ ,\Delta\Omega_{pA}=\Delta\overline{\Omega}_{qB}\ 。 \tag{8-9}$$

相比于由四维向量（h_z，κ，α，ΔE）表征的周期轨道，拟周期轨道由五维向量（h_z，

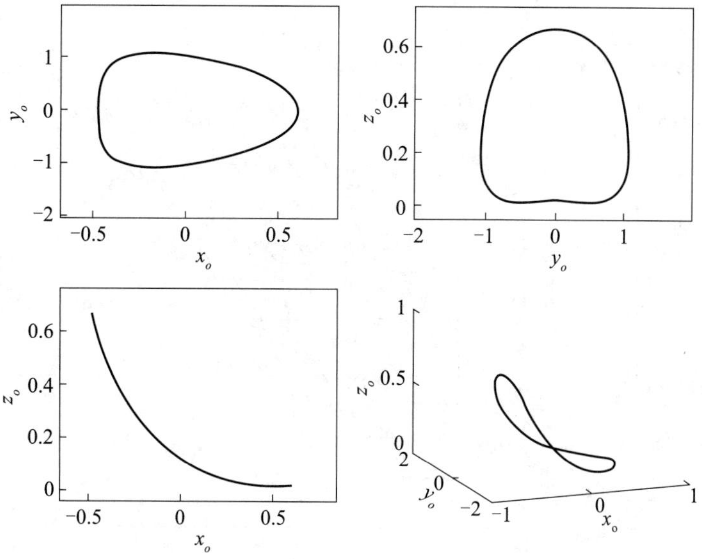

图 8-8　主星轨道坐标系下的第一类悬浮相对轨道

κ，α，ΔE，Δr）表征。利用公式（8-7）中的平均法，可以建立由（h_z，κ，α，ΔE，Δr）到 $\Delta\overline{T}_q-\Delta\overline{\Omega}_q$ 平面的映射。在匹配编队之前，首先需要建立起周期轨道的映射，在图 8-9 中，固定 $h_z=2.449\ 4$，$\Delta E=0.005$，从右往左的蓝线是 κ-等值线，κ 值从 0.000 99 均匀变化至 0.001，从下往上的黑线是 α-等值线，α 值从 21.5°均匀变化至 23.5°。在周期轨道（ΔT_p，$\Delta\Omega_p$）的基础上，做出四组拟周期轨道族的映射（$\Delta\overline{T}_q$，$\Delta\overline{\Omega}_q$），如图 8-9 中的四条红线所示。其中每条红线对应一个庞加莱截面中的拟周期轨道族，（h_z，κ，α，ΔE）参数与该截面中的周期轨道一致。不同的拟周期轨道由参数 Δr 表征，Δr 由零开始，用黑点标注，从左往右均匀增加至 $\Delta r=0.3$。至此可在周期轨道随 κ 值和 α 值变化的映射平面上，建立起从不动点（h_z，κ，α，ΔE，$\Delta r=0$）开始的拟周期轨道随 Δr 变化的映射曲线（$\Delta\overline{T}_q$，$\Delta\overline{\Omega}_q$）。

在图 8-9 中，红色曲线上任意一点表征的拟周期轨道均可在周期轨道 κ-等值线和 α-等值线的（ΔT_p，$\Delta\Omega_p$）映射中找到可形成编队的周期轨道。以图中蓝点为例，给出一个编队匹配的例子，POA 代表周期轨道 A，QOB 代表拟周期轨道 B，轨道参数如下

主星的周期轨道 A：$h_{zA}=2.449\ 5$，$\kappa_A=0.000\ 991$，$\alpha_A=23.056°$，$\Delta E_A=0.005$
从星的拟周期轨道 B：$h_{zB}=2.449\ 5$，$\kappa_B=0.001$，$\alpha_B=23°$，$\Delta E_B=0.005$，$\Delta r_B=0.15$

同样地，将由（h_{zA}，κ_A，α_A，ΔE_A）参数表征的周期轨道和由（h_{zB}，κ_B，α_B，ΔE_B，Δr_B）表征的拟周期轨道从旋转参考系 R 中转换到主星轨道坐标系 O 中。有界相对轨道如图 8-10 所示，当主星在周期轨道上运动、从星在拟周期轨道上运动时，其相对运动在主星轨道坐标系里是拟周期轨道。当主星与从星的任务轨道交换，相对运动的轨道形态不同，但拟周期性不发生变化，如图 8-11 所示。

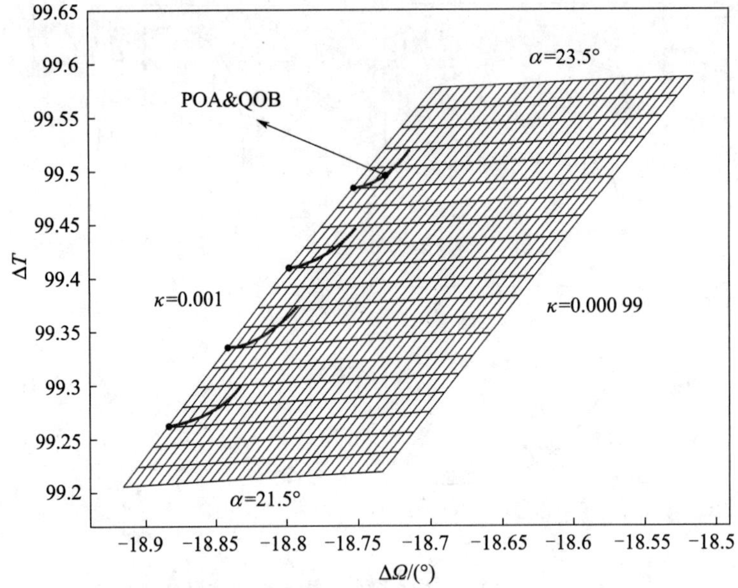

图 8-9　周期轨道及拟周期轨道在（ΔT_p，$\Delta\Omega_p$）平面的映射（见彩插）

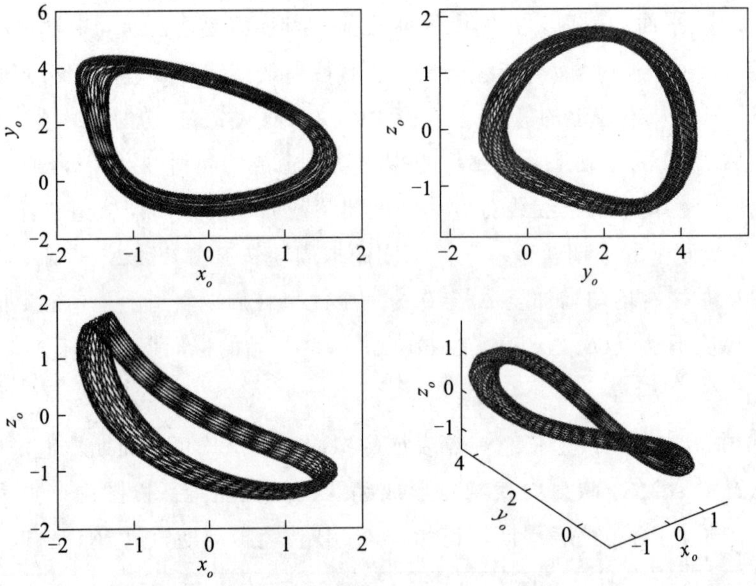

图 8-10　主星轨道坐标系下的第二类悬浮相对轨道：主星的工作轨道为周期轨道

8.4.3　类型Ⅲ：拟周期×拟周期悬浮轨道

在相同的时间间隔内，若主星任务轨道 A 与从星任务轨道 B 的穿越间隔周期和角度漂移总和相等，即可实现拟周期轨迹之间的有界相对轨道，即

$$\frac{T_{qA}}{T_{qB}}=\frac{\Omega_{qA}}{\Omega_{qB}}=\frac{m}{n} \tag{8-10}$$

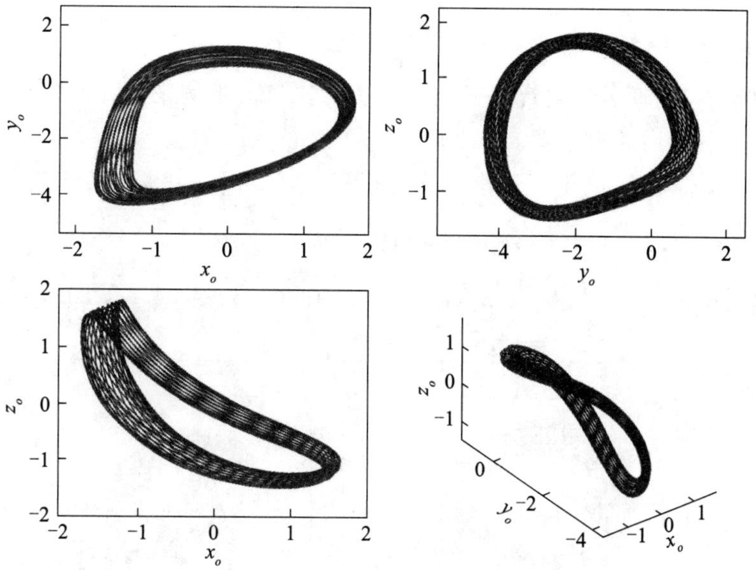

图 8-11　主星轨道坐标系下的第二类悬浮相对轨道：主星的工作轨道为拟周期轨道

其中

$$T_{qA}=\Delta\overline{T}_{qA}m_{qA}\ ,\ T_{qB}=\Delta\overline{T}_{qB}m_{qB} \tag{8-11}$$

$$\Omega_{qA}=\Delta\overline{\Omega}_{qA}m_{qA}\ ,\ \Omega_{qB}=\Delta\overline{\Omega}_{qB}m_{qB} \tag{8-12}$$

式中　m_{qA}，m_{qB} ——拟周期轨道 A 和 B 在时间间隔 T_{qA} 和 T_{qB} 内的穿越次数；

$\Delta\overline{T}_{qA}$，$\Delta\overline{T}_{qB}$，$\Delta\overline{\Omega}_{qA}$，$\Delta\overline{\Omega}_{qB}$ ——两条拟周期轨道的平均指标，可根据式（8-7）计算得到；

m，n，m_{qA}，m_{qB} ——正整数。

然后可推导出拟周期轨道之间的编队条件为

$$\frac{\Delta\overline{T}_{qA}}{\Delta\overline{T}_{qB}}=\frac{\Delta\overline{\Omega}_{qA}}{\Delta\overline{\Omega}_{qB}}=\frac{m\cdot m_{qB}}{n\cdot m_{qA}}=\frac{q}{p} \tag{8-13}$$

这表明两条拟周期轨道的平均穿越间隔和平均角度漂移可通约，且比例相同。特别地，在 1∶1 的情况下，即 $q=p$ 时，拟周期轨道之间的编队条件可简化为 $\Delta\overline{T}_{qA}=\Delta\overline{T}_{qB}$ 和 $\Delta\overline{\Omega}_{qA}=\Delta\overline{\Omega}_{qB}$ 。

第三类有界相对轨道可从第一类和第二类相对轨道的匹配中继承得到。假设存在两组第二类悬浮编队（周期×拟周期），分别满足

$$\Delta T_{pA}m_{pA}=T_{qA}=\Delta\overline{T}_{qA}m_{qA}\ ,\ \Delta T_{pB}m_{pB}=T_{qB}=\Delta\overline{T}_{qB}m_{qB} \tag{8-14}$$

$$\Delta\Omega_{pA}m_{pA}=\Omega_{qA}=\Delta\overline{\Omega}_{qA}m_{qA}\ ,\ \Delta\Omega_{pB}m_{pB}=\Omega_{qB}=\Delta\overline{\Omega}_{qB}m_{qB} \tag{8-15}$$

当这两组中的两条周期轨道又满足第一类编队的匹配条件，即 $\Delta T_{pA}=\Delta T_{pB}$，$\Delta\Omega_{pA}=\Delta\Omega_{pB}$，那么二组编队中的两条拟周期轨道也必然满足公式（8-13）中的第三类编队条件。也就是说，如果拟周期轨道 A 和周期轨道 A、周期轨道 A 和周期轨道 B、周期轨道 B 和拟周期轨道 B 满足编队条件，可以构成有界编队，那么拟周期轨道 A 和拟周期轨道 B 也

满足编队条件，可构成编队。

根据上述方法，可以得到由（h_{zA}，κ_A，α_A，ΔE_A，Δr_A）和（h_{zB}，κ_B，α_B，ΔE_B，Δr_B）表征的两条拟周期悬浮轨道之间的有界相对轨道。举例来说，两条拟周期悬浮轨道的参数如下，有界相对轨道如图 8－12 所示。

主星的拟周期轨道 A：$h_{zA}=\sqrt{6}$，$\kappa_A=0.001\ 402$，$\alpha_A=47°$，$\Delta E_A=0.001\ 66$，$\Delta r_A=0.027\ 649\ 11$

从星的拟周期轨道 B：$h_{zB}=\sqrt{5.5}$，$\kappa_B=0.002\ 59$，$\alpha_B=84.6°$，$\Delta E_B=0.001\ 96$，$\Delta r_B=0.104\ 975\ 26$

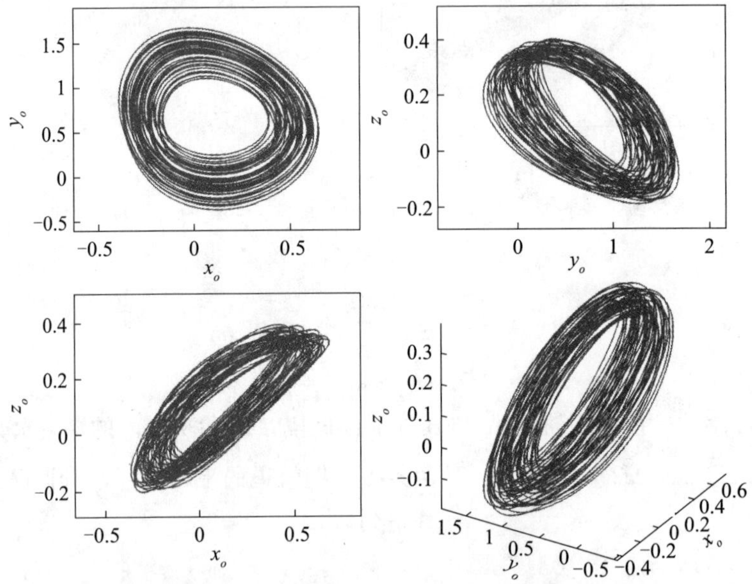

图 8－12　主星轨道坐标系下的第三类悬浮相对轨道

8.4.4　相对有界轨道的优化算法

由于小推力悬浮轨道涉及的轨道参数较多，参数组（h_z，κ，α，ΔE，Δr）到 $\Delta T-\Delta\Omega$ 平面的映射是满射但不是单射，因此对一条给定的主星的轨道，存在不少从星的轨道可与之匹配为有界编队，如固定 h_z 改变参数 κ，α 和 ΔE，或者固定 ΔE 改变参数 h_z，κ 和 α。除了上文提出的映射方法之外，还可以利用优化算法来设计悬浮编队的有界相对轨道。考虑到航天器的燃料消耗问题，本节以从星的轨道参数（h_z，κ，α，ΔE，Δr）为设计变量，以获得最小化推力加速度 κ 的优化目标。

对于五维设计变量，可以采用基于种群的差分进化算法[151]，通过随机搜索技术来解决优化问题。优化目标为推力加速度 κ 最小，定义为

$$\min F(h_z,\kappa,\alpha,\Delta E,\Delta r)=\min\{\kappa\} \tag{8-16}$$

约束为

$$\begin{cases}\sqrt{5} \leqslant h_z \leqslant \sqrt{6} \\ 0 < \kappa \leqslant 0.002 \\ 0 \leqslant \alpha \leqslant 60^\circ \\ 0 \leqslant \Delta E \leqslant 0.01 \\ 0 \leqslant \Delta r \leqslant 0.3 \\ |\Delta \overline{T}_{qA} - \Delta \overline{T}_{qB}| \leqslant 10^{-3} \\ |\Delta \overline{\Omega}_{qA} - \Delta \overline{\Omega}_{qB}| \leqslant 10^{-3}\end{cases} \tag{8-17}$$

其中，h_z，κ，α 和 ΔE 的约束范围可根据具体的任务需求来设置，Δr 的取值不宜过大，以保证拟周期特性。式（8－17）中的后两个约束用来保证满足编队条件。进化差分算法中的群体大小设置为 10，最大进化代数为 50。进化算法通过 10 个五维参数向量（所谓的个体）不断进化，以对候选解进行编码，获得全局最优解[152]。

举例来说明悬浮编队的优化结果：主星的任务轨道设计为

主星拟周期轨道 A：$h_{zA}=2.4494$，$\kappa_A=0.0015$，$\alpha_A=40^\circ$，$\Delta E_A=0.0015$，$\Delta r_A=0.05$

从星任务轨道的优选结果为

从星拟周期轨道 B：$h_{zB}=2.44784$，$\kappa_B=0.00056$，$\alpha_B=57.295^\circ$，$\Delta E_B=0.00199$，$\Delta r_B=0.1908$

根据动力系统中，特征长度为 $[L]=Re$，特征时间为 $[T]=\sqrt{\dfrac{Re^3}{GM}}$，带单位的推力加速度记为 κ_d，大小为

$$\kappa_d=\kappa \cdot \frac{[L]}{[T]^2}=\kappa \cdot \frac{GM}{Re^2}=9.82\kappa\ (\mathrm{m/s^2}) \tag{8-18}$$

因此 $\kappa_{dB}=9.82\kappa_B$，计算得到最优的推力加速度大小不超过 0.005 5 m/s^2（100 kg 的卫星需要 550 mN 的推力）。目前的电推技术（例如中国空间技术研究院最新研发的 ION－Hall 混合式推力器）已经可以提供所需的推力加速度。根据图 8－6（c）和图 8－6（d），ΔT_p 和 $\Delta \Omega_p$ 可随着 κ 值的减小而减小，因此当 κ_A 减小时，可以预见相应的 κ_B 也会减小，降低了电推技术的压力，保障了编队的可行性。

优化得到的相对轨道如图 8－13 所示。在式（8－17）的编队条件限制下，相对轨道可以保持稳定的编队构型。因此，总结来说，存在两种数值方法来搜索悬浮轨道的编队飞行：降维映射法与多维优化法。当动力学模型中的参数较少时，首选映射法，在确定相对轨道的类型方面（周期、拟周期或者有界）更具备针对性和优越性；而当动力学模型中的参数较多或者对推力加速度或动量矩的大小有特定的约束时，选用优化法来设计相对轨道更为适合。

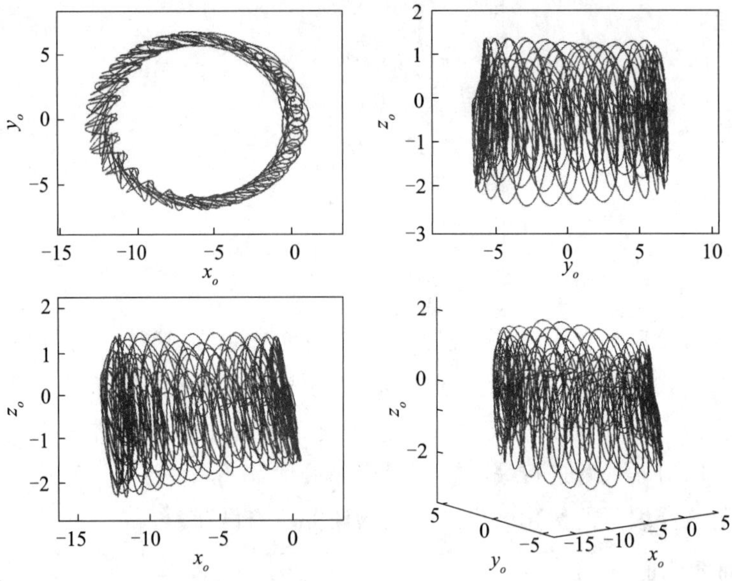

图 8-13　优化算法得到的有界相对轨道

8.5　本章小结

与经典的开普勒轨道相比，借助低推力推进在悬浮轨道上飞行的编队在极地探测方面具有潜在的应用。本章采用数值方法来搜索或匹配悬浮轨道中编队飞行的相对有界轨道。在二体旋转坐标系下建立小推力航天器的动力学模型，动量矩以及推力方向、大小不定。然后对（拟）周期轨道建立起五维动力学参数（动量矩、推力加速度大小、推力加速度方向、能量差、拟周期性）到二维编队要素（穿越时间间隔、角度漂移量）之间的映射关系。通过继承并推广 J_2 不变相对轨道条件，分类讨论不同绝对轨道下的由穿越时间间隔和角度漂移定义的编队条件、映射匹配算法以及相对轨道。此外，考虑到悬浮轨道动力学参数的多样性，再提供数值优化算法，实例展示特定任务下，优化算法在非线性悬浮编队飞行研究中的可行性与优越性。

基于数值方法的非线性悬浮轨道相对运动的研究，为悬浮轨道编队任务提供两种数值设计方法，结果精确无误差，均可保持大空间跨度、长周期的编队构型的稳定，确保近地任务或深空探测编队飞行任务的实施。

附　录

(1) 双曲型平衡点同宿轨道级数解的系数

附表 1　双曲型平衡点同宿轨道级数解的系数

k	a_k	b_k	c_k	d_k	a'_k	b'_k	c'_k	d'_k
1	−7.764 2	−19.512 0	0.003 4	0.008 4	−16.169 6	−15.6459	−0.007 0	−0.006 8
2	1.105 5	8.557 1	−0.001 0	−0.007 4	8.170 6	4.1010	0.007 1	0.003 5
3	−0.107 2	0.826 8	0.000 1	−0.001 1	1.211 9	0.7614	0.001 6	0.001 0
4	−0.099 9	0.437 2	0.000 2	−0.000 8	0.615 3	0.3959	0.001 1	0.000 7
5	−0.074 3	0.292 1	0.000 2	−0.000 6	0.386 5	0.2620	0.000 8	0.000 6
6	−0.052 3	0.216 6	0.000 1	−0.000 6	0.267 7	0.1944	0.000 7	0.000 5
7	−0.035 6	0.169 9	0.000 1	−0.000 5	0.196 1	0.1538	0.000 6	0.000 5
8	−0.023 2	0.137 8	0.000 1	−0.000 5	0.149 0	0.1266	0.000 5	0.000 4
9	−0.014 1	0.114 3	0.000 1	−0.000 4	0.116 2	0.1069	0.000 5	0.000 4
10	−0.007 6	0.096 3	0.000 0	−0.000 4	0.092 4	0.0919	0.000 4	0.000 4
11	−0.002 9	0.082 1	0.000 0	−0.000 4	0.074 6	0.0801	0.000 4	0.000 4
12	0.000 5	0.070 7	0.000 0	−0.000 4	0.061 0	0.0705	0.000 3	0.000 4
13	0.002 9	0.061 3	0.000 0	−0.000 3	0.050 4	0.0625	0.000 3	0.000 4
14	0.004 6	0.053 6	0.000 0	−0.000 3	0.042 0	0.0559	0.000 3	0.000 3
15	0.005 7	0.047 2	0.000 0	−0.000 3	0.035 4	0.0502	0.000 2	0.000 3
16	0.006 5	0.041 7	0.000 0	−0.000 3	0.030 0	0.0453	0.000 2	0.000 3
17	0.006 9	0.037 1	−0.000 1	−0.000 3	0.025 6	0.0410	0.000 2	0.000 3
18	0.007 2	0.033 2	−0.000 1	−0.000 3	0.022 0	0.0373	0.000 2	0.000 3
19	0.007 3	0.029 8	−0.000 1	−0.000 2	0.019 0	0.0341	0.000 2	0.000 3
20	0.007 3	0.026 9	−0.000 1	−0.000 2	0.016 5	0.0313	0.000 1	0.000 3
21	0.007 2	0.024 3	−0.000 1	−0.000 2	0.014 4	0.0287	0.000 1	0.000 3
22	0.007 1	0.022 1	−0.000 1	−0.000 2	0.012 6	0.0265	0.000 1	0.000 3
23	0.006 9	0.020 2	−0.000 1	−0.000 2	0.011 1	0.0245	0.000 1	0.000 2
24	0.006 7	0.018 4	−0.000 1	−0.000 2	0.009 8	0.0227	0.000 1	0.000 2
25	0.006 5	0.016 9	−0.000 1	−0.000 2	0.008 7	0.0211	0.000 1	0.000 2
26	0.006 3	0.015 6	−0.000 1	−0.000 2	0.007 8	0.0196	0.000 1	0.000 2
27	0.006 1	0.014 4	−0.000 1	−0.000 2	0.007 0	0.0183	0.000 1	0.000 2
28	0.005 8	0.013 3	−0.000 1	−0.000 2	0.006 2	0.0171	0.000 1	0.000 2
29	0.005 6	0.012 4	−0.000 1	−0.000 2	0.005 6	0.0160	0.000 1	0.000 2

续表

k	a_k	b_k	c_k	d_k	a'_k	b'_k	c'_k	d'_k
30	0.005 4	0.011 5	−0.000 1	−0.000 1	0.005 1	0.0151	0.000 1	0.000 2
31	0.005 2	0.010 7	−0.000 1	−0.000 1	0.004 6	0.0141	0.000 1	0.000 2
32	0.005 0	0.010 0	−0.000 1	−0.000 1	0.004 2	0.0133	0.000 1	0.000 2
33	0.004 8	0.009 4	−0.000 1	−0.000 1	0.003 8	0.0126	0.000 1	0.000 2
34	0.004 6	0.008 8	−0.000 1	−0.000 1	0.003 4	0.0119	0.000 1	0.000 2
35	0.004 4	0.008 2	−0.000 1	−0.000 1	0.003 1	0.0112	0.000 0	0.000 2
36	0.004 3	0.007 8	−0.000 1	−0.000 1	0.002 9	0.0106	0.000 0	0.000 2
37	0.004 1	0.007 3	−0.000 1	−0.000 1	0.002 6	0.0101	0.000 0	0.000 2
38	0.004 0	0.006 9	−0.000 1	−0.000 1	0.002 4	0.0096	0.000 0	0.000 2
39	0.003 8	0.006 5	−0.000 1	−0.000 1	0.002 2	0.0091	0.000 0	0.000 2
40	0.003 7	0.006 2	−0.000 1	−0.000 1	0.002 1	0.0087	0.000 0	0.000 2
41	0.003 5	0.005 8	−0.000 1	−0.000 1	0.001 9	0.0083	0.000 0	0.000 1
42	0.003 4	0.005 5	−0.000 1	−0.000 1	0.001 8	0.0079	0.000 0	0.000 1
43	0.003 3	0.005 3	−0.000 1	−0.000 1	0.001 6	0.0075	0.000 0	0.000 1
44	0.003 2	0.005 0	−0.000 1	−0.000 1	0.001 5	0.0072	0.000 0	0.000 1
45	0.003 1	0.004 8	−0.000 1	−0.000 1	0.001 4	0.0069	0.000 0	0.000 1
46	0.002 9	0.004 6	−0.000 1	−0.000 1	0.001 3	0.0066	0.000 0	0.000 1
47	0.002 8	0.004 3	−0.000 1	−0.000 1	0.001 2	0.0063	0.000 0	0.000 1
48	0.002 8	0.004 2	−0.000 1	−0.000 1	0.001 1	0.0061	0.000 0	0.000 1
49	0.002 7	0.004 0	−0.000 1	−0.000 1	0.001 1	0.0058	0.000 0	0.000 1
50	0.002 6	0.003 8	−0.000 1	−0.000 1	0.001 0	0.0056	0.000 0	0.000 1

$\tau_1 = -0.000\,432\,57, \tau_2 = 0.000\,432\,57$

（2）公式（6－16）的推导

1）推导 $\dfrac{\partial E}{\partial e}=\dfrac{a}{r}\sin E$ ：

由于 $E=e\sin E+M$ ，则 $\dfrac{\partial E}{\partial e}=\sin E+e\cos E\dfrac{\partial E}{\partial e}$ 。由于 $\dfrac{r}{a}=1-e\cos E$ ，则可推导出 $\dfrac{\partial E}{\partial e}=\dfrac{a}{r}\sin E$ 。

2）推导 $\dfrac{\partial v}{\partial e}=\dfrac{1}{1-e^2}(2+e\cdot\cos v)\sin v$ ：

根据公式（6－15）$\begin{cases}\dfrac{r}{a}=\dfrac{1-e^2}{1+e\cos v}=1-e\cos E\\ \dfrac{r}{a}\cos v=\cos E-e\\ \dfrac{r}{a}\sin v=\sqrt{1-e^2}\sin E\end{cases}$ ，可推导出 $\cos v=\dfrac{\cos E-e}{1-e\cos E}$ 。对 e 求

偏导可得 $-\sin v\dfrac{\partial v}{\partial e}=\dfrac{\left(-\sin E\dfrac{\partial E}{\partial e}-1\right)(1-e\cos E)-(\cos E-e)\left(-\cos E+e\sin E\dfrac{\partial E}{\partial e}\right)}{(1-e\cos E)^2}$。

再将 $\dfrac{\partial E}{\partial e}=\dfrac{a}{r}\sin E$ 代入可得 $-\sin v\dfrac{\partial v}{\partial e}=\dfrac{-\sin^2E\,[1+a(1-e^2)/r]}{(1-e\cos E)^2}$。

由于 $1+\dfrac{a(1-e^2)}{r}=2+e\cos v$，且 $\dfrac{-\sin^2E}{(1-e\cos E)^2}=\dfrac{-\sin^2E}{(r/a)^2}=\dfrac{-\sin^2v}{(1-e^2)}$，可推导得到公式（6-16）的第一个式子 $\dfrac{\partial v}{\partial e}=\dfrac{1}{1-e^2}(2+e\cdot\cos v)\sin v$。

3）推导 $\dfrac{\partial r}{\partial M}=\dfrac{ae}{\sqrt{1-e^2}}\sin v$：

由于 $\dfrac{\partial r}{\partial M}=\dfrac{\partial r}{\partial v}\cdot\dfrac{\partial v}{\partial M}=\dfrac{a(1-e^2)e\sin v}{(1+e\cos v)^2}\cdot\sqrt{1-e^2}\left(\dfrac{a}{r}\right)^2$，考虑到 $\dfrac{r}{a}=\dfrac{1-e^2}{1+e\cos v}$，可推导得到 $\dfrac{\partial r}{\partial M}=\dfrac{ar^2e\sin v}{(1-e^2)a^2}\cdot\sqrt{1-e^2}\left(\dfrac{a}{r}\right)^2=\dfrac{ae}{\sqrt{1-e^2}}\sin v$。

（3）短周期项摄动的平均化结果

$$\overline{\mathrm{d}i_s}=\frac{\mu\cos i}{n^2a^2(1-e^2)}\left[-\frac{z_s}{a^2}\sin\omega\,\overline{\cos v}-\frac{3z_s^2\sin i}{2a^3(1-e^2)}\cos 2\omega\left(\frac{\overline{\cos 2v}}{2}+\frac{e\,\overline{\cos 3v}}{6}+\frac{e\,\overline{\cos v}}{2}\right)\right]-\frac{3e\kappa\cos i}{4n^2a}\sin\omega$$

$$\overline{\mathrm{d}e_s}=\frac{\mu\sin i}{n^2a^2e}\left[\frac{z_s}{a^2}\sin\omega\,\overline{\cos v}+\frac{3z_s^2\sin i}{2a^3(1-e^2)}\cos 2\omega\left(\frac{\overline{\cos 2v}}{2}+\frac{e\,\overline{\cos 3v}}{6}+\frac{e\,\overline{\cos v}}{2}\right)\right]+\frac{3\kappa(1-e^2)}{4n^2a}\sin i\sin\omega$$

$$\overline{\mathrm{d}\Omega_s}=\frac{\mu z_s\cos i}{n^2a^4(1-e^2)\sin i}\left[\overline{\cos v}\cos\omega+\frac{3z_s\sin i}{2a(1-e^2)}\sin 2\omega\left(-\frac{\overline{\cos 2v}}{2}-\frac{e\,\overline{\cos 3v}}{6}-\frac{e\,\overline{\cos v}}{2}\right)\right]+\frac{3e\kappa\cos i\cos\omega}{4n^2a\sin i}$$

$$\begin{aligned}\overline{\mathrm{d}\omega_s}=&-\frac{\mu\cos^2 i}{n^2a^2(1-e^2)\sin i}\left[\frac{z_s}{a^2}\overline{\cos v}\cos\omega+\frac{3z_s^2\sin i\sin 2\omega}{2a^3(1-e^2)}\left(-\frac{\overline{\cos 2v}}{2}-\frac{e\,\overline{\cos 3v}}{6}-\frac{e\,\overline{\cos v}}{2}\right)\right]+\\&\frac{3e\kappa\cos^2 i\cos\omega}{4n^2a\sin i}-\frac{2\mu z_s\sin i}{n^2a^4e(1-e^2)}\left(\frac{\pi\sin\omega}{2}-\frac{\overline{\cos 2v}+1}{4}\cos\omega-\frac{e(\overline{\cos 3v}-3e)}{12}\cos\omega\right)-\\&\frac{3\mu\pi}{n^2a^2\,(1-e^2)^2}\left(-\frac{z_s^2}{2a^3}+\frac{3z_s^2}{4a^3}\sin^2 i\right)-\frac{\mu z_s\sin i}{n^2a^4e(1-e^2)}\left(-\frac{\overline{\cos 2v\cos\omega}}{2}-\right.\\&\left.\pi\sin\omega-\frac{e\,\overline{\cos v\cos\omega}}{4}-\frac{e\,\overline{\cos 3v\cos\omega}}{12}\right)+\frac{3z_s^2\mu\sin^2(i)\sin 2\omega}{2n^2a^5e\,(1-e^2)^2}\left(\frac{\overline{\cos v}}{4}-\frac{7\,\overline{\cos 3v}}{12}-\right.\\&\left.\frac{3e\,\overline{\cos 2v}}{4}-\frac{3e\,\overline{\cos 4v}}{8}-\frac{3e^2\,\overline{\cos v}}{8}-\frac{11e^2\,\overline{\cos 3v}}{48}-\frac{e^2\,\overline{\cos 5v}}{16}\right)+\\&\frac{\kappa\sin i}{n^2ae}\left(-\frac{2e^2+1}{4}\cos\omega\right)-\frac{\mu\pi}{n^2a^2\,(1-e^2)^2}\left(-\frac{3z_s^2}{2a^3}+\frac{9z_s^2}{4a^3}\sin^2 i\right)\end{aligned}$$

$$\overline{\mathrm{d}M_s}=\frac{\mu z_s\sin i}{n^2a^4e\sqrt{1-e^2}}\left(\pi\sin\omega-\frac{\overline{\cos 2v}+1}{2}\cos\omega-\frac{e\left(\overline{\cos 3v}-3e\right)}{6}\cos\omega\right)-\frac{3\mu\pi z_s^2}{n^2a^5\left(1-e^2\right)^{3/2}}\left(-\frac{1}{2}+\frac{3\sin^2 i}{4}\right)+\frac{\mu}{n^2a^2e}\left[\frac{z_s\sin i}{a^2\sqrt{1-e^2}}\left(-\frac{\overline{\cos 2v}\cos 2\omega}{2}-\pi\sin\omega-\frac{e\ \overline{\cos v}\cos\omega}{4}-\frac{e\ \overline{\cos 3v}\cos\omega}{12}\right)\right]-\frac{3z_s^2\mu\sin^2(i)\sin(2\omega)}{2n^2a^5e\left(1-e^2\right)^{3/2}}\left(\frac{\overline{\cos v}}{4}-\frac{7\ \overline{\cos 3v}}{12}-\frac{3e\ \overline{\cos 2v}}{4}-\frac{3e\ \overline{\cos 4v}}{8}-\frac{3e^2\ \overline{\cos v}}{8}-\frac{11e^2\ \overline{\cos 3v}}{48}-\frac{e^2\ \overline{\cos 5v}}{16}\right)-\frac{\kappa\sin i\sqrt{1-e^2}}{n^2ae}\left(-\frac{2e^2+1}{4}\cos\omega\right)-\frac{9\mu z_s^2\sin^2(i)\sin 2\omega}{2n^2a^5\left(1-e^2\right)^{3/2}}\left(\overline{\cos 2v}/2+e\ \overline{\cos 3v}/6+e\ \overline{\cos v}/2\right)-\frac{2}{n^2a}\left[\frac{3\mu z_s^2\pi}{2a^4\left(1-e^2\right)^{3/2}}\left(\frac{3}{2}-\frac{9\sin^2 i}{4}\right)+\frac{2\mu z_s e\sin i}{a^3}\cos\omega+\kappa\sin i\left(\frac{\sqrt{1-e^2}\left(2+3e^2\right)}{4e}\cos\omega-\frac{3\pi e}{2}\sin\omega\right)\right]+\frac{2\left(\mu-\mu^*\right)}{n^2a^3}\pi+\frac{2}{n^2a}\pi\left(\frac{3\mu z_s^2}{2a^4\left(1-e^2\right)^{3/2}}-\frac{9\mu z_s^2\sin^2(i)}{4a^4\left(1-e^2\right)^{3/2}}-\kappa\sin i\sin\omega\ \frac{3}{2}e-\frac{\mu-\mu^*}{a^2}\right)$$

其中

$$\overline{\cos v}=-e$$

$$\overline{\cos 2v}=\frac{1+2\sqrt{1-e^2}}{\left(1+\sqrt{1-e^2}\right)^2}e^2$$

$$\overline{\cos 3v}=-\frac{4}{e}\ \overline{\cos 2v}+3e$$

$$\overline{\cos 4v}=\frac{2}{e^2}\left(6-e^2\right)\overline{\cos 2v}-9$$

$$\overline{\cos 5v}=-\frac{4}{e^3}\left(8-3e^2\right)\overline{\cos 2v}+\frac{1}{e}\left(24-5e^2\right)$$

(4) 矩阵 **A** 中元素的表达式

$$a_{11}=\frac{\partial\dot{i}}{\partial i}=\frac{\sin i}{na\sqrt{1-e^2}}\left(\frac{3}{2}\kappa e\cos\omega\right)$$

$$a_{12}=\frac{\partial\dot{i}}{\partial e}=-\frac{3\kappa\cos i\cos\omega}{2na\sqrt{1-e^2}}\left(\frac{1}{1-e^2}\right)$$

$$a_{13}=\frac{\partial\dot{i}}{\partial\omega}=\frac{\cos i}{na\sqrt{1-e^2}}\left(\frac{3}{2}\kappa e\sin\omega\right)$$

$$a_{21}=\frac{\partial\dot{e}}{\partial i}=\frac{\cos i\sqrt{1-e^2}}{na}\left(\frac{3}{2}\kappa\cos\omega\right)$$

$$a_{22}=\frac{\partial\dot{e}}{\partial e}=\frac{\sin i}{na\sqrt{1-e^2}}\left(\frac{3}{2}\kappa\cos\omega e\right)$$

$$a_{23}=\frac{\partial\dot{e}}{\partial\omega}=-\frac{\sin i\sqrt{1-e^2}}{na}\left(\frac{3}{2}\kappa\sin\omega\right)$$

$$a_{31}=\frac{\partial\dot{\omega}}{\partial i}=\frac{15\mu z_s^2\cos i\sin i}{2na^5\ (1-e^2)^2}-\frac{3\kappa\cos i\sin\omega\sqrt{1-e^2}}{2nae}+\frac{3\kappa e\sin\omega}{2na\sqrt{1-e^2}}\left(-2\cos i-\frac{\cos^3 i}{\sin^2 i}\right)$$

$$a_{32}=\frac{\partial\dot{\omega}}{\partial e}$$

$$=-\frac{6\mu z_s^2\cos^2(i)e}{na^5\ (1-e^2)^3}+\frac{3\kappa\cos^2 i\sin\omega}{2na(1-e^2)\sqrt{1-e^2}\sin i}-\frac{4\mu z_s^2 e}{na^5\ (1-e^2)^3}\left(\frac{9}{4}\sin^2 i-\frac{3}{2}\right)+\frac{3\kappa e^2\sin\omega}{2nae^2\sqrt{1-e^2}}$$

$$a_{33}=\frac{\partial\dot{\omega}}{\partial\omega}=\frac{3\kappa e\cos^2 i\cos\omega}{2na\sin i\sqrt{1-e^2}}-\frac{3\kappa\sin i\cos\omega\sqrt{1-e^2}}{2nae}$$

参考文献

［1］ 李俊峰，龚胜平．非开普勒轨道动力学与控制［J］．宇航学报，2009，30（1）：47－53.

［2］ McInnes C R，Simmons J F L. Solar sail halo orbits：Part I－Heliocentric case［J］. Journal of Spacecraft and Rockets，2012，29（4）：466－471.

［3］ McInnes C R. The Existence And Stability Of Families Of Displaced Two－Body Orbits［J］. Celestial Mechanics and Dynamical Astronomy，1997，67（2）：167－180.

［4］ Waters T J，McInnes C R. Periodic Orbits Above the Ecliptic in the Solar－Sail Restricted Three－Body Problem［J］. Journal of Guidance，Control，and Dynamics，2015，30（3）：687－693.

［5］ Ceriotti M，Heiligers J，McInnes C R. Trajectory and Spacecraft Design for a Pole－Sitter Mission［J］. Journal of Spacecraft and Rockets，2014，51（1）：311－326.

［6］ Heiligers J，Ceriotti M，McInnes C R，et al. Displaced Geostationary Orbit Design Using Hybrid Sail Propulsion［J］. Journal of Guidance，Control，and Dynamics，2012，34（6）：1852－1866.

［7］ Mckay R，Macdonald M，Biggs J，et al. Survey of Highly Non－Keplerian Orbits with Low－Thrust Propulsion［J］. Journal of Guidance，Control，and Dynamics，2012，34（3）：645－666.

［8］ Nock K T. Rendezvous with Saturn's rings［C］. Anneaux des Planetes，IAU Coll. No. 75，Cepadues Editions，Toulouse，1984：743－759.

［9］ Mengali G，Quarta A A. Non－Keplerian orbits for electric sails［J］. Celestial Mechanics and Dynamical Astronomy，2009，105（1－3）：179－195.

［10］ 刘红军．新概念推进技术及其应用前景［J］．火箭推进，2004，30（4）：36－40.

［11］ 魏延明．国外卫星推进技术发展现状与未来20年发展趋势［J］．航天制造技术，2011，（2）：7－12.

［12］ 韩泉东，洪鑫，周海清．空间推进技术需求与发展分析［J］．火箭推进，2012，38（2）：9－15.

［13］ 吴汉基，蒋远大，张志远．电推进技术的应用与发展趋势［J］．推进技术，24（5）：385－392.

［14］ McInnes C R. Solar Sailing：Technology，Dynamics and Mission Applications［M］. Springer，2004.

［15］ George R，Brewer. Ion propulsion technology and applications［M］. New York：Gordon and Breach science publishers，1970.

［16］ Gorshkov O A，Koroteev A S，Arkhipov B A，et al. Overview of Russia activities in electric propulsion［C］. 37th Joint Propulsion Conference and Exhibit，2001.

［17］ 黄良甫．电推进系统发展概况与趋势［J］．真空与低温，2005，11（1）：1－8.

［18］ Duffey T M，Huffine C M，Nicholson S B. On－Orbit Results from the TacSat－2 ACTD Target Indicator Experiment AIS Payload［J］. Proceedings of Thes Symposium Small Satellites Systems and Services，2008，660：15.

［19］ 张郁．电推进技术的研究应用现状及其发展趋势［J］．火箭推进，2005，31（2）：27－36.

［20］ Barret D，Belloni T，Bhattacharyya S，et al. Science with the XEUS High Time Resolution Spectrometer［J］. Proceedings of SPIE－The International Society for Optical Engineering，2008，

7011 (3): 337 - 340.

[21] Christoph H, Klaus H, Edgar F. High - precision optical metrology system for the SMART - 2 mission as precursor for the DARWIN satellite constellation [J]. Proceedings of SPIE - The International Society for Optical Engineering, 2002, 4777: 143 - 158.

[22] Nathrath N, Trumper M, Rapp S. Manufacturing Technologies for LISA [C]. 3rd European Conference on Antennas and Propagation, London, 2009.

[23] Hajnsek, Irena, Krieger, Gerhard, Werner, Marian, et al. TanDEM - X: A Satellite Formation for High - Resolution SAR Interferometry [J]. IEEE Transactions on Geoscience and Remote Sensing, 2007, 45 (11): 3317 - 3341.

[24] 袁建平，朱战霞．空间操作与非开普勒运动 [J]. 宇航学报，2009，30 (1)：42 - 47.

[25] Michael F O. Micro - Satellite Technology Experiment (Mi TEx) Upper Stage Propulsion System Development [C]. 43rd AIAA Joint Propulsion Conference and Exhibit, Cincinnati, OH, 2007.

[26] Christopher N. Transient Pressure Analysis and Verification Testing for Themicro - Satellite Technology Experiment Upper Stage Propulsion System [C]. 43rd AIAA Joint Propulsion Conference and Exhibit, Cincinnati, OH, 2007.

[27] 边炳秀，魏延明．电推进系统在静止轨道卫星平台上应用的关键技术 [J]. 空间控制技术与应用，2008，34 (1)：20 - 24.

[28] Rayman M, Fraschetti T, Raymond C. Dawn: A Mission in Development for Exploration of Main Belt Asteroids Vesta and Ceres [C]. 55th International Astronautical Congress, Vancouver, Canada, 2004.

[29] Hitoshi K. Powered Flight of Hayabusa in Deep Space [C]. 42nd AIAA Joint Propulsion Conference and Exhibit, Sacramento, California, 2006.

[30] Enrico C. Drag - free and Attitude Control for the GOCE Satellite [J]. Automatica, 2008, 44 (3): 1766 - 1780.

[31] 田立成，王小永，张天平．空间电推进应用及技术发展趋势 [J]. 火箭推进，2015，41 (3)：7 - 14.

[32] 康小录，张岩，刘佳，等．大功率霍尔电推进研究现状与关键技术 [J]. 推进技术，2019，40 (01)：7 - 17.

[33] Frisbee R H. Advanced space propulsion for the 21st century [J]. Journal of Propulsion and Power, 2003, 19 (6): 1129 - 1154.

[34] Garwin R L. Solar sailing - a practical method of propulsion within the solar system [J]. Jet Propulsion, 1958, 28 (3): 188 - 190.

[35] Johnson L, Young R, Barnes N, et al. Solar sails: Technology and demonstration status [J]. International Journal of Aeronautical and Space Sciences, 2012, 13 (4): 421 - 427.

[36] Tsuda Y, Mori O, Funase R, et al. Flight status of IKAROS deep space solar sail demonstrator [J]. Acta Astronautica, 2011, 69 (9 - 10): 833 - 840.

[37] Johnson L, Whorton M, Heaton A, et al. NanoSail - D: A solar sail demonstration mission [J]. Acta Astronautica, 2011, 68 (5 - 6): 571 - 575.

[38] Lappas V, Adeli N, Visagie L, et al. CubeSail: A low cost CubeSat based solar sail demonstration mission [J]. Advances in Space Research, 2011, 48 (11): 1890 - 1901.

[39] Lappas V, Pellegrino S, Guenat H, et al. DeorbitSail: De - orbiting of satellites using solar sails [C]. proceedings of the International Conference on Space Technology, 2011. IEEE.

[40] Ridenoure R, Munakata R, Diaz A, et al. LightSail Program Status: One Down, One to Go [M]. AIAA/USU Conference on Small Satellites, 2015: SSC - 15 - V - 13.

[41] Janhunen P. Electric sail for spacecraft propulsion. Journal of Propulsion & Power, 2004, 20 (4): 763 - 764.

[42] Quarta A A, Mengali G. Electric sail mission analysis for outer solar system exploration. Journal of Guidance, Control, and Dynamics, 2010, 33 (3): 740 - 755.

[43] Mengali G, Quarta A A. Optimal nodal flyby with near-Earth asteroids using electric sail. Acta Astronautica, 2014, 104 (2): 450 - 457.

[44] Quarta A A, Mengali G. Minimum-time trajectories of electric sail with advanced thrust model. Aerospace Science & Technology, 2016, 55: 419 - 430.

[45] Niccolai L, Quarta A A, Mengali G. Electric sail elliptic displaced orbits with advanced thrust model. Acta Astronautica, 2016, 138.

[46] Huo M Y, Liao H, Liu Y, et al. The coupled orbit-attitude dynamics and control of electric sail in displaced solar orbits. International Journal of Aerospace Engineering, 2017, 2017: 1 - 12.

[47] Dusek, H. M. Motion in the Vicinity of Libration Points of a Generalized Restricted Three - body Mode [J]. Progress in Astronautics and Aeronautics, 1966, 17: 37 - 44.

[48] Wright J L. Space Sailing [M]. Rennsylvania: Gordon and Breach Science Publishers, 1992: 56 - 83.

[49] Forward R L. Light - levitated geostationary cylindrical orbits using perforated light sails [J]. Journal of the Astronautical Sciences, 1984, 32 (2): 221 - 226.

[50] Forward R L. Statite - a spacecraft that does not orbit [J]. Journal of Spacecraft and Rockets, 1991, 28 (5): 606 - 611.

[51] McInnes C R. Non - Keplerian Orbits for Mars Solar Reflectors [J]. Journal of the British Interplanetary Society, 2002, 55 (3): 74 - 84.

[52] McInnes C R. Dynamics, Stability, and Control of Displaced Non - Keplerian Orbits [J]. Journal of Guidance, Control, and Dynamics, 2004, 21 (5): 799 - 805.

[53] McInnes C R. Passive Control of Displaced Solar Sail Orbits [J]. Journal of Guidance, Control, and Dynamics, 2015, 21 (21): 975 - 982.

[54] Bookless J, McInnes C. Dynamics and Control of Displaced Periodic Orbits Using Solar - Sail Propulsion [J]. Journal of Guidance, Control, and Dynamics, 2006, 29 (3): 527 - 537.

[55] Waters, T J, McInnes C R. Solar Sail Dynamics in the Three - Body Problem: Homoclinic Paths of Points and Orbits [J]. International Journal of Non - Linear Mechanics, 2008, 43 (6): 490 - 496.

[56] Simo J, McInnes C R. Displaced Periodic Orbits with Low - Thrust Propulsion in the Earth - Moon System [C]. proceedings of the Aas/aiaa Space Flight Mechanics Meeting, 2009.

[57] Ceriotti M, McInnes C R. Generation of Optimal Trajectories for Earth Hybrid Pole Sitters [J]. Journal of Guidance, Control, and Dynamics, 2011, 34 (3): 847 - 859.

[58] Baoyin H X, McInnes C R. Solar sail orbits at artificial sun - Earth libration points [J]. Journal of Guidance, Control, and Dynamics, 2005, 28 (6): 1328 - 1331.

[59] Gong S P, Li J F, Baoyin H X. Solar sail formation flying around displaced solar orbits [J]. Journal of Guidance, Control, and Dynamics, 2007, 30 (4): 1148 - 1152.

[60] Gong S P, Li J F, Baoyin H X. Formation flying solar - sail gravity tractors in displaced orbit for towing near - Earth asteroids [J]. Celestial Mechanics and Dynamical Astronomy, 2009, 105 (1): 159 - 177.

[61] Gong S P, Gao Y F, Li J F. Solar sail formation flying on an inclined Earthorbit [J]. Acta Astronautica, 2011, 68 (1 - 2): 226 - 239.

[62] Gong S P, Li J F. Solar sail heliocentric elliptic displaced orbits [J]. Journal of Guidance, Control, and Dynamics, 2014, 37 (6): 2021 - 2025.

[63] 龚胜平，李俊峰. 太阳帆航天器动力学与控制 [M]. 北京：清华大学出版社，2015.

[64] Xu M, Xu S J. Nonlinear dynamical analysis for displaced orbits above a planet [J]. Celestial Mechanics and Dynamical Astronomy, 2008, 102 (4): 327 - 353.

[65] 钱航，郑建华，于锡峥，等. 太阳帆航天器移位轨道设计 [J]. 航天器工程，2012，21 (6)：25 - 29.

[66] 钱航，郑建华，于锡峥，等. 太阳帆航天器悬浮轨道动力学与控制 [J]. 空间科学学报，2013，33 (4)：458 - 464.

[67] Qi N M, Huo M Y, Yuan Q F. Displaced Electric Sail Orbits Design and Transition Trajectory Optimization [J]. Mathematical Problems in Engineering, 2014, 2014 (6): 1 - 9.

[68] Simo J, McInnes C R. Solar Sail Orbits at the Earth - Moon Libration Points [J]. Communications in Nonlinear Science and Numerical Simulation, 2009, 14 (12): 4191 - 4196.

[69] Bookless J, McInnes C R. Control of Lagrange point orbits using solar sail propulsion [J]. Acta Astronautica, 2008, 62 (2 - 3): 159 - 176.

[70] Waters T J, McInnes C R. Invariant Manifolds and Orbit Control in the Solar Sail 3 - Body Problem [J]. Journal of Guidance, Control, and Dynamics, 2008, 31 (3): 554 - 562.

[71] Xu M, Xu S J. Structure - Preserving Stabilization for Hamiltonian System and its Applications in Solar Sail [J]. Journal of Guidance, Control, and Dynamics, 2009, 32 (3): 997 - 1004.

[72] 刘林，汤靖师. 卫星轨道理论与应用 [M]. 北京：电子工业出版社，2015.

[73] 李俊峰，曾祥远. 不规则小行星引力场内的飞行动力学 [J]. 力学进展，2017，47：429 - 451.

[74] Kozai Y. The Motion of A Close Earth Satellite [J]. The Astronomical Journal, 1959: 367 - 377.

[75] Brouwer D. Solution of the Problem of Artificial Satellite Theory Without Drag [J]. The Astronomical Journal, 1959, 64: 378 - 396.

[76] Kaula W M. Theory of Satellite Geodesy: Applications of Satellites to Geodesy [M]. Massachusetts: Blaisdell Publishing Company.

[77] 刘林，胡松杰，王歆. 航天动力学引论 [M]. 南京：南京大学出版社，2005.

[78] Yang W. Spectral Analysis of Satellite Orbit Perturbation [J]. Journal of Astronautics, 1995.

[79] 向开恒. 卫星星座的站位保持与控制研究 [D]. 北京：北京航空航天大学，1999.

[80] Peloni A, McInnes C R, Ceriotti M. Osculating Keplerian elements for highly non - Keplerian orbits [C]. AAS/AIAA Space Flight Mechanics Meeting, 2017.

[81] Martin M, Michael J. Distributed Satellite Missions and Technologies - The TechSat 21 Program [C]. AIAA Space Technology Conference and Expostion, Albuquerque, NM, 1999: 1 - 7.

[82] Luu K, Martin M, Stallard M, et al. University Nanosatellite Distributed Satellite Capabilities to Support Tech Sat 21 [C]. AIAA/USU Annual Conference on Small Satellites, 1999 (505): 1 - 9.

[83] Steyskal H, Schindler J K, Franchl P, et al. Pattern synthesis for TechSat 21 - A distributed space - based radar system [J]. IEEE Antennas and Propagation Magazine, 2003, 45 (4): 19 - 25.

[84] Rodriguez - Cassola M, Prats P, Schulze D, et al. First Bistatic Spaceborne SAR Experiments with TanDEM - X [C]. International Geoscience and Remote Sensing Symposium (IGARSS), 2011: 1393 - 1396.

[85] Folta D, Newman L, Gardner T. Foundations of Formation Flying for Mission to Planet Earth and New Millennium [C]. AIAA/AAS Astrodynamics Conference, San Diego, California, 1996: 656 - 666.

[86] Tapley B D, Bettadpur S, Watkins M, et al. The Gravity Recovery and Climate Experiment: Mission Overview and Early Results [J]. Geophysical Research Letters, 2004, 31 (9): 1 - 4.

[87] Kirschner M, Montenbruck O, Bettadpur S. Flight dynamics aspects of the GRACE formation flying [C]. Proceedings of the 2nd International Workshop on Satellite Constellations and Formation Flying, Haifa, Israel, 2001: 1 - 8.

[88] Wallner O, Ergenzinger K, Flatscher R. X - array Aperture Configuration in Planar or Non - Planar Spacecraft Formation for Darwin/TPF - I candidate architectures [J]. Proceedings of SPIE 6693, Techniques and Instrumentation for Detection of Exoplanets Ⅲ, 2007, 6693: 1 - 10.

[89] Danzmann K. LISA Mission Overview [J]. Advances in Space Research, 2000, 25 (6): 1129 - 1136.

[90] Bik J J C M, Visser P N A M, Jennrich O. LISA Satellite Formation Control [J]. Advances in Space Research, 2007, 40 (1): 25 - 34.

[91] Gath P F, Fichter W, Kersten M, et al. Drag Free and Attitude Control System Design for the LISA Pathfinder Mission [C]. AIAA Guidance, Navigation, and Control Conference and Exhibit, 2004: 1 - 13.

[92] Ungar S G, Pearlman J S, Mendenhall J A, et al. Overview of the Earth Observing One (EO - 1) Mission [J]. IEEE Transactions on Geoscience and Remote Sensing, 2003, 41 (6 PART I): 1149 - 1159.

[93] Persson, S. J B. PRISMA - Swedish In - orbit Testbed for Rendezvous and Formation Flying [C]. 57th International Astronautical Congress, 2006: 1 - 13.

[94] Persson S, Jacobsson B, Gill E. PRISMA - Demonstration Mission for Advanced Rendezvous and Formation Flying Technologies and Sensors [C]. 56th International Astronautical Congress, Fukuoka, Japan, 2005.

[95] Llorente J S, Agenjo A, Carrascosa C, et al. PROBA - 3: Precise formation flying demonstration mission [J]. Acta Astronautica, 2013, 82 (1): 38 - 46.

[96] Alfriendetal K T. Spacecraft Formation Flying: Dynamics, Control and Navigation [M]. Butterworth - Heinemann, Oxford, 2009.

[97] Gong S P, Li J P, and Baoyin H X. Formation Around Planetary Displaced Orbit [J]. Applied Mathematics And Mechanics, 2007, 28 (6): 759 - 767.

[98] McInnes C R. Displaced Non - Keplerian Orbits Using Impulsive Thrust [J]. Celestial Mechanics and Dynamical Astronomy, 2011, 110 (3): 199 - 215.

[99] Wang W, Yuan J P, Mengali G, Quarta A A. Invariant Manifold and Bounds of Relative Motion Between Heliocentric Displaced Orbits [J]. Journal of Guidance, Control, and Dynamics, 2016, 39 (8): 1764 - 1776.

[100] Wang W, Mengali G, Quarta A A, Yuan J P. Extreme Values of Relative Distances for Spacecraft In Elliptic Displaced Orbits [J]. Advance Space in Research, 2016, 58 (4): 475 - 487.

[101] Wang W, Mengali G, Quarta A A, Yuan J P. Analysis of Relative Motion in Non - Keplerian Orbits Via Modified Equinoctial Elements [J]. Aerospace Science and Technology, 2016, 58: 389 - 400.

[102] Koon W S, Marsden J E, Murray R M, et al. J_2 Dynamics and Formation Flight [C]. AIAA Guidance, Navigation, and Control Conference and Exhibit, Montreal, Canada, 2001 (August): 1 - 7.

[103] 徐明．基于平动点理论的航天器轨道动力学与控制研究 [D]. 北京：北京航空航天大学，2008.

[104] Xu M, Xu S. J_2 Invariant Relative Orbits via Differential Correction Algorithm [J]. Acta Mechanica Sinica/Lixue Xuebao, 2007, 23 (5): 585 - 595.

[105] Xu M, Wang Y, Xu S. On the Existence of J_2 Invariant Relative Orbits from the Dynamical System Point of View [J]. Celestial Mechanics and Dynamical Astronomy, 2012, 112 (4): 427 - 444.

[106] Luo T, Xu M, et al. Natural Formation Flying on Quasi - Halo Orbits in The Photogravitational Circular Restricted Three - Body Problem [J]. Acta astronautica, 2018, 149: 35 - 46.

[107] Austin R E, Dod R E, Terwilliger C H. The ubiquitous solar electric propulsion stage [J]. Acta Astronautica, 1977, 4 (5 - 6): 671 - 694.

[108] Yashko G J, Hastings D E. Analysis Of Thruster Requirements And Capabilities for Local Satellite Clusters [C]. 10th AIAA/USU Small Satellite Conf, Logan, Utah, 1996.

[109] Baig S, McInnes C. Artificial Three - Body Equilibria for Hybrid Low - Thrust Propulsion [J]. Journal of Guidance, Control, and Dynamics, 2008, 31 (6): 1644 - 1655.

[110] Sawai S, Scheeres D J, Broschart S B. Control of Hovering Spacecraft Using Altimetry [J]. Journal of Guidance, Control, and Dynamics, 2002, 25 (4): 786 - 795.

[111] Meyer K R, Hall G R. Introduction to Hamiltonian Mechanics and the N - Body Problem [J]. Springer - Verlag, Applied Mathematical Sciences, 1992, 90: 1 - 32.

[112] Arnold V I. Proof of a Theorem by A N. Kolmogorov on the Invariance of Quasi - periodic Motions Under Small Perturbations of the Hamiltonian [J]. Russian Math Surveys, 1963, 18 (5): 9 - 36.

[113] Llibre J, Martinez J R, Simo C. Transversality of Invariant Manifolds Associated to the Lyapunov Family of Periodic Orbits near L_2 in the Restricted Three Body Problem [J]. Journal of Differential Equations, 1985, 58: 104 - 156.

[114] Xia Zhihong. Melnikov Method and Transversal Homodinic Points in the Restricted Three - Body Problem [J]. Journal of Differential Equations, 1992, 96: 170 - 184.

[115] Barden B T, Howell K C. Application of Dynamical Systems Theory to Trajectory Design for a Libration Point Mission [J]. Astrodynamics Conference, 1996, 76: 161 - 178.

[116] Kolmogorov A N. On Quasi - periodic Motions under Small Perturbations of the Hamiltonian [J]. Dokl Akad Nauk USSR, 1954, 98: 1 - 20.

[117] Moser J. On Harnack's Theorem for Elliptic Differential Equations [J]. Communications on Pure &

Applied Mathematics, 1961, 14 (3): 577 - 591.

[118] Wiggins S. Introduction to applied nonlinear dynamical systems and chaos [M]. Springer - Verlag, 1990.

[119] Scheeres D J, Hsiao F - Y, Vinh N X. Stabilizing Motion Relative to an Unstable Orbit: Applications toSpacecraft Formation Flight [J]. Journal of Guidance, Control, and Dynamics, 2003, 26 (1): 62 - 73.

[120] McInnes A I. Strategies for solar sail mission design in the circular restricted three - body problem [M]. Purdue University, West Lafayette, 2000.

[121] Xu M, Xu S J. Structure - Preserving Stabilization for Hamiltonian System and its Applications in Solar Sail [J]. Journal of Guidance, Control, and Dynamics, 2009, 32 (3): 997 - 1004.

[122] Soldini S, Colombo C, Walker S J I. Solar Radiation Pressure Hamiltonian Feedback Control for Unstable Libration - Point Orbits [J]. Journal of Guidance, Control, and Dynamics, 2017, 40 (6): 1374 - 1389.

[123] Koon W S, Lo M W, Marsden J E, Ross S D. Dynamical systems, the three - body problem and space mission design [C]. In: International conference on differential equations, 2000.

[124] Conley C C. Low Energy Transit Orbits in the Restricted Three - Body Problem [J]. SIAM Journal on Applied Mathematics, 1968, 16 (4): 732 - 746.

[125] Zhang Q, Tian R, Wang W. Chaotic properties of mechanically and electrically coupled nonlinear dynamical systems [J]. Acta Physica Sinica - Chinese Edition -, 2008, 57 (5): 2799 - 2804.

[126] Llibre J, Regina Martínez, Carles Simó. Tranversality of the invariant manifolds associated to the Lyapunov family of periodic orbits near L_2 in the restricted three - body problem [J]. Journal of Differential Equations, 1985, 58 (1): 104 - 156.

[127] Koon W S, Lo M W, Marsden J E, Ross S D. Heteroclinic connections between periodic orbits and resonance transitions in celestial mechanics [J]. Chaos, 2000, 10 (2): 427 - 69.

[128] Curtis H. Orbital Mechanics for Engineering Students [M]. Second Edition, Elsevier Science, 2009, 209 - 212.

[129] Liu L, Yang X, Mo H J, et al. The Stellar Mass Components of Galaxies: Comparing Semi - Analytical Models with Observation [J]. Astrophysical Journal, 2010, 712 (1): 734 - 745.

[130] Beutler G. Methods of Celestial Mechanics [J]. Physics Today, 1962, 15 (10): 58 - 59.

[131] Pan X, Xu M, Huang H, et al. Bounded Relative Motions for Formation Flying in Displaced Orbits by Low - Thrust Propulsion [J]. Celestial Mechanics and Dynamical Astronomy, 2018, 130 (7): 47.

[132] Scheeres D J. Stability of Hovering Orbits around Small Bodies [J]. Advances in the Astronautical Sciences, 1999, 102: 855 - 875.

[133] Macdonald M, Mckay R J, Vasile M, et al. Low - Thrust - Enabled Highly - Non - Keplerian Orbits in Support of Future Mars Exploration [J]. Journal of Guidance, Control, and Dynamics, 2011, 34 (5): 1396 - 1411.

[134] Biggs J D, McInnes C R. Solar Sail Formation Flying for Deep - Space Remote Sensing [J]. Journal of Spacecraft and Rockets, 2009, 46 (3): 670 - 678.

[135] Mancas S, Choudhury S. Bifurcations and Competing Coherent Structures in the Cubic - Quintic Ginzburg - Landau equation I: Plane Wave (CW) Solution [J]. Chaos Solitons & Fractals, 2006,

27 (5): 1256 - 1271.

[136] Soldini S, Colombo C, Walker S. Comparison of Hamiltonian Structure - Preserving and Floquét Mode Station - Keeping for Libration - Point Orbits [C]. AIAA/AAS Astrodynamics Specialist Conference, AIAA SPACE Forum, AIAA, 2014, 4118.

[137] 张如意，李卿，董瑶海．静止轨道气象卫星观测系统发展设想 [J]. 上海航天，2012，29 (5): 7 - 13.

[138] Zhang J, Zhang Z. Deployment research of multi - tethered InSAR system for GMTI mission [J]. Geoscience and Remote Sensing Symposium, IEEE, 2016, 4792 - 4795.

[139] 徐华平，周荫清，李春升．分布式小卫星合成孔径雷达多基线干涉技术 [J]. 遥测遥控，2005，06: 25 - 29.

[140] 李洋，张润宁．基于 InSAR 任务性能要求的编队轨道构型设计 [J]. 中国空间科学技术，2009，04: 50 - 57.

[141] Xu M, Jia Y H, Xu S J. The J_2 Invariant Relative Configuration of Spaceborne SAR Interferometer for Digital Elevation Measurement [J]. Acta Mechanica Sinica, 2010, 26 (4): 643 - 651.

[142] Krieger G, Hajnsek I, Younis M, et al. Interferometric Synthetic Aperture Radar (SAR) Missions Employing Formation Flying [J]. Proceedings of the IEEE, 2010, 98 (5): 816 - 843.

[143] Srivastava A K, Wang X, Gong S Q, et al. Micro - patterned photo - aligned ferroelectric liquid crystal Fresnel zone lens [J]. Optics Letters, 2015, 40 (8): 1643.

[144] 阎鲁滨．星载相控阵天线的技术现状及发展趋势 [J]. 航天器工程，2012，3: 11 - 17.

[145] Wallis R E, Cheng S. Phased - array antenna system for the MESSENGER deep space mission [C]. Aerospace Conference, IEEE Proceedings, 2001: 41 - 49.

[146] Schaub H, Alfriend K T. J_2 invariant relative orbits for spacecraft formations [J]. Celestial Mechanics & Dynamical Astronomy, 2001, 79 (2): 77 - 95.

[147] Broucke R A. Numerical integration of periodic orbits in the main problem of artificial satellite theory [J]. Celestial Mechanics and Dynamical Astronomy, 1994, 58 (2): 99 - 123.

[148] Martinuşi V, Gurfil P. Solutions and periodicity of satellite relative motion under even zonal harmonics perturbations [J]. Celestial Mechanics and Dynamical Astronomy, 2011, 111 (4): 387 - 414.

[149] Breger L, How J P. Gauss's Variational Equation - Based Dynamics and Control for Formation Flying Spacecraft [J]. Journal of Guidance, Control, and Dynamics, 2015, 30 (2): 437 - 448.

[150] Li G, Burkholder R J. Hybrid matching pursuit for distributed through - wall radar imaging [J]. Antennas and Propagation IEEE Transactions on, 2015, 63 (4): 1701 - 1711.

[151] Pan X, Xu M. Cislunar navigation constellation by displaced solar sails [J]. Journal of navigation, 2017, 70: 963 - 982.

[152] Qin A K, Huang V L, et al. Differential evolution algorithm with strategy adaptation for global numerical optimization [J]. IEEE Transactions on Evolutionary Computation, 2009, 13 (2): 398 - 417.

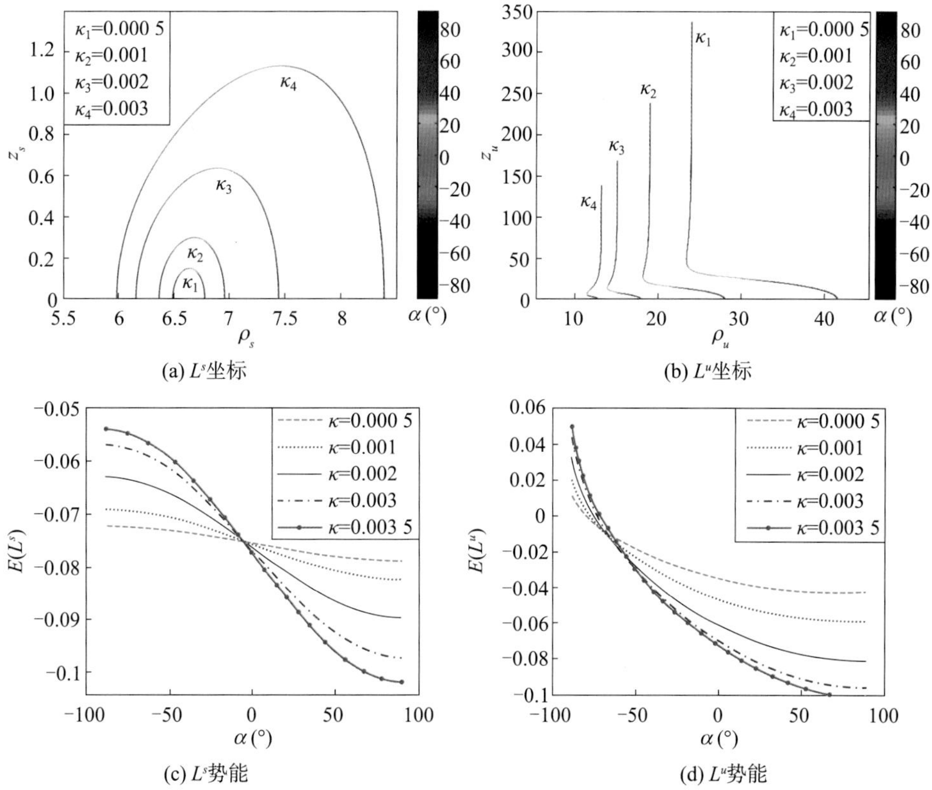

图 2-6　平衡点的位置和势能与推力（κ，α）之间的关系（P25）

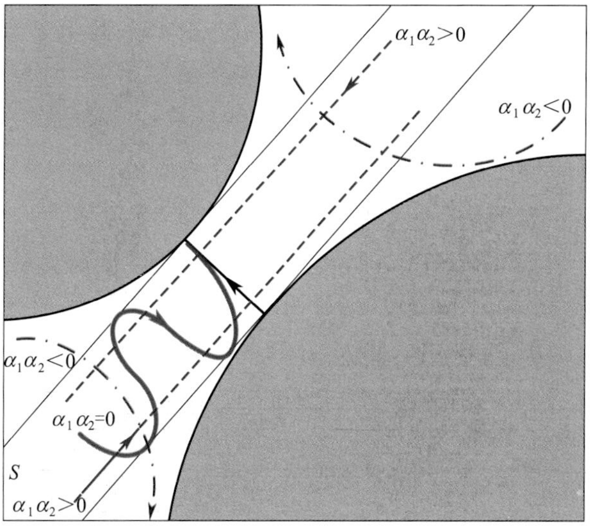

图 3-11　线性相流在位形空间内的投影（P40）

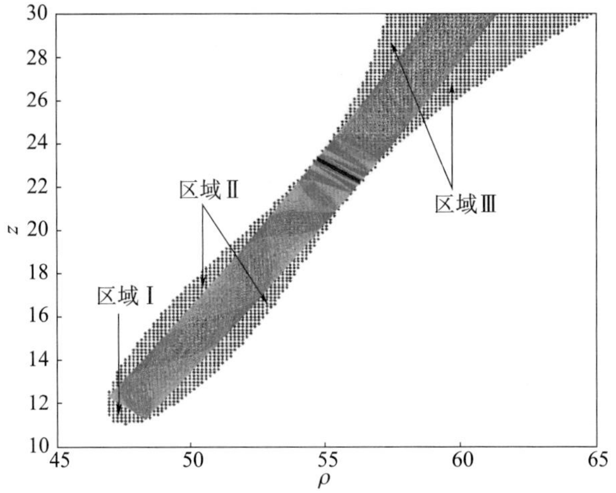

图 3-12　临界 KAM 环面对剩余的位形空间的划分（P41）

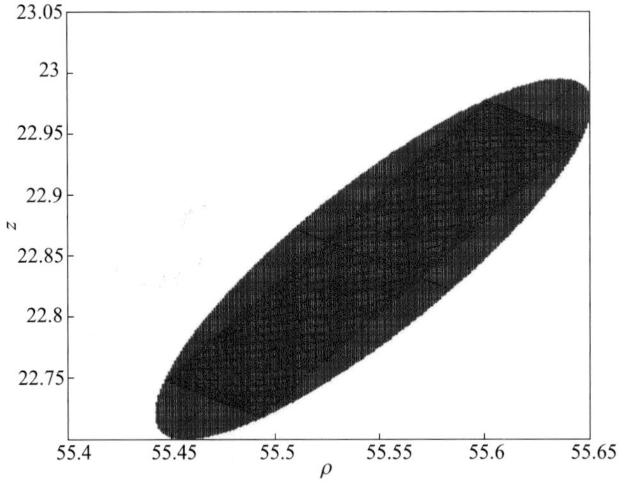

图 3-22　稳定 Lissajous 轨道和 Lyapunov 轨道（P50）

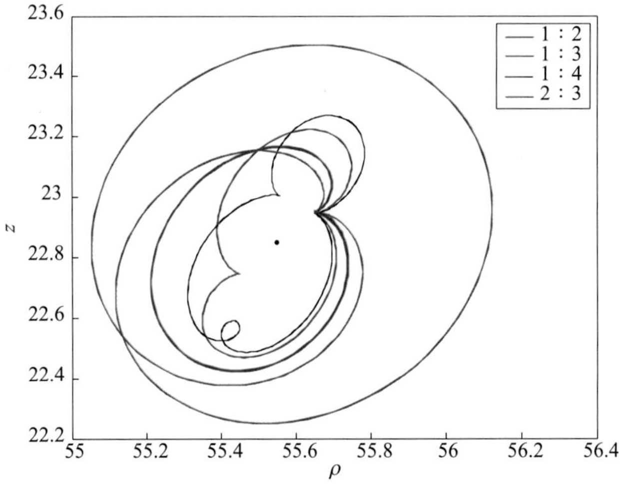

图 3-23　平衡点附近的共振轨道（P50）

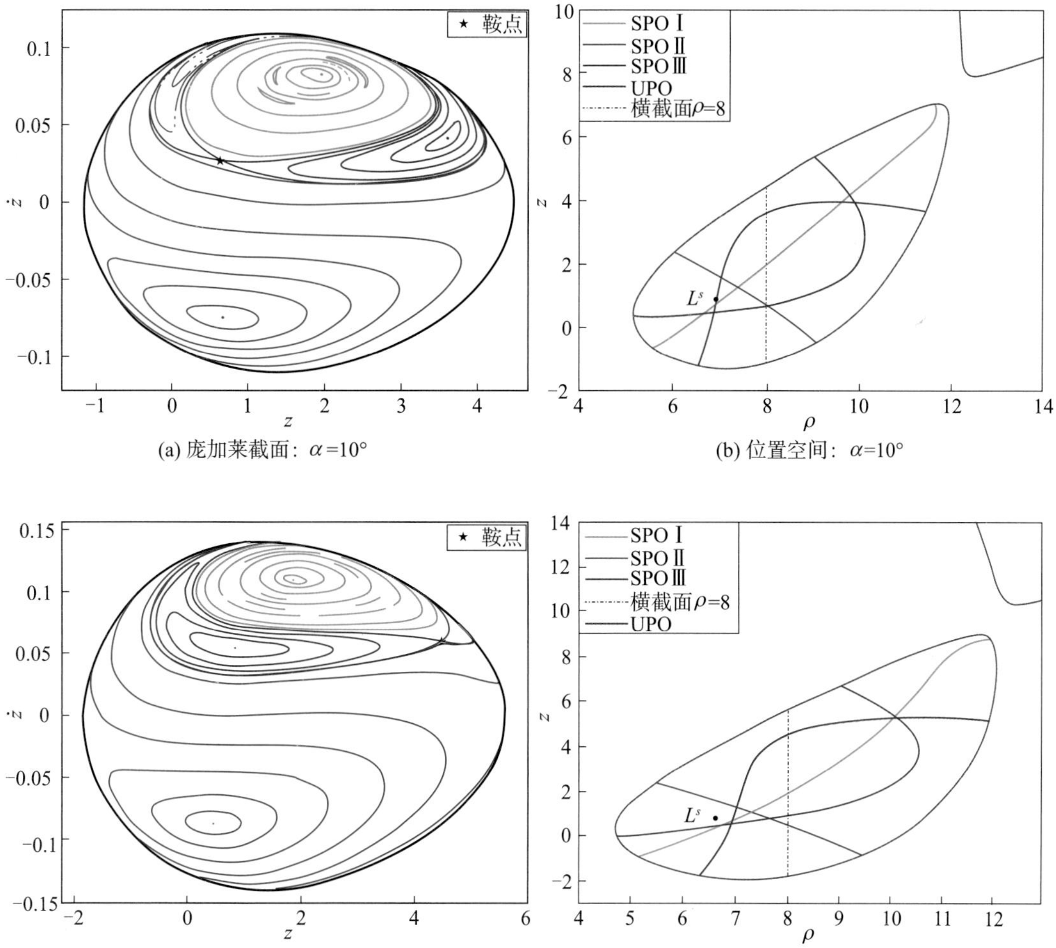

(a) 庞加莱截面：α=10°　(b) 位置空间：α=10°

(c) 庞加莱截面：α=-10°　(d) 位置空间：α=-10°

图 4-1　$\alpha \neq 0°$情况下 L^s 附近的有界轨道（P57）

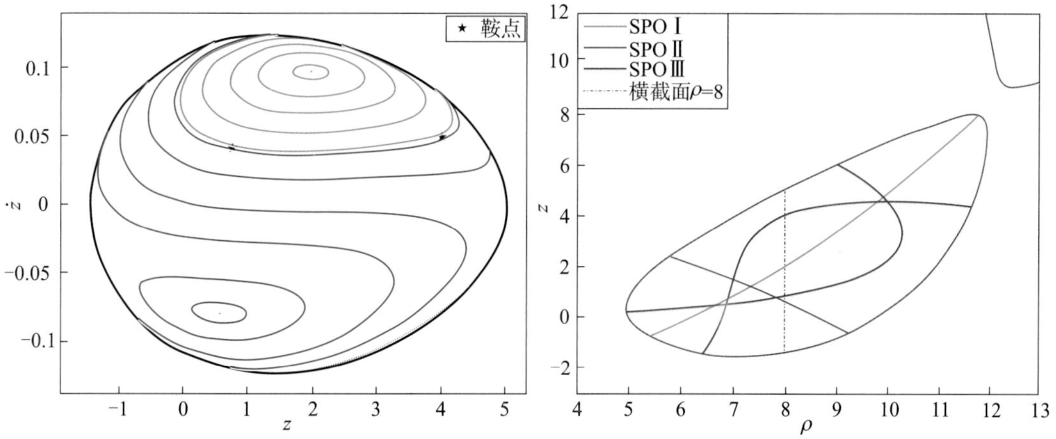

(a) 庞加莱截面：α=0°　(b) 位置空间：α=0°

图 4-2　$\alpha = 0°$情况下 L^s 附近的有界轨道（P58）

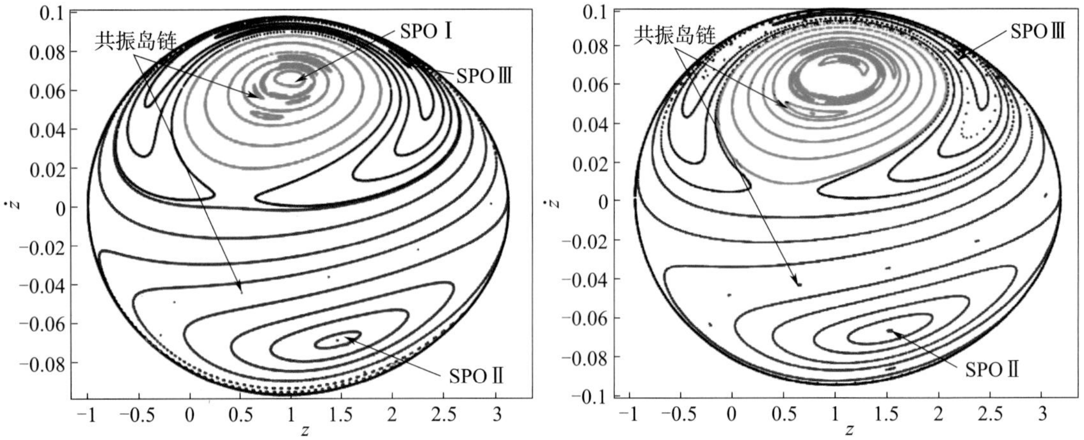

(a) $E<U(L^u)$　　(b) $E>U(L^u)$

图 4-3　庞加莱截面中的有界轨道（P59）

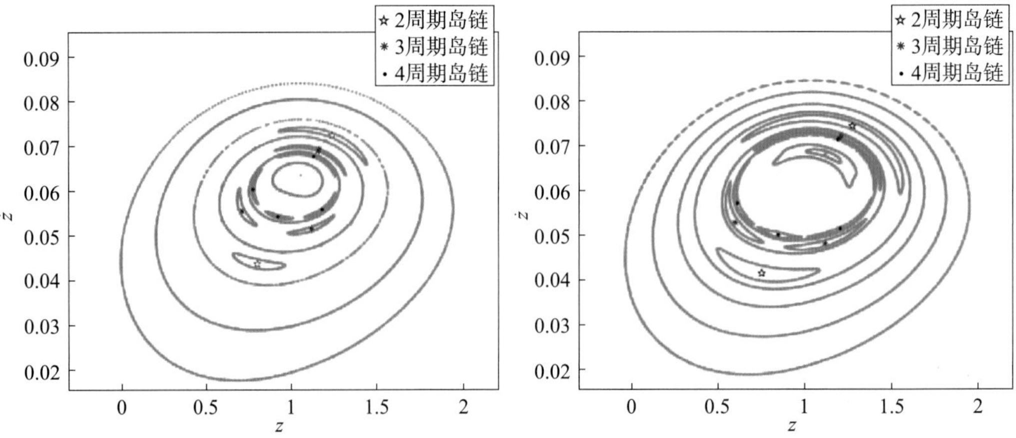

(a) $E=-0.081\,21(E<U(L^u))$　　(b) $E=-0.081\,18(E>U(L^u))$

图 4-4　SPO Ⅰ 附近庞加莱截面的局部放大图（P59）

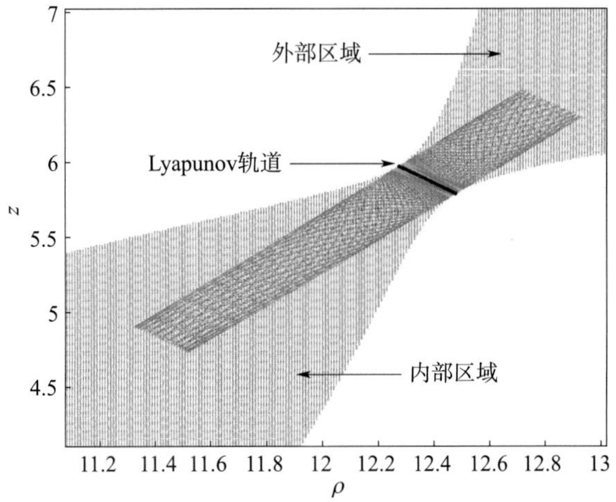

图 4-7　位置空间中，双曲型平衡点的 Lyapunov 轨道和不变流形（P63）

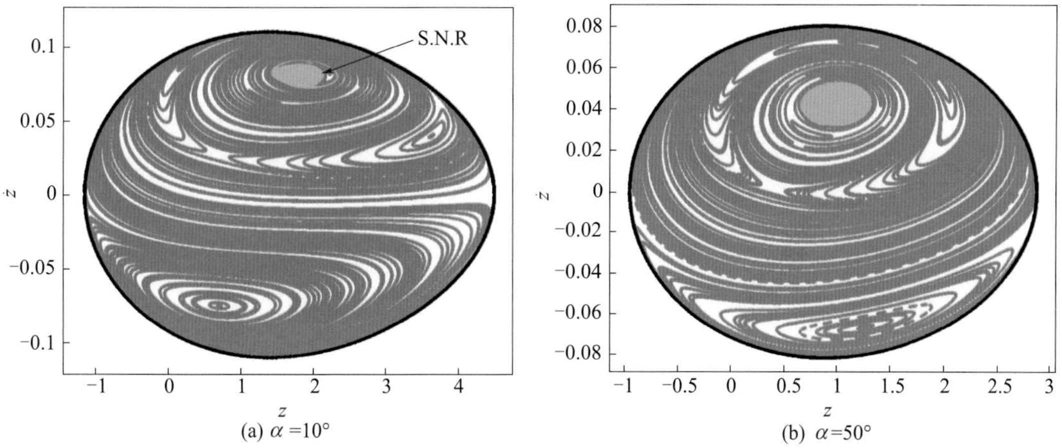

(a) $\alpha=10°$　(b) $\alpha=50°$

图 4－8　庞加莱截面中穿越轨道与非穿越轨道的分类（P64）

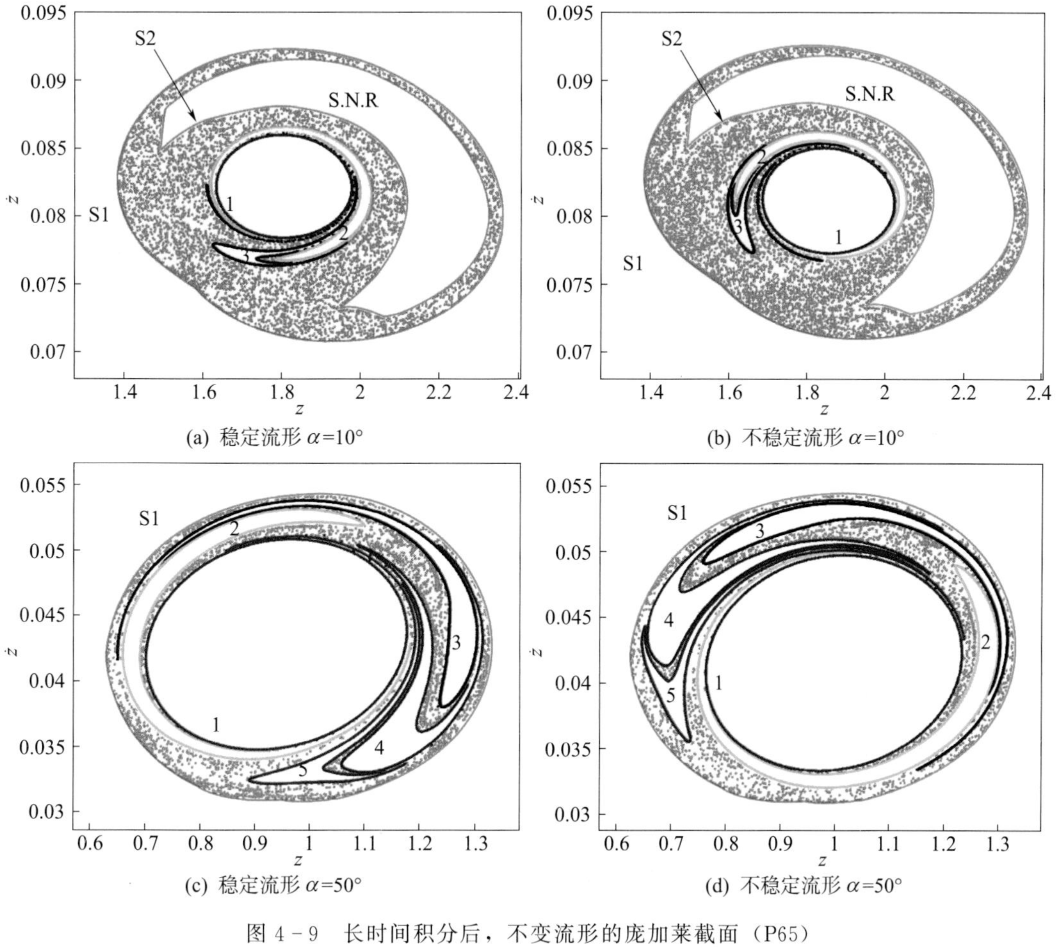

(a) 稳定流形 $\alpha=10°$　(b) 不稳定流形 $\alpha=10°$

(c) 稳定流形 $\alpha=50°$　(d) 不稳定流形 $\alpha=50°$

图 4－9　长时间积分后，不变流形的庞加莱截面（P65）

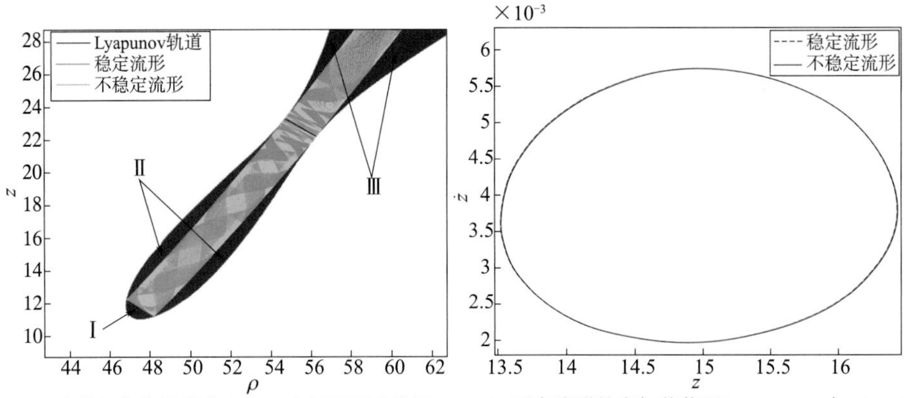

(a) 穿越与非穿越轨道在(ρ, z)空间的可达位置　(b) 不变流形的庞加莱截面(ρ=50, z, $\dot{\rho}>0$, $\dot{z}$)

图 4-10　$\alpha=0°$时 Lyapunov 轨道的不变流形（P66）

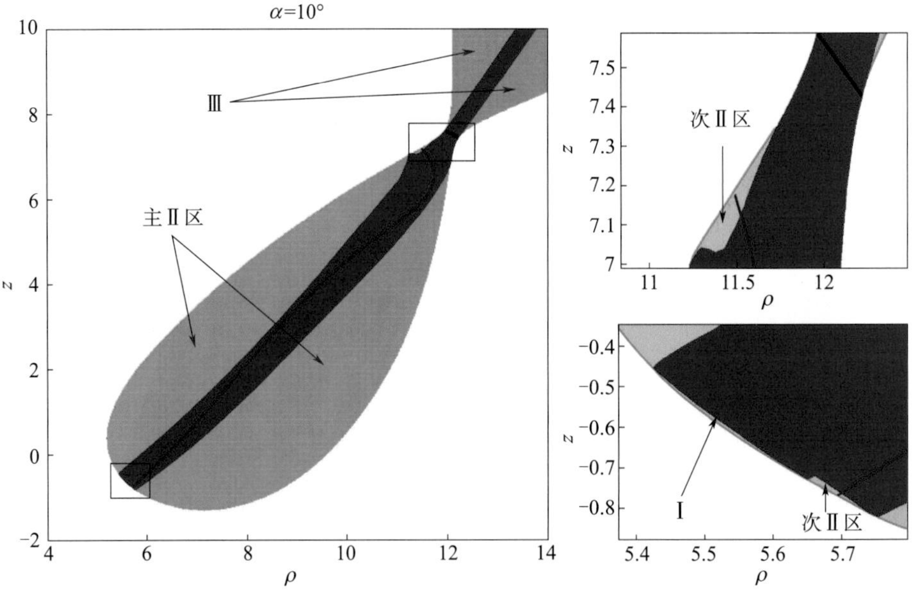

图 4-11　穿越与非穿越轨道在位置空间的可及位置（P67）

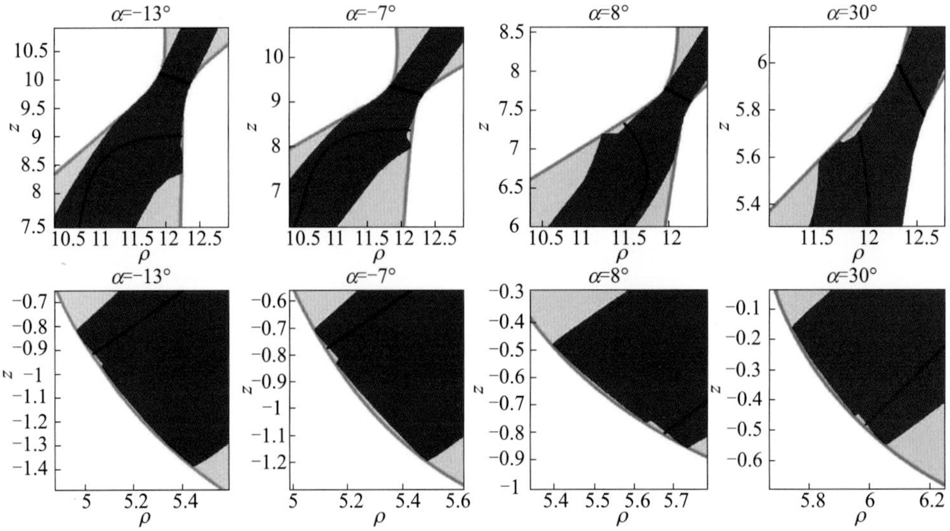

图 4-13　周期轨道和次Ⅱ区在位置空间中的演化（P69）

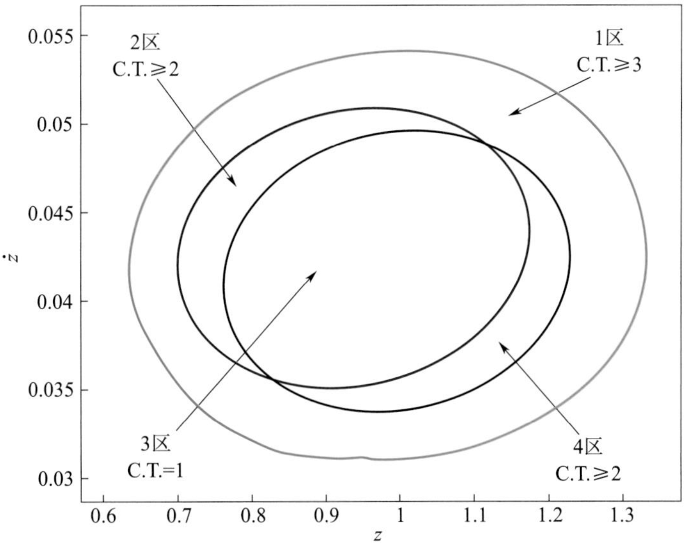

图 4-15　穿越区域根据反复次数划分为四部分（P70）

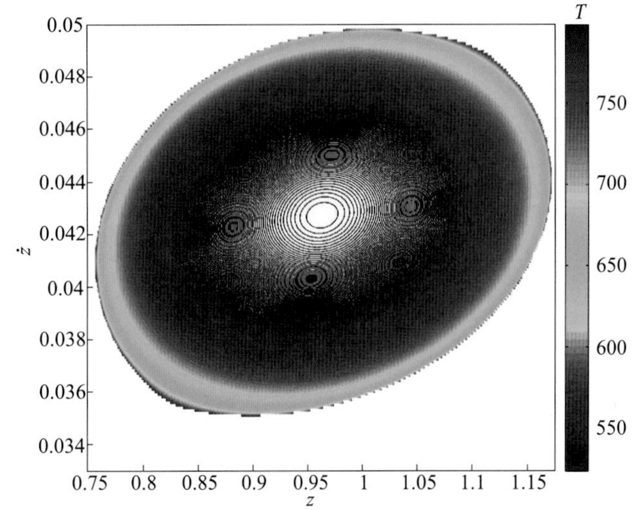

图 4-16　3 区内穿越轨道在内部区域的停留时间（P70）

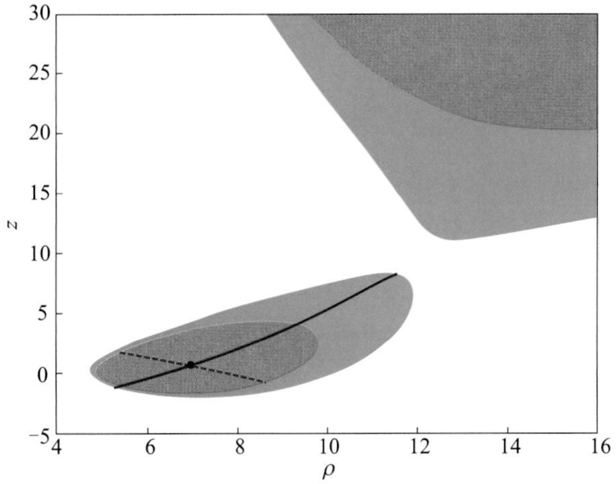

图 4-17　能量固定，两个不同 α 角度下的 Hill 区域（P71）

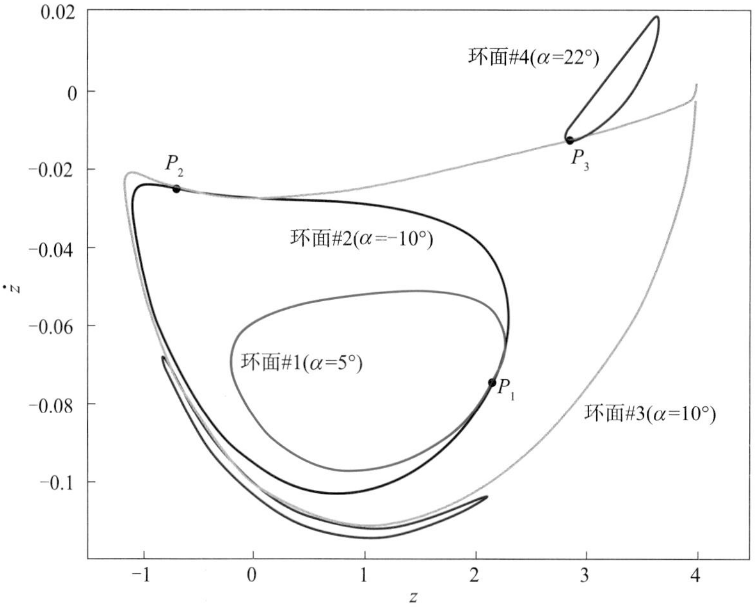

图 4-18 庞加莱截面上从环面♯1到环面♯4的转移轨道（P72）

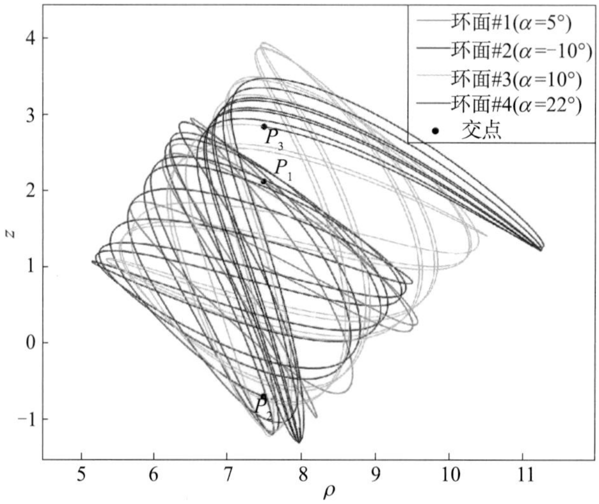

(a) (ρ，z)二维坐标系下的拼接轨道

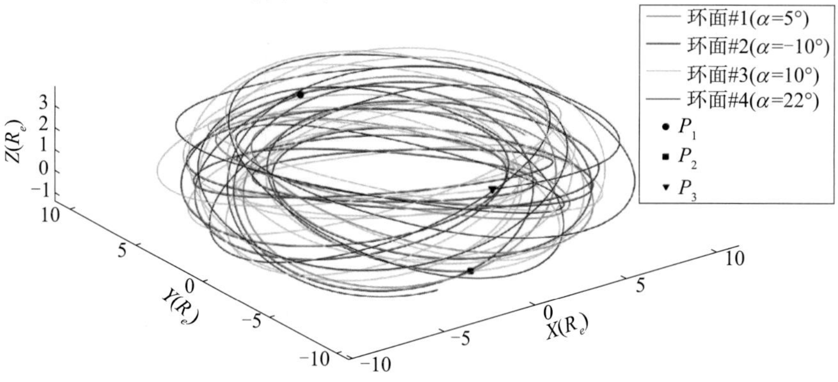

(b) (X,Y,Z)三维坐标系下的拼接轨道

图 4-19 位置空间内，环面♯1到环面♯4的轨道拼接（P73）

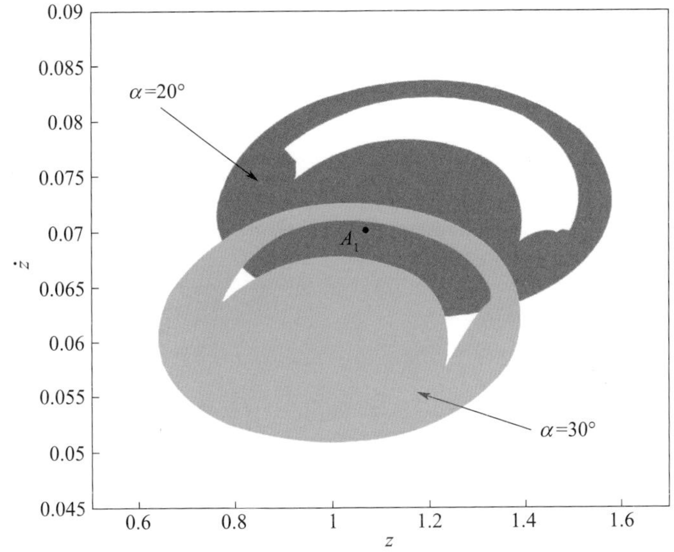

图 4-20　庞加莱截面中穿越与非穿越区域随俯仰角变化（P74）

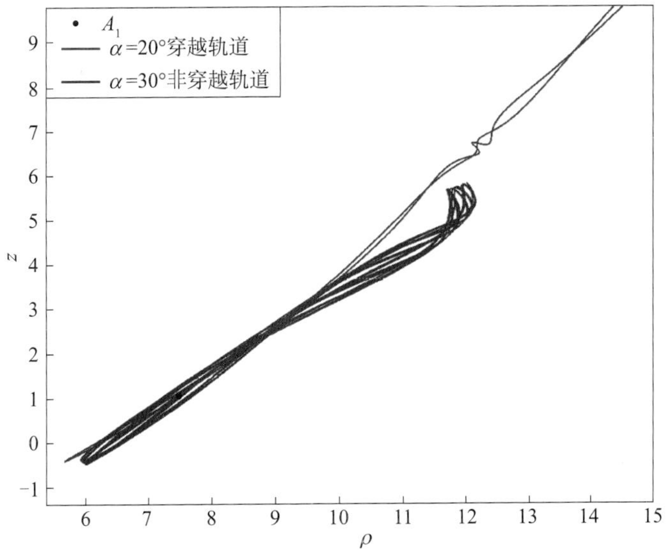

图 4-21　位置空间中穿越与非穿越轨道的转换（P74）

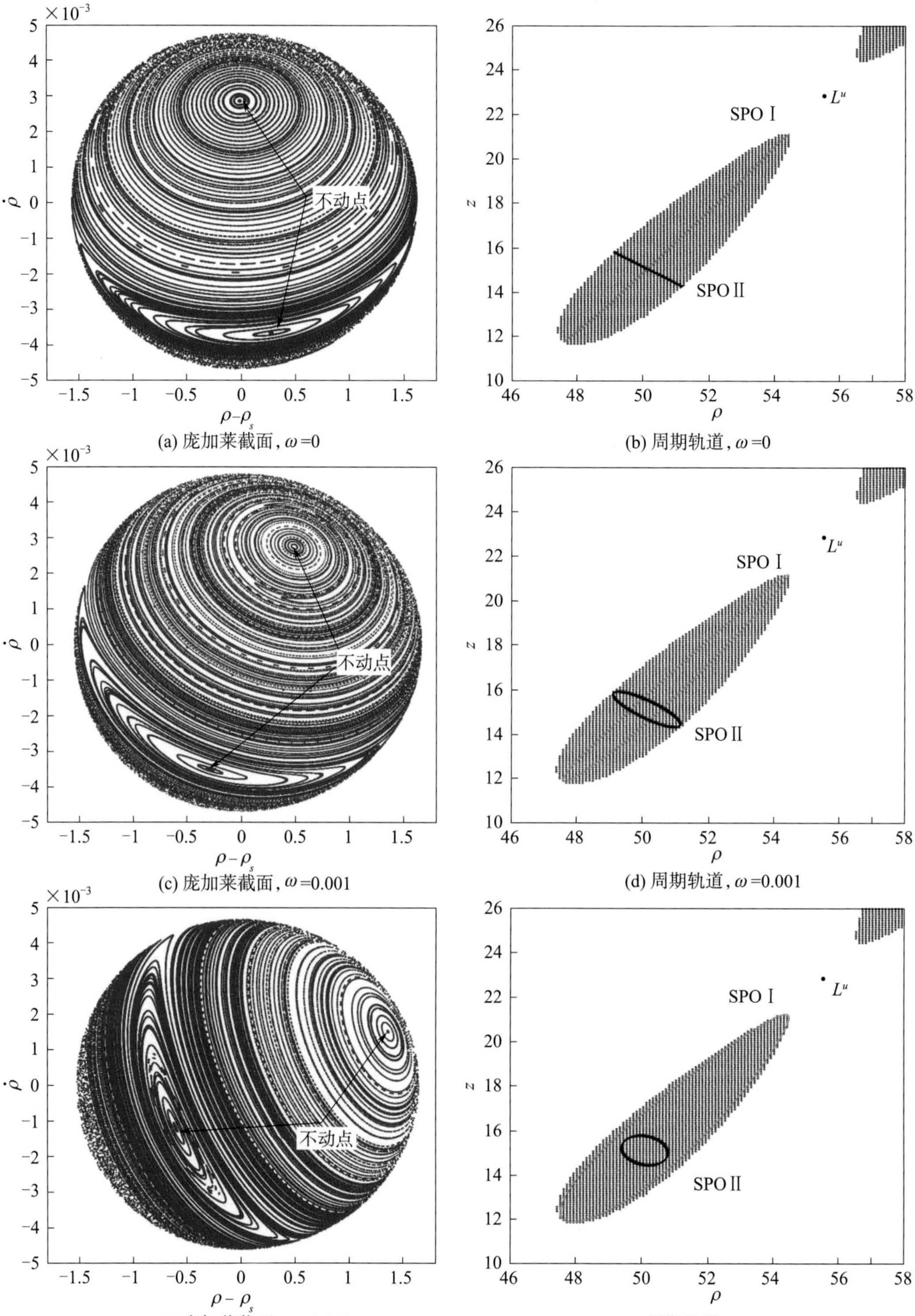

(a) 庞加莱截面，$\omega=0$ (b) 周期轨道，$\omega=0$

(c) 庞加莱截面，$\omega=0.001$ (d) 周期轨道，$\omega=0.001$

(e) 庞加莱截面，$\omega=0.005$ (f) 周期轨道，$\omega=0.005$

图 5-1 $E=0.9U(L^u)$ 时 L^s 附近的有界轨道（P78）

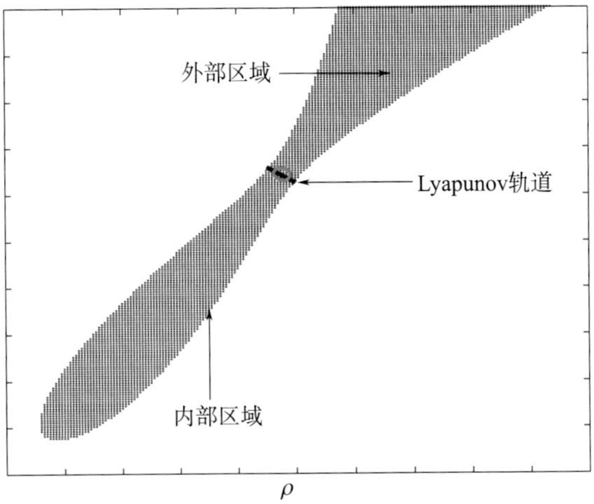

图 5－2　不同 ω 下，从双曲型平衡点衍生出的 Lyapunov 轨道（P80）

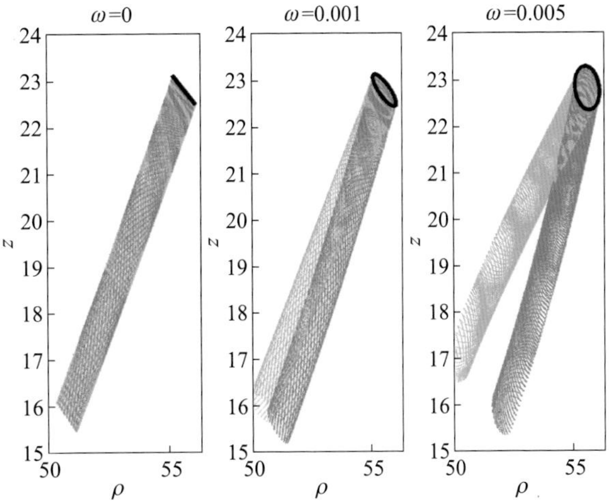

(b) Lyapunov轨道不变流形(未展示完整)

图 5－3　弱 HSP 控制下的不变流形（P81）

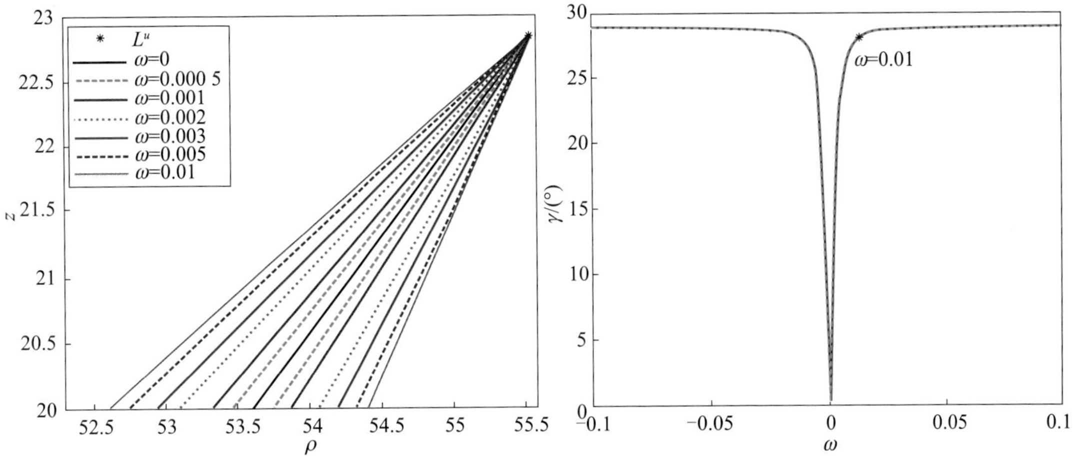

(a) 位置空间中，不变流形的切线　　(b) 不变流形夹角 γ 随 ω 的变化规律

图 5－4　双曲型平衡点稳定与不稳定流形切线之间的夹角（P83）

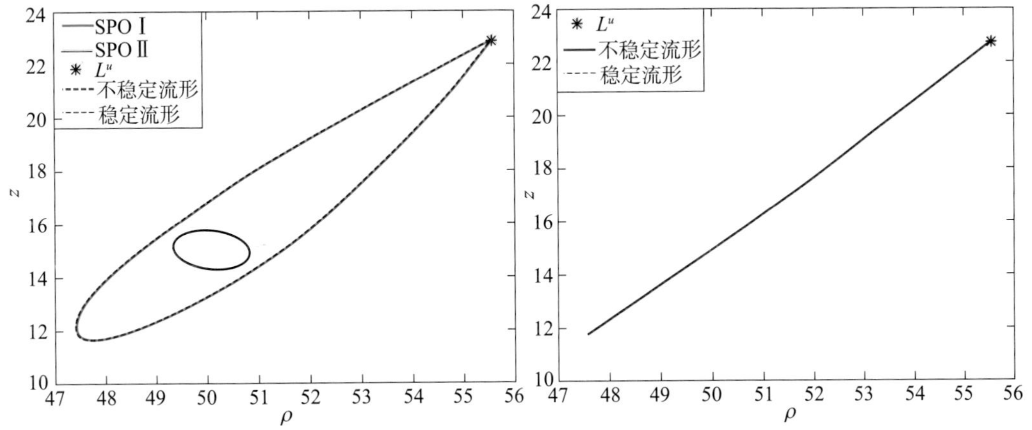

(a) ω=0.005　　(b) ω=0

图 5－5　$E=U(L^u)$ 时，L^s 附近轨道的基本模式以及 L^u 的不变流形（P84）

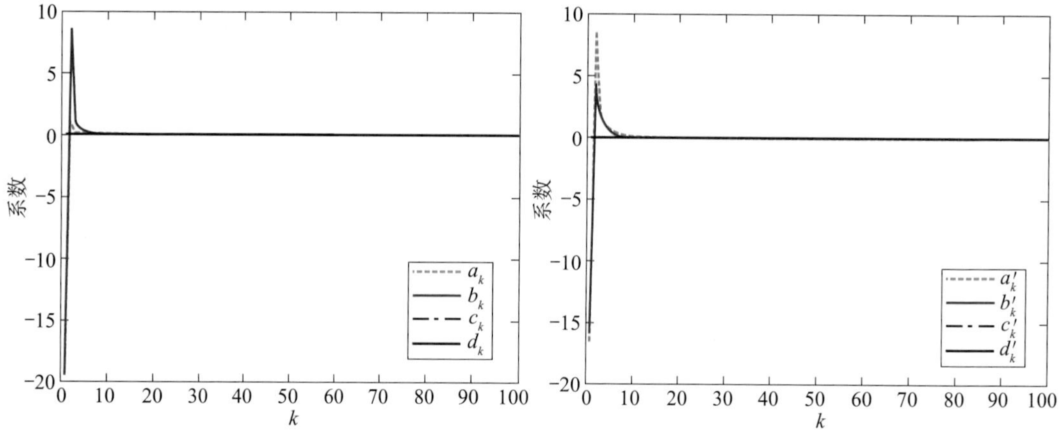

(a) 系数a_k，b_k，c_k和d_k　　(b) 系数a'_k，b'_k，c'_k和d'_k

图 5-6　轨道级数解中的未知系数（P85）

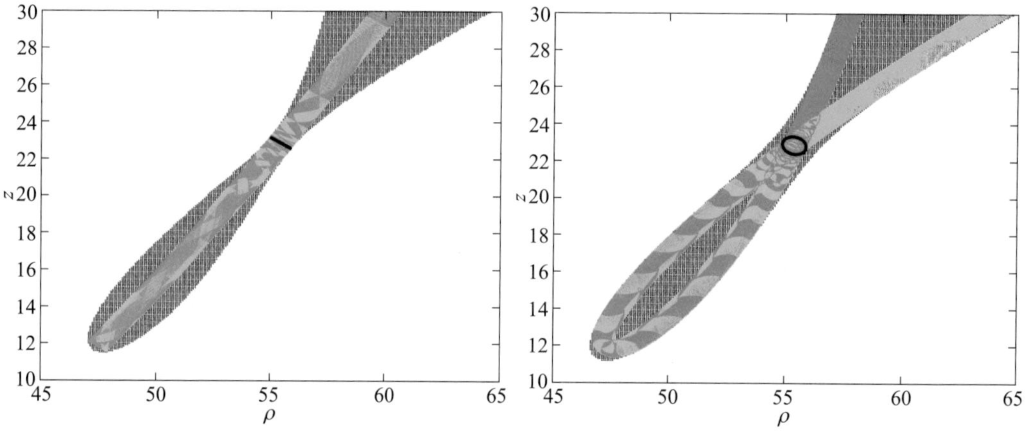

(a) ω=0，E=-0.011 937　　(b) ω=0.005，E=-0.011 934

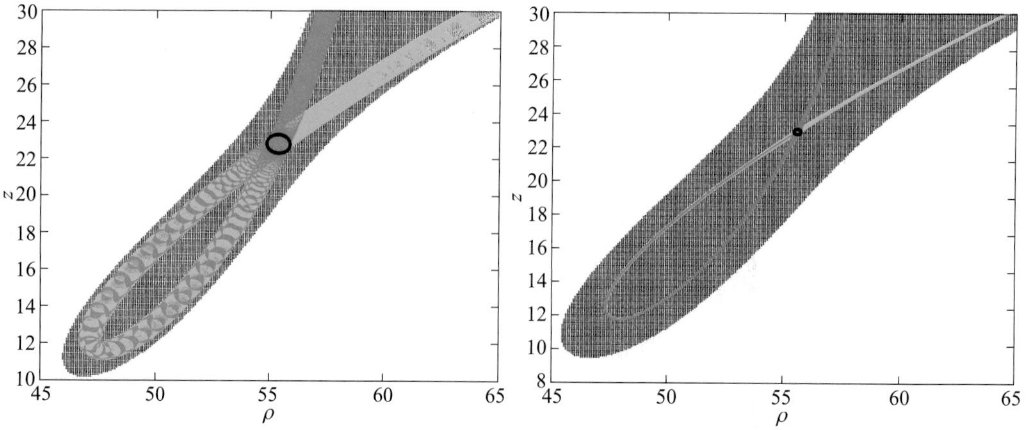

(c) ω=0.01，E=-0.011 924　　(d) ω=0.05，E=-0.011 908

图 5-10　位置空间中，不同 ω 因子下 Lyapunov 轨道的同宿轨迹（P88）

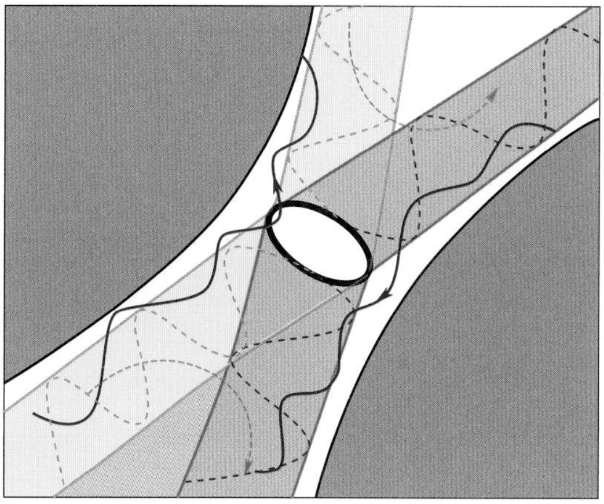

图 5－11　受控相流在位形空间内的投影（P89）

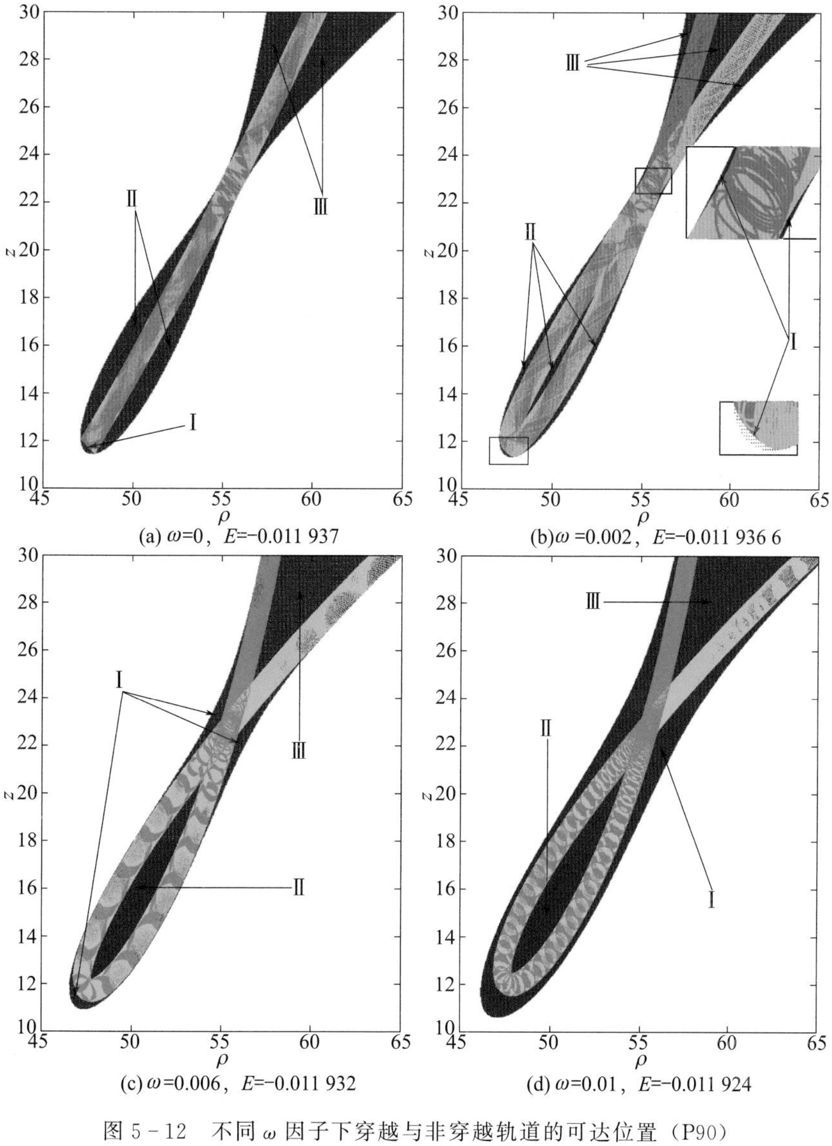

(a) ω=0，E=−0.011 937

(b) ω=0.002，E=−0.011 936 6

(c) ω=0.006，E=−0.011 932

(d) ω=0.01，E=−0.011 924

图 5－12　不同 ω 因子下穿越与非穿越轨道的可达位置（P90）

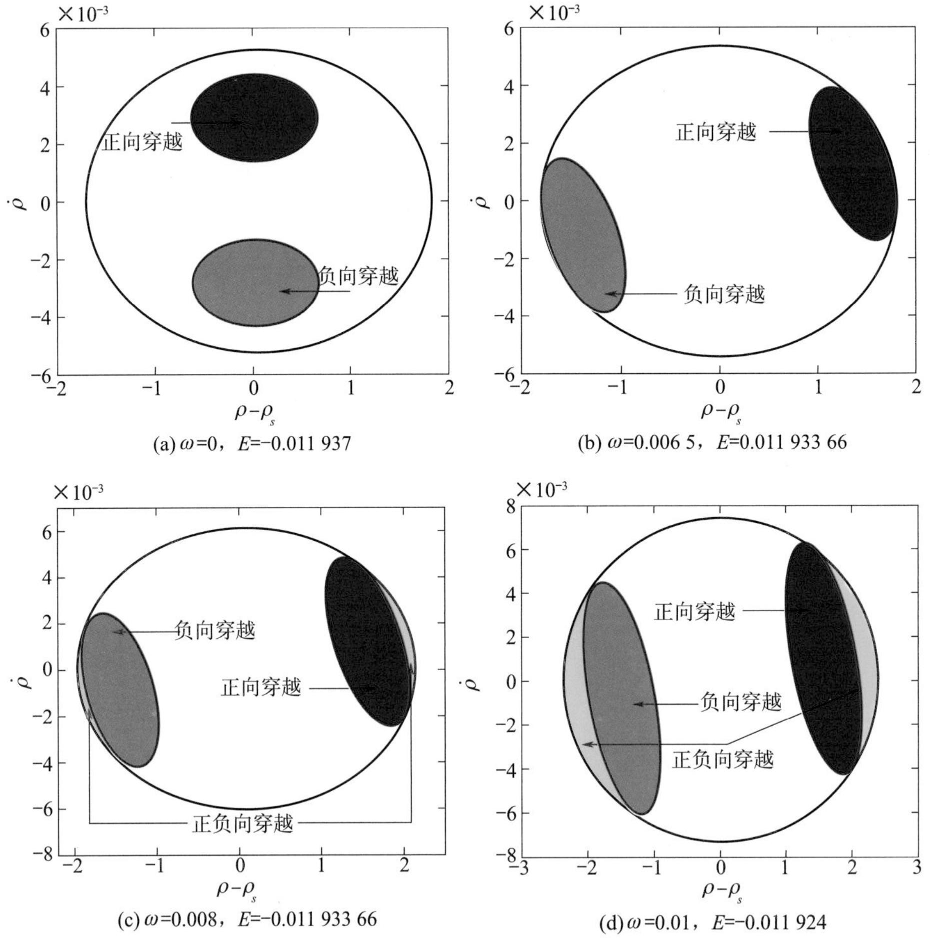

图 5－14　不同 ω 因子下的穿越区域（P93）

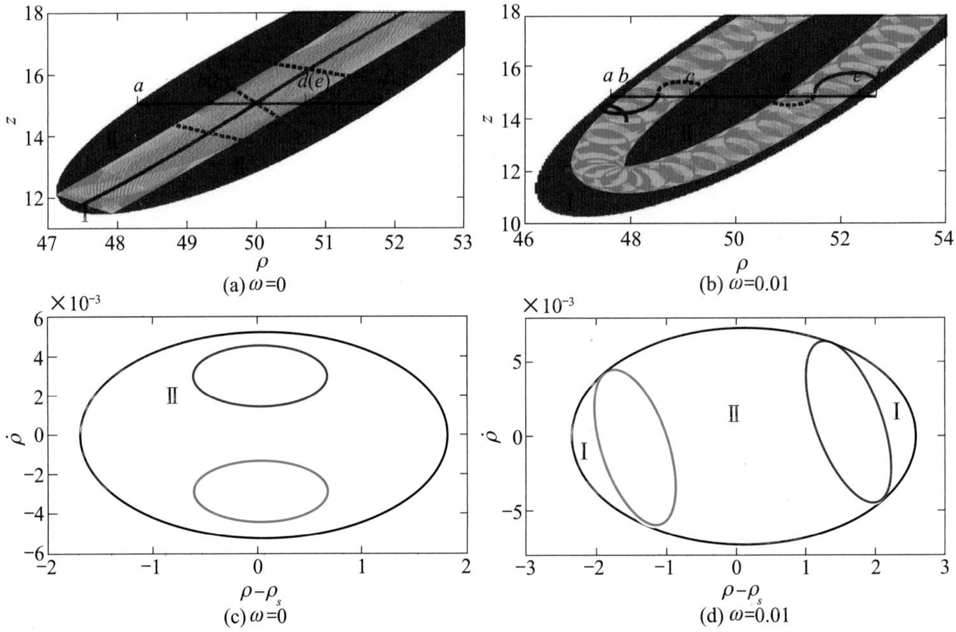

图 5－15　两种不同类型的穿越区域（P94）

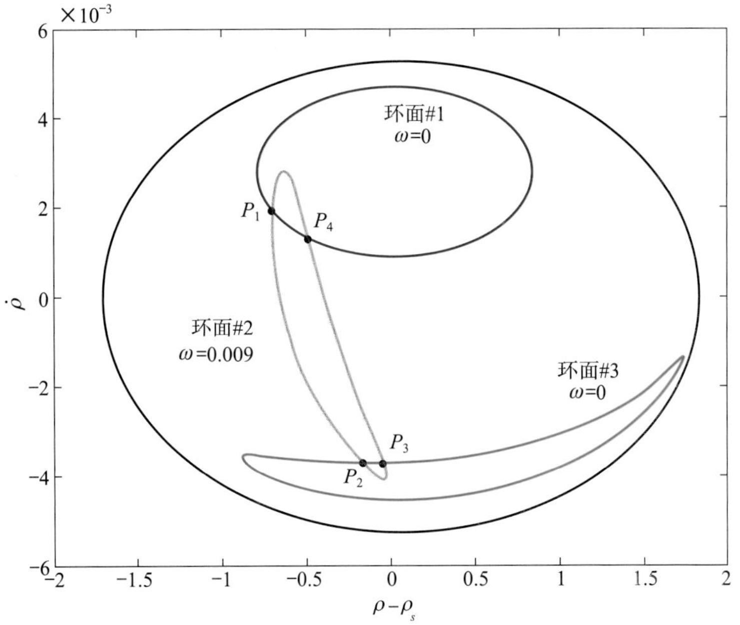

图 5－16　庞加莱截面上的有界轨道转移（P95）

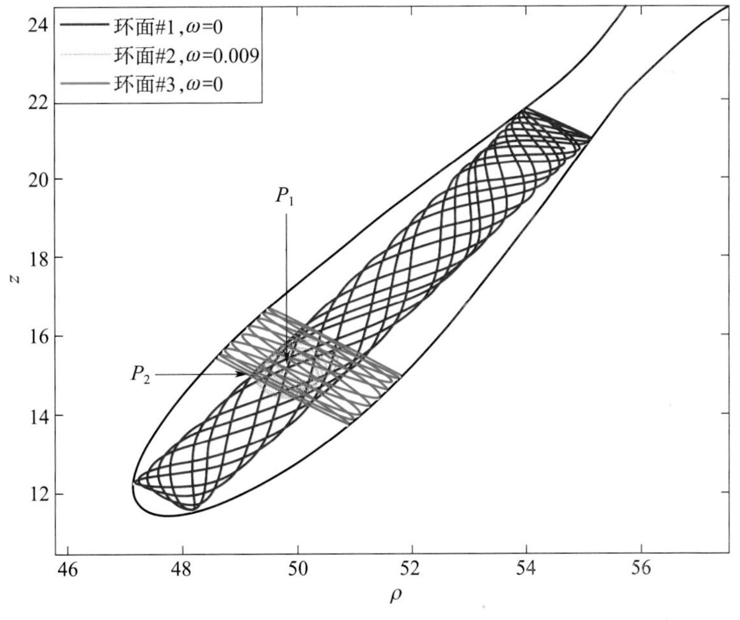

图 5－17　位置空间中，从环面＃1 到环面＃3 的轨道转移（P96）

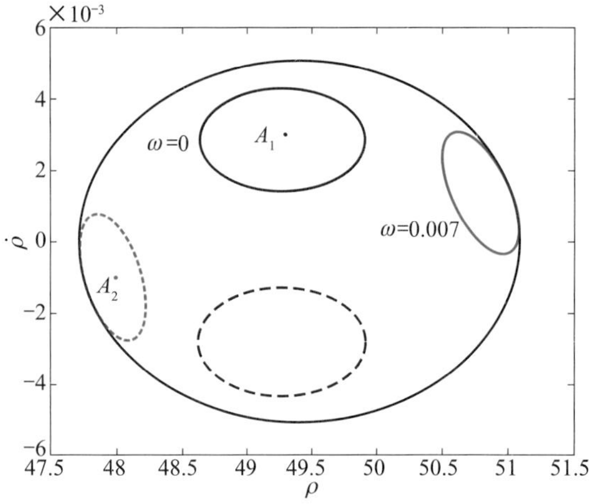

图 5-18　穿越控制的示例（P97）

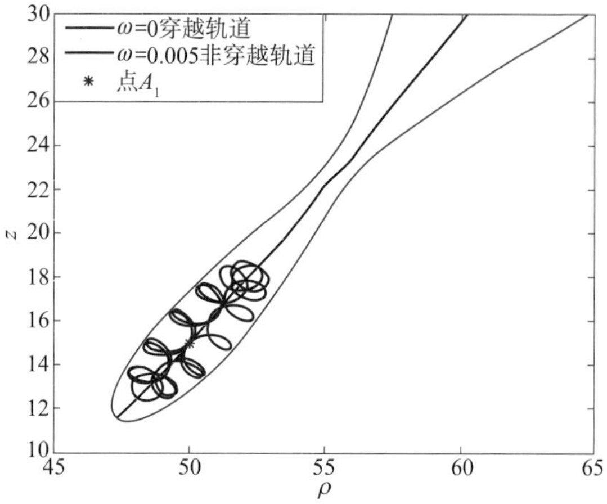

图 5-19　在点 A_1 处的穿越控制（P97）

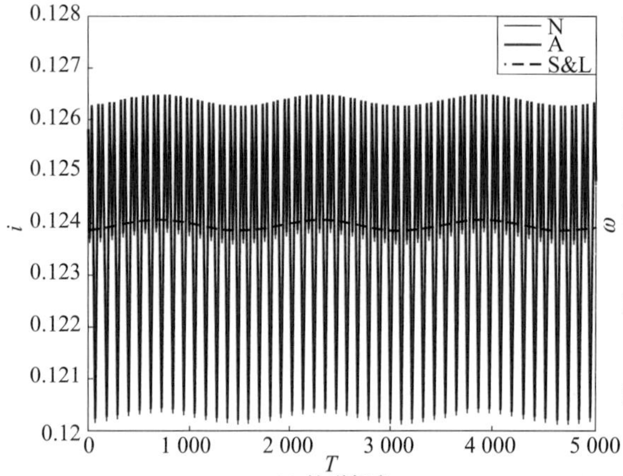

(a) 轨道倾角

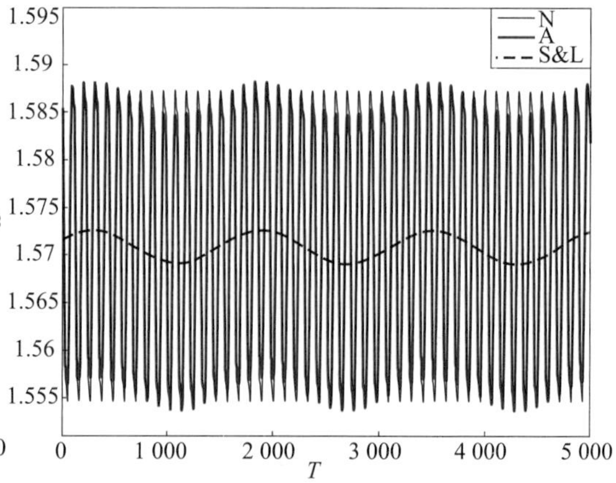

(b) 近地点幅角

图 6-8　悬浮周期轨道的密切根数：$\bar{\sigma}_0$ 由迭代算法得到（P117）

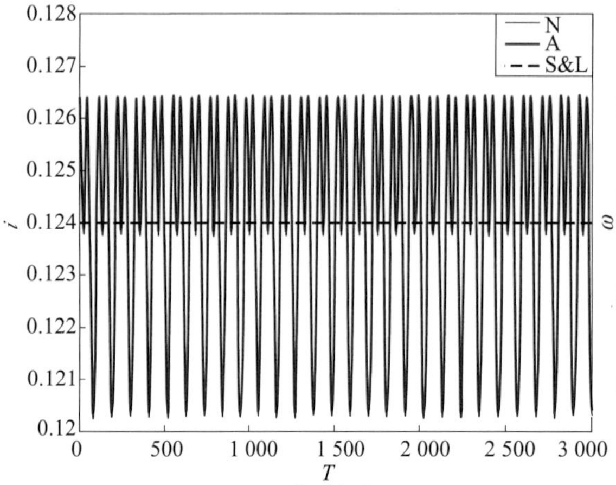

(a) 轨道倾角

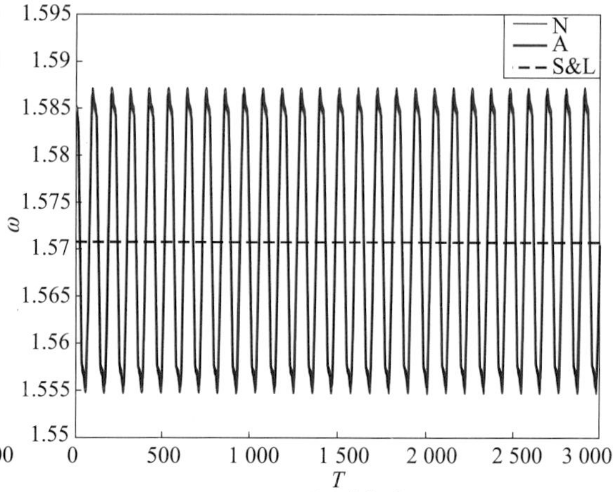

(b) 近地点幅角

图 6-10　悬浮周期轨道的密切根数：$\bar{\sigma}_0$ 由冻结条件修正得到（P119）

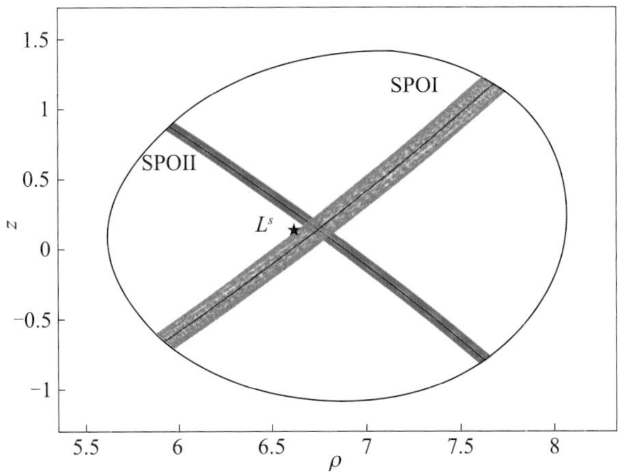

(a) 旋转坐标系下的悬浮轨道

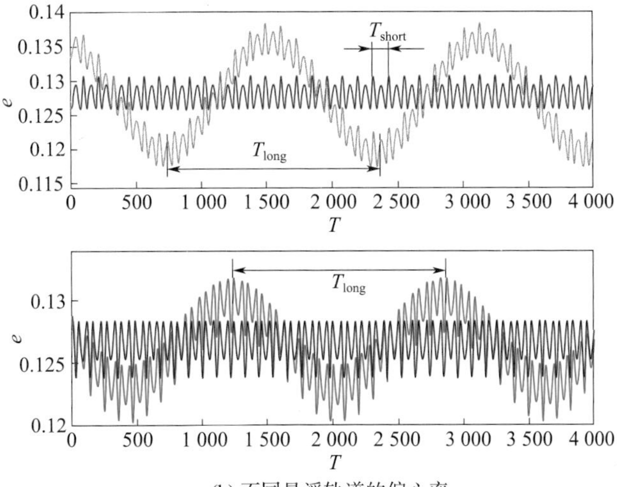

(b) 不同悬浮轨道的偏心率

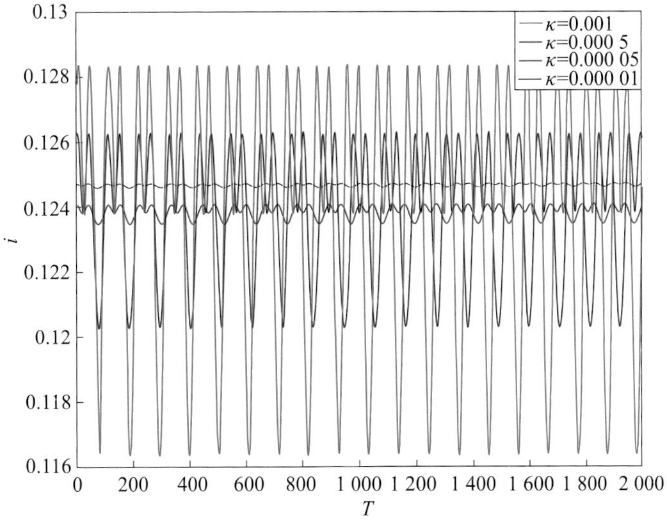

(c) 不同推力加速度下的短周期项幅值

图 6－11　悬浮轨道与密切根数之间的联系（P120）

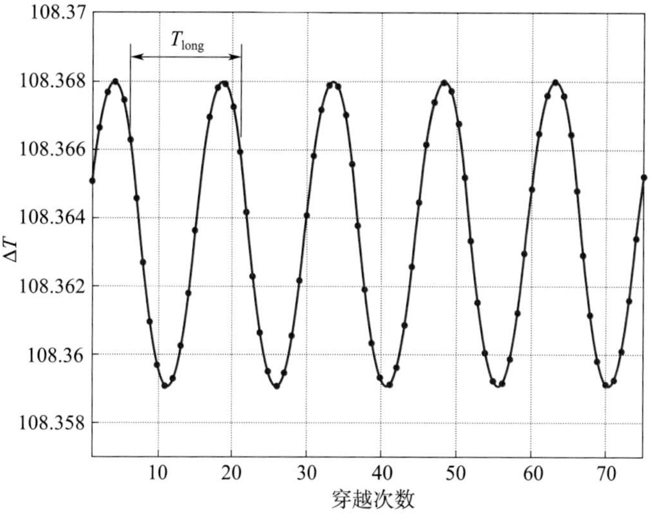

(d) 拟周期轨道 ΔT 随穿越次数的变化规律

图 6-11 悬浮轨道与密切根数之间的联系（P121，续）

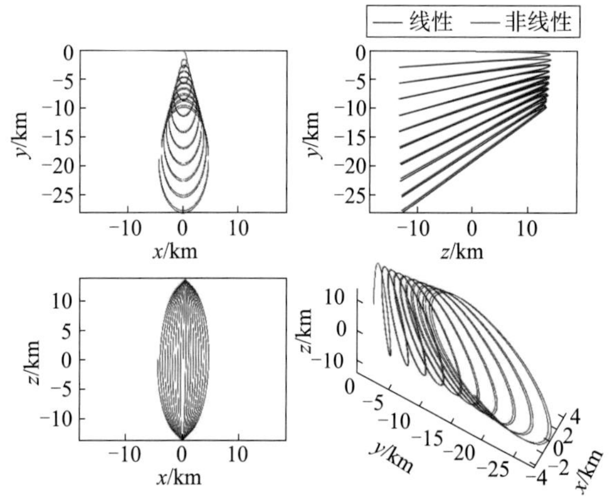

(a) O_2系下的三维相对轨道

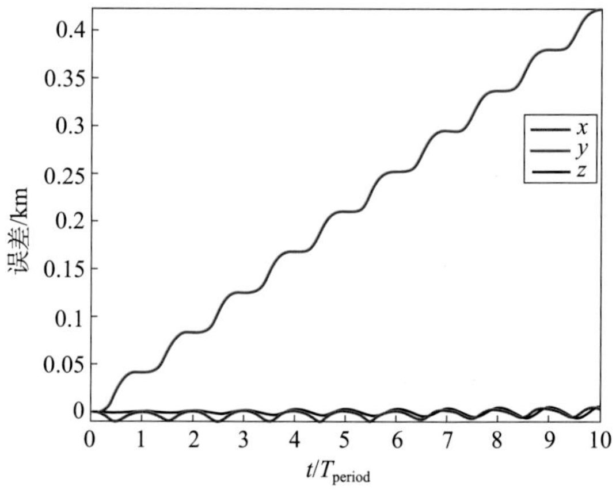

(b) 线性与非线性相对运动的误差

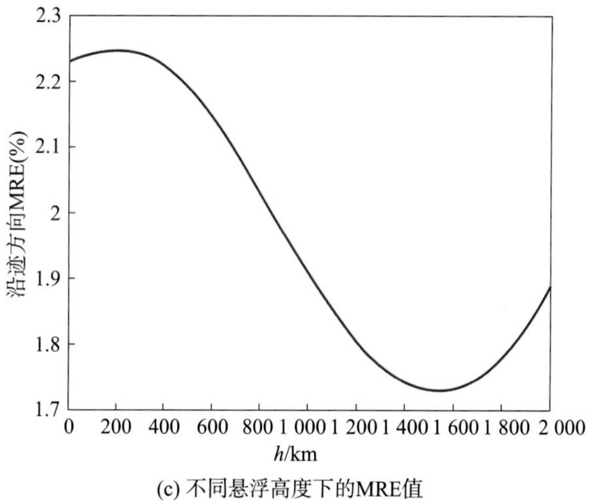

(c) 不同悬浮高度下的MRE值

图 7-3 线性相对运动与非线性相对运动的比较（P128）

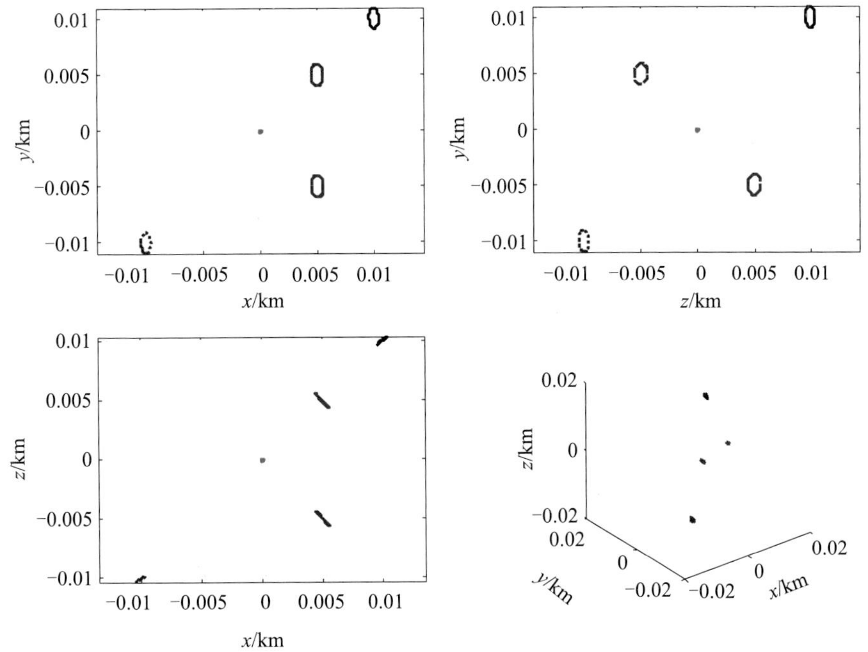

图 7-9　O 系下的离轴相对轨道（P135）

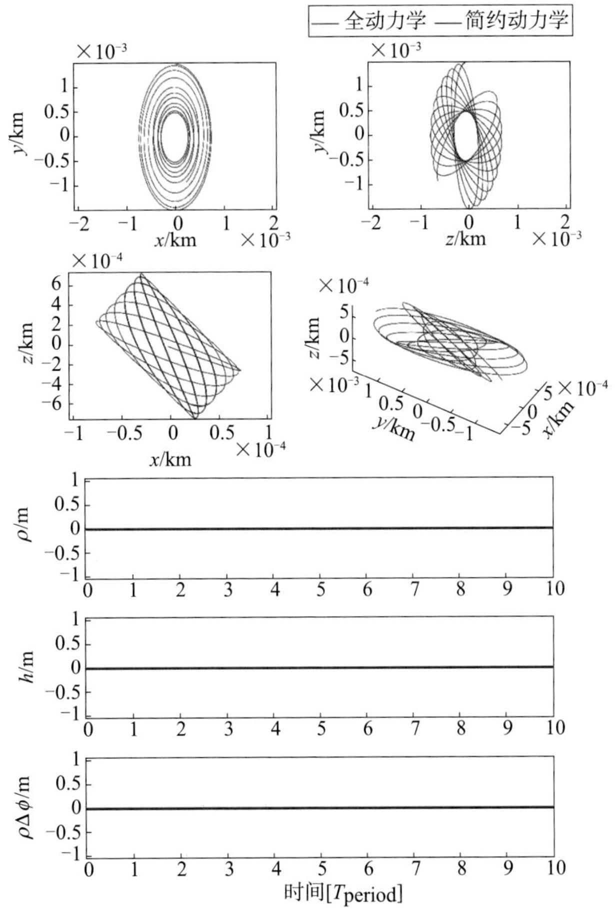

图 7-10　完全动力学线性相对方程数值积分结果与简约动力学线性相对方程解析解的对比（P139）

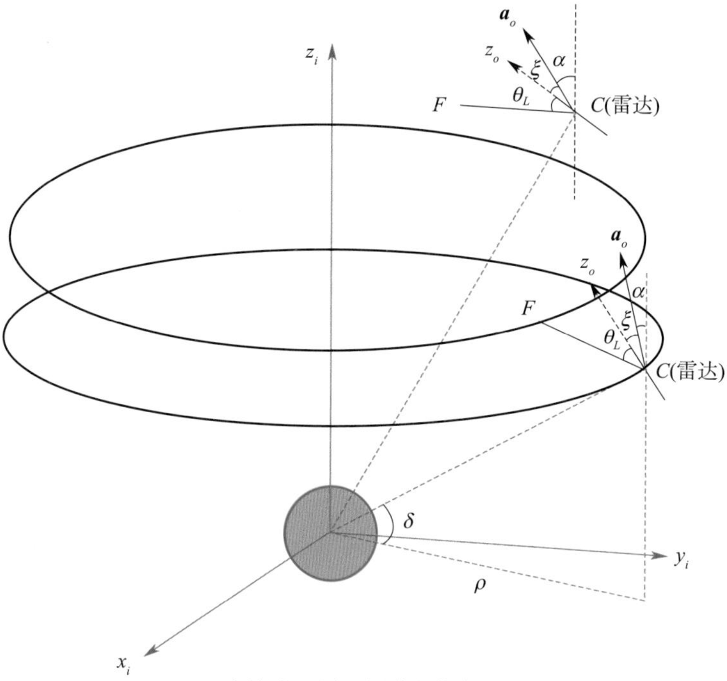

(a) 主从星以及相对基线的简略图

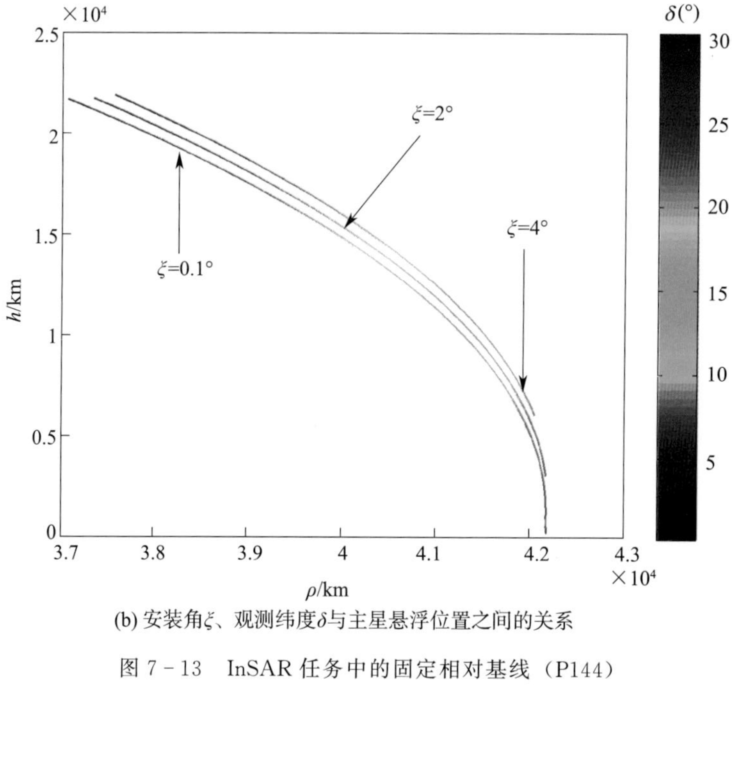

(b) 安装角ξ、观测纬度δ与主星悬浮位置之间的关系

图 7－13　InSAR 任务中的固定相对基线（P144）

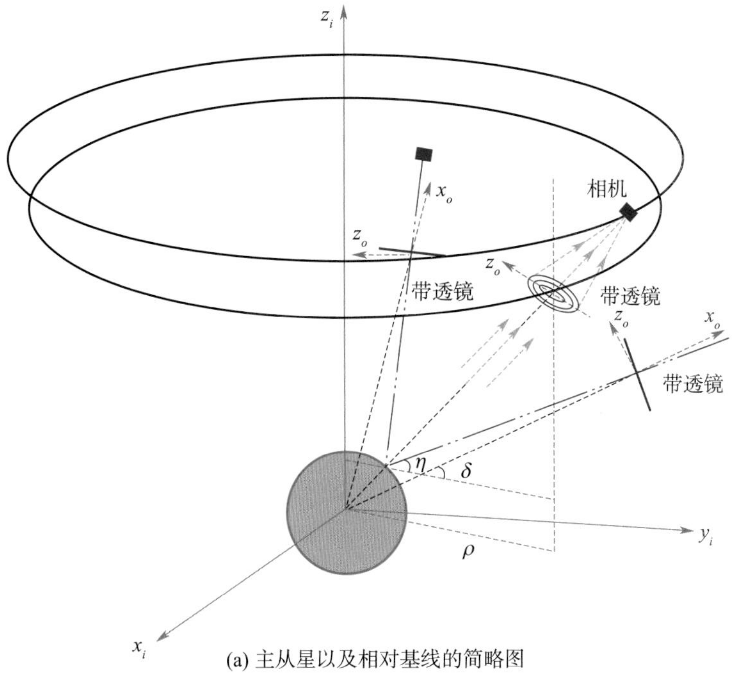

(a) 主从星以及相对基线的简略图

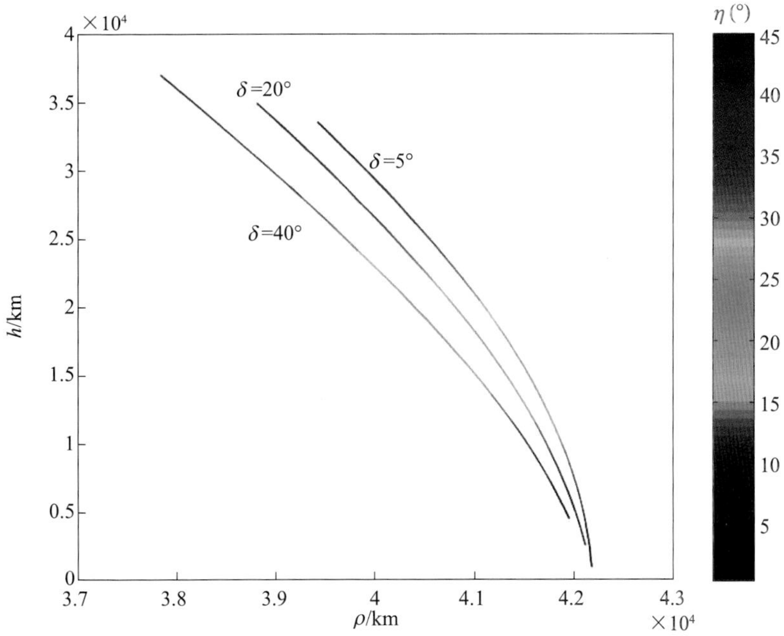

(b) 角度η、观测纬度δ与主星悬浮位置之间的关系

图 7－14　菲涅尔波带透镜任务中的固定相对基线（P145）

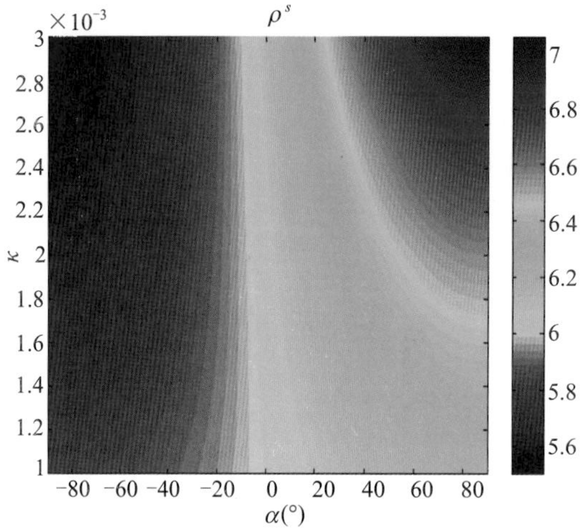

(a) h_z=2.449 5，不同κ和α下L^s的ρ坐标

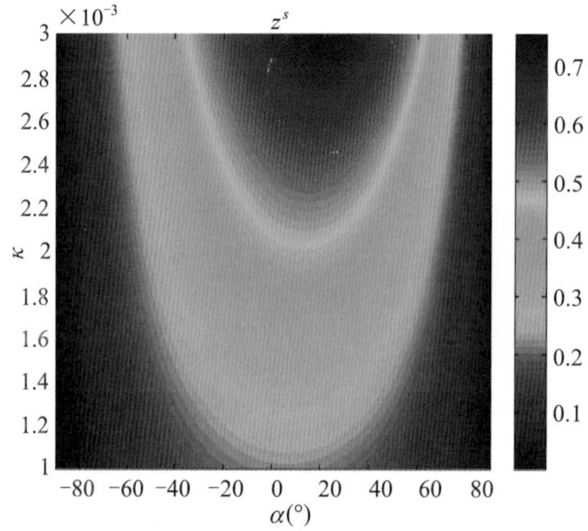

(b) h_z=2.449 5，不同κ和α下L^s的z坐标

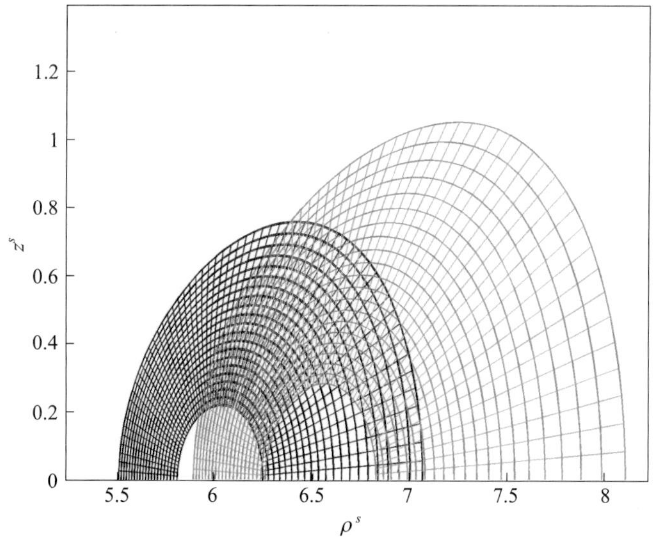

(c) L^s的位置与h_z，κ和α的关系

图 8－2　稳定平衡点的位置与推力加速度的关系（P149）

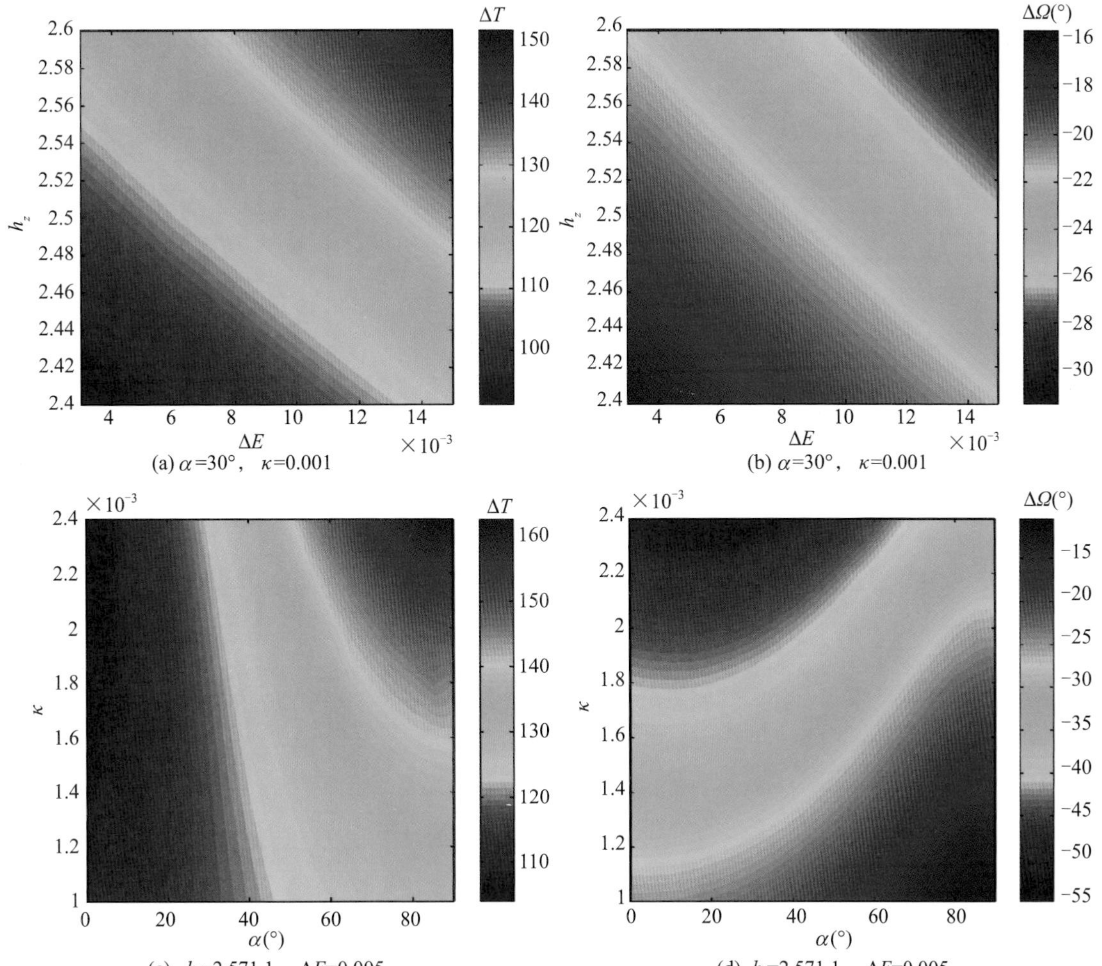

(a) α=30°， κ=0.001　(b) α=30°， κ=0.001

(c) h_z=2.571 1， ΔE=0.005　(d) h_z=2.571 1， ΔE=0.005

图 8－6　（h_z，κ，α，ΔE）参数对周期轨道（ΔT_p，$\Delta\Omega_p$）的影响（P155）

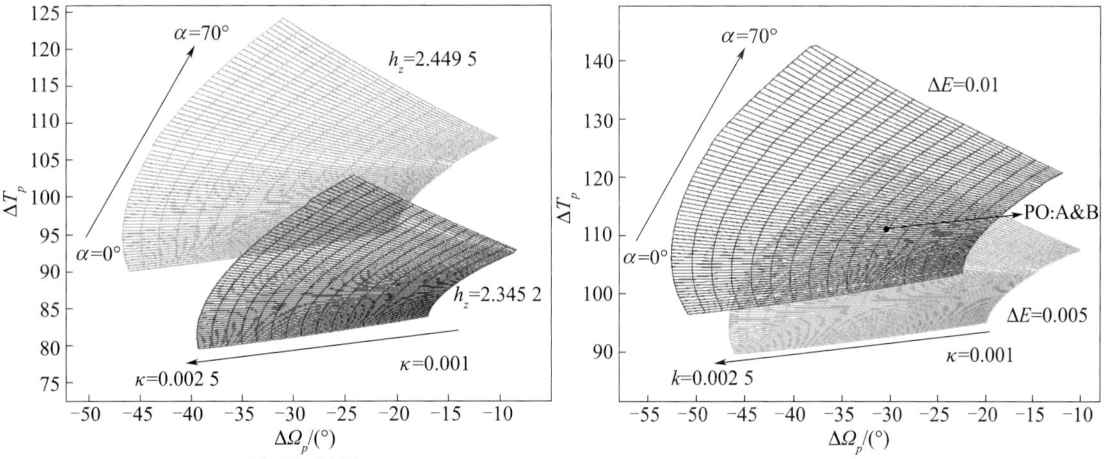

(a) ΔE=0.005　(b) h_z=2.449 5

图 8－7　周期轨道的 κ－等值线和 α－等值线在（ΔT_p，$\Delta\Omega_p$）平面的映射（P156）

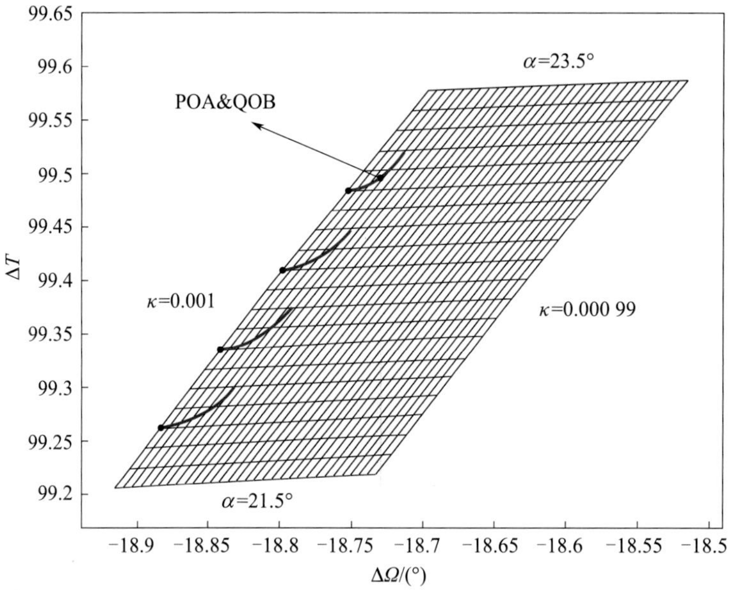

图 8-9 周期轨道及拟周期轨道在（ΔT_p，$\Delta\Omega_p$）平面的映射（P158）